本书得到国家社科基金项目"NBIC会聚技术引发的道德难题及其对策研究"（项目编号：11BZX070）的支持

NBIC会聚技术的伦理问题研究

陈万球 等 ◎ 著

Ethical Issues in
NBIC Convergence Technologies

科学出版社

北 京

内 容 简 介

NBIC会聚技术是主导21世纪技术革命的新兴技术群,将在世界范围内掀起一场波澜壮阔的技术革命,产生比以往任何一次技术革命都更为广泛、深远的影响,由此必将引发极其严峻的社会道德难题。本书着重分析NBIC会聚技术的基本特征,对NBIC会聚技术引发的伦理问题、法律问题、认识论问题、主体性问题等进行系统、深入的梳理,并在此基础上对我国NBIC会聚技术的治理模式和未来发展提出了政策建议。

本书适合相关技术领域、科技哲学领域的学者,以及相关决策部门人员阅读。

图书在版编目(CIP)数据

NBIC会聚技术的伦理问题研究/陈万球等著. —北京:科学出版社,2020.6
ISBN 978-7-03-065242-3

Ⅰ.①N… Ⅱ.①陈… Ⅲ.①技术伦理学-研究 Ⅳ.①B82-057

中国版本图书馆CIP数据核字(2020)第088892号

责任编辑:牛 玲 刘巧巧 / 责任校对:王晓茜
责任印制:赵 博 / 封面设计:有道文化

科学出版社 出版
北京东黄城根北街16号
邮政编码:100717
http://www.sciencep.com

北京市金木堂数码科技有限公司印刷
科学出版社发行 各地新华书店经销

*

2020年6月第 一 版 开本:720×1000 1/16
2025年2月第二次印刷 印张:16 1/2
字数:280 000
定价:108.00元
(如有印装质量问题,我社负责调换)

前　言

1932年，A.赫胥黎出版科幻小说《奇妙的新世界》。这本小说描写这样一个社会：人类的繁殖完全在实验室进行，按照社会需要生产不同类型的人。"我们的婴儿在出瓶的时候就已经是社会化了的人，他们或是阿尔法人，或是埃普赛隆人，或是未来的通阴沟工人……"[①]"标准的男人和女人，每一批的规格划一。一枚卵，经过布卡诺夫斯基处理，它的产物就能把一个小工厂的工人配备齐全。"[②]在生产时提供一些氧气，"种姓越低"，"给氧越少。""给氧如果是正常标准的百分之七十，出来的是侏儒，低于百分之七十，是没有眼睛的怪物。"[③]

在未来，人类将处于机械文明的统治中，机械将慢慢耗尽"人"性，以致人类将告别"自由""幸福"的美好状态。在工业化的生产流水作业下，人们满足于机械化的生活，满足于平淡化的教育，满足于低迷无趣的工作和安逸的生活，这让人们逐渐失去艺术、个性、科学、理性，以至欢喜悲伤。尽管人们仍会对现实世界抱有叛逆之心，但是在机械化的世界中将被统一的思想蔑视，甚至丢弃一边。A.赫胥黎对技术的发展及其衍生的伦理道德问题进行了深刻的反思。我们正站在科学技术发展的一个新时期的门槛上，这是基于对物质结构的理解而得出来的结论。

2001年美国首次提出"会聚技术"（converging technologies）的概念，是指当前四个迅速发展的科学技术领域的协同和融合。

[①] 赫胥黎A.奇妙的新世界.卢佩文译.北京：外文出版局《编译参考》编辑部编印，1980：10.

[②] 赫胥黎A.奇妙的新世界.卢佩文译.北京：外文出版局《编译参考》编辑部编印，1980：5.

[③] 赫胥黎A.奇妙的新世界.卢佩文译.北京：外文出版局《编译参考》编辑部编印，1980：11.

这四个领域包含纳米技术、生物技术（包括生物制药及基因工程）、信息技术（包括先进计算机与通信）、认知科学（包括认知神经科学）。其简化英文的联式为 nano-bio-info-cogno，缩写为 NBIC[①]。

NBIC 会聚技术所包含的四个领域的技术当前都在迅速发展，每一个领域都潜力巨大。而其中任何技术的两两融合、三种会聚或者四者集成，都将产生难以估量的效能[②]。

四大科学技术通过聚合将形成前所未有的力量，称之为"NBIC 之箭"。一方面，学术界对 NBIC 会聚技术的产生及其未来发展致以欢迎：NBIC 会聚技术可大幅度提高人类的认知水平，进一步增强身体能力与人类感知，提高"人-脑""个体-个体"间相互作用能力；可持续地强化人类体力与精神，提供成功应对危机的路径；利用新工具为人类开辟创造力之源，以便为艺术家、设计师在设计和创造方面提供更大的帮助；新的组织结构和管理原则以快速和可靠的信息交流为基础，将极大提高商务、教育和政府中管理人员的效率。更令人神往的是，"当人与计算机联网时，可以获得无穷的知识，可以像计算机一样不断地升级"[③]。NBIC 会聚技术成为众多发达国家提高综合国力的重要工具。这些都是 NBIC 会聚技术令人着迷之处。

另一方面，我们在对 NBIC 会聚技术给世界带来的福音寄予厚望的同时，不得不思考 NBIC 会聚技术的内在一体化特征有可能导致新的矛盾[④]。例如，科学研究的自由、发散和不确定，与技术的目的性、收敛和确定之间的矛盾；科学理性与技术理性的互

---

① Roco M C, Bainbridge W S. Converging technologies for improving human performance: Integrating from the nanoscale. Journal of Nanoparticle Research, 2002, 4: 281-295.
② 向渝梅，章波."NBIC 会聚技术"对学科会聚的影响. 科技管理研究，2006, 26 (10): 137-138.
③ Warwick K. 我，电子人. 转引自：吕乃基. 会聚技术——高技术发展的最高阶段. 科学技术与辩证法，2008, (5): 62-65.
④ 卢旺林，李光. 慎言科学技术一体化. 科技进步与对策，2006, 23 (1): 160-162.

补与矛盾等。^①最令人不寒而栗的是，控制人类大脑将成为可能。试想，NBIC 会聚技术觉察灵魂深处的"蛛丝马迹""风吹草动"，甚至以人的价值判断、意志情感为控制对象！那么，受到计算机病毒攻击的大脑又将何去何从？在 NBIC 会聚技术条件下，婴儿是可以制造的。生殖过程与情爱、天伦、家庭也是可以分离的，A. 赫胥黎"奇妙的新世界"赫然在目，在此种新世界中，人类正面临着空前的挑战，即传统的权利、价值、义务、伦理、社会、家庭会不会就此瓦解、消失。"如果把人和猿的遗传物质结合在一起，形成一个专门从事单调乏味的亚人种，这合乎伦理吗？"^②"基因工程也可能使新创造的耐药病原体逸出实验室，在全世界流行；使不用肥料就能生长良好的粮食作物占领地球，把其他植物赶走，破坏全球的生态平衡；给军国主义者和恐怖主义分子提供新的杀人手段；甚至可能使人拥有支配和控制人类灵魂的力量。"^③

欧洲科学与新技术伦理组织指出，"我们应该努力确保植入这样的 ICT（信息与通信技术）芯片不会创造两个阶级的社会"，"这些芯片只应该用于那些需要它们的人，而不是那些希望增强自己机能的人"。科学家们清楚地看到，NBIC 会聚技术最"可喜"也是最"可怕"之处，就是其可能全面影响人类自身能力，完全有理由担心会引发"人类技术灾难"，因此及早开展与技术研发同步的 NBIC 的社会、伦理、环境和法律影响的研究，比以往任何时候都紧迫与重要。

21 世纪的今天，NBIC 会聚技术为人类带来了新的希望，它不仅能改变人类的生存状态，全面提高人类能力，而且也会导致人类进化发生根本变化。试想到那一天，每个人都可能重新塑造生命。可以有更强健的体魄、更长的寿命，甚至再生的希望，我

---

① 吕乃基. 会聚技术——高技术发展的最高阶段. 科学技术与辩证法，2008，25（5）：62-65.
② 邱仁宗. 生命伦理学. 北京：中国人民大学出版社，2010：93.
③ 邱仁宗. 生命伦理学. 北京：中国人民大学出版社，2010：94.

们可能有更纯粹的婚姻，但传统的家庭却可能解体。面对这种可能性，人类喜忧参半。欣慰的是，人们在 NBIC 会聚技术的帮助下将能拥有更惬意的生活，同时也将拥有更长的寿命，任何人都可以与自己个性等方面完全一样的人一起工作与学习，而人自身将会解开更多的关于我们这个宇宙和关于我们自身的秘密。可忧的是，历经数十万年的不断进化与发展，人类在不断竞争与选择中已经处在最完美与最纯朴的自然状态，而这将会因 NBIC 会聚技术的发展慢慢被破坏。长寿的人类继续争夺着有限的资源，迫使未来几代人类难以维持。而若人类采用工厂而摒弃原来的传统方式制造新生命，那么这个工厂诞生的生命将如何解释？我们难以想象：当 NBIC 会聚技术被犯罪集团或恐怖分子利用，谁能保证其将不用此威胁人类，统治世界？这种喜忧参半的预言怎能不令人担忧？据研究报告称，这样的状况需要 100～150 年才能实现。"这样，我们还有充分的时间来认真考虑，在灾难结果出现之前，我们应该做点什么？"[①]

"我们又一次站在选择的十字路口。纳米、生物、信息和认知，这些边缘技术的聚合可能比以前任何技术都更快地引起更深的破坏……我们可能有一个很短的时期，也许几年，在严重的全球竞争挑战出现之前引起全国的注意和（采取）负责任的行动。"[②]

NBIC 会聚技术的发展给人类攀登思想高峰提供了难得机遇。作为以技术为重要研究对象的哲学学科，面对 NBIC 会聚技术及其带来的"无数惊奇"，技术哲学对其有没有研究的必要？如果要研究又该从什么角度切入？

世界各发达国家对 NBIC 会聚技术带来的社会、伦理、环境和法律等问题正在进行积极探讨，我国对 NBIC 会聚技术进行法

---

① 罗科，班布里奇. 聚合四大科技，提高人类能力：纳米技术、生物技术、信息技术和认知科学. 蔡曙山，王志栋，周允程等译. 北京：清华大学出版社，2010：9.
② 罗科，班布里奇. 聚合四大科技，提高人类能力：纳米技术、生物技术、信息技术和认知科学. 蔡曙山，王志栋，周允程等译. 北京：清华大学出版社，2010：89.

律及伦理等问题的探讨和摸索也正处于起步阶段。但是企图依赖一种理论来解决所有的问题，既是不切实际的，也是不合适的，这会阻碍我们对紧迫的伦理、法律和社会问题寻求合适的解决办法。"伦理理论和伦理原则所规定的行动规则或要求都是'初始的'（prima facie），而实际上我们应该采取何种行动必须权衡相关方面的价值，既能尊重人和相关实体，又能使风险最小化和受益最大化。"[1]

基于此，我们尝试从伦理这一视角进行初步的探讨，以求有所收获。

本书的整体构思、框架设计、审稿统稿等均由陈万球完成。全书撰写情况如下：前言、第一章、第二章、第五章、第六章、第七章、后记由陈万球撰写；第三章由杨华昭、陈万球撰写；第四章由肖珈撰写。

作　者

2020 年 3 月

---

[1] 邱仁宗. 生命伦理学. 北京：中国人民大学出版社，2010：再版序 1.

目　录

前言

第一章　NBIC 会聚技术及其发展 … 1
　　第一节　NBIC 会聚技术的概念和特征 … 1
　　第二节　21 世纪的带头学科 … 13
　　第三节　NBIC 会聚技术的社会影响及其应用 … 21
　　第四节　NBIC 会聚技术的发展方向与前景 … 29

第二章　NBIC 会聚技术的伦理问题 … 33
　　第一节　技术进步主义与技术保守主义之争 … 33
　　第二节　NBIC 会聚技术关注的社会与伦理问题 … 38
　　第三节　NBIC 会聚技术的主要伦理问题 … 43
　　第四节　NBIC 会聚技术发展中的鸿沟 … 50

第三章　NBIC 会聚技术立法的伦理选择 … 58
　　第一节　技术立法与伦理选择 … 58
　　第二节　NBIC 会聚技术引发的法律问题 … 61
　　第三节　NBIC 会聚技术立法的必要性及价值原则 … 66
　　第四节　NBIC 会聚技术立法的价值依据与伦理原则 … 73
　　第五节　NBIC 会聚技术立法的伦理目标与伦理方法 … 81

第四章　NBIC 会聚技术的认识论问题 … 91
　　第一节　技术认识论相关理论 … 92
　　第二节　辩证视域下 NBIC 会聚技术的属性 … 96
　　第三节　NBIC 会聚技术与认识主体 … 100
　　第四节　NBIC 会聚技术与认识客体 … 108
　　第五节　NBIC 会聚技术与认识中介 … 114

第六节　NBIC 会聚技术的认识辩证法 ………………………… 120

第五章　面向技术会聚时代人的主体性 …………………………… 129
第一节　信息技术与人的发展 ……………………………………… 129
第二节　技术会聚提高人的主体性的正效应 …………………… 135
第三节　技术会聚抑制人的主体性的负效应 …………………… 141
第四节　NBIC 会聚技术图谱下主体的多重境遇 ……………… 146
第五节　高技术时代人的主体性重塑 …………………………… 152

第六章　"后人类主义"批判与实践伦理学 ………………………… 156
第一节　NBIC 会聚技术的"后人类"议题 ……………………… 156
第二节　"后人类主义"批判 ……………………………………… 161
第三节　走向实践伦理学 …………………………………………… 168

第七章　NBIC 会聚技术的伦理原则及治理模式 ……………… 172
第一节　NBIC 会聚技术调控的实践难题 ……………………… 173
第二节　NBIC 会聚技术发展的伦理原则 ……………………… 175
第三节　NBIC 会聚技术伦理问题的治理模式 ………………… 181
第四节　我国 NBIC 会聚技术的发展要略和政策建议 ……… 187

参考文献 …………………………………………………………………… 194

附录 ………………………………………………………………………… 201
附录一　网络伦理难题和网络道德建设 ………………………… 201
附录二　工程技术对社会伦理秩序的影响 …………………… 207
附录三　论科学技术的政治功能 ………………………………… 215
附录四　论技术规范的构建 ……………………………………… 225
附录五　爱因斯坦科技伦理思想的三个基本命题 …………… 232
附录六　重大工程决策的伦理审视 ……………………………… 244

后记 ………………………………………………………………………… 252

第一章

NBIC 会聚技术及其发展

第一节　NBIC 会聚技术的概念和特征

一、NBIC 会聚技术的概念辨析

"会聚"并非新生概念，且意义宽泛。在科学技术学科发展过程中，"会聚"有时用来指不同知识系统之间概念的融合，有时指研究方向不同的领域为了共同的目标而走到一起的现象。现代科技发展中，交叉学科意义凸显，科技会聚也早已超出传统意义的范畴，会聚现象普遍存在。诸如生物化学、分子生物学、进化医学、计算语言学、认知心理学以及机械电子学都可以被视为先前不同学科的科学和技术交叉会聚的产物。

"会聚技术"是 21 世纪初提出的一个全新技术概念。"会聚技术"（converging technology），又译为"聚合科技"或"聚合技术"。清华大学蔡曙山最早将 NBIC 译为"聚合科技"。在 2010 年出版的"21 世纪科学技术的纲领性文献"——《聚合四大科技，提高人类能力：纳米技术、生物技术、信息技术和认知科学》翻译书中，他和他的团队将"会聚技术"译为"聚合科技"，有时译为"聚合技术"。张玲、石海明、曾华锋等学者也将"会聚技术"译为"聚合科技"[①]。会聚技术是纳米技术（nanotechnology）、生物技术（biotechnology）、信息技术（information technology）和认知科学（cognitive science）在纳米尺度上的增效组合技术，缩写为 NBIC。

---

① 张玲. NBIC 聚合科技及其对我国科技发展的启示. 中国科技论坛, 2012, (1): 143-148.
石海明, 曾华锋. 聚合科技：乐观预言还是盛世危言. 解放军报, 2012-07-12.

早在2001年，美国科学技术界就在世界上第一次提出"会聚技术"概念。2001年，美国商务部（United States Department of Commerce）、国家科学基金会（National Science Foundation，NSF）、美国国家科学技术委员会纳米科学工程与技术分委员会（NSTC-NSEC）在华盛顿联合发起了一次有科学家、政府官员等各界顶级人物参加的圆桌会议，会议就"聚合四大科技，提高人类能力"这一议题进行了研讨，并在世界范围内首次提出了"会聚技术"的概念。

这次研讨会上提出的"会聚技术"，是指由纳米技术、生物技术、信息技术和认知科学这四大科技前沿领域经重组后形成的一个全新的技术领域。NBIC会聚技术作用非常巨大，一般认为，它通过四大尖端技术的融合、会聚乃至重组、植入等，最终创造出一种终端产品来——这就是对人的智力、体力、容貌等人身体的一切，进行修复、拓展、替换或更新而产生新的产品。其实NBIC会聚技术并不神秘，它在20世纪已有长足发展，在近几年的突破主要有：基于DNA生物技术与信息科学技术的会聚、融合、植入、重组所形成的新方法和新发明等；基于纳米科学技术的微型光电器件及其方法的发明与创造。

与会专家认为：上述四个领域的技术都发展迅速，每一个领域都存在巨大潜力。而其中任何技术的两两融合、三种会聚或者四者集成，都会产生难以估量的效能。NBIC会聚技术的发展将会大幅度改善人类生命质量，提升和扩展人类的技能。NBIC会聚技术代表研究与开发新的前沿领域，这四大科技的融合还将缔造全新的研究思路和经济模式，同时也会大大提高整个社会的创新能力与生产力水平。国家的竞争力也会得到增强，国家安全也会得到更强有力的保障。因此专家们呼吁：美国应尽快明确国家NBIC会聚技术研发的优先领域。会后，NSF将这次会议中的发言、共识、建议等集中编纂为一份长达400多页的报告集——《聚合四大科技，提高人类能力：纳米技术、生物技术、信息技术和认知科学》（Converging Technologies for Improving Human Performance：Nanotechnology，Biotechnology，Information Technology and Cognitive Science）。

二、NBIC会聚技术的逻辑构成

NBIC会聚技术的逻辑构成可以从两个维度展开。

一是从组成要素的角度看，NBIC会聚技术主要是由当前的四大前沿科技组成的。纳米技术、生物技术、信息技术和认知科学便是 NBIC 会聚技术的技术体系的主导"骨架"，这四大领域的科学技术构成了 NBIC 会聚技术的基础，或者说四者从要素角度展示了 NBIC 会聚技术的逻辑构成，这些领域分别包含了诸多前沿科技（表 1-1）。

表 1-1 NBIC 领域的科学技术

NBIC 领域	科学技术
纳米技术	纳米科学、纳米技术
生物技术	分子生物学、生物化学、遗传学、细胞生物学、胚胎学、免疫学、生物医药学
信息技术	信息技术、先进计算和通信、传感技术、微电子技术
认知科学	心理学、神经科学、计算机科学、语言学、人类学、哲学

纳米技术领域——包括纳米科学和纳米技术。纳米科技是用单个原子、分子制造物质的科学技术，研究结构尺寸在 0.1~100 纳米范围内物质的性质和应用。由于其在空间维度上的特殊性，纳米技术能拓展出诸多新技术，如纳米医药学、纳米生物学、纳米化学、纳米电子学和纳米计量学等。它的最终目标是人类按照自己的意志直接操纵单个原子，创造具有特定功能的产品。纳米水平是当前科学研究在空间维度上最为激动人心的前沿与热点，这是因为各种技术的会聚基础是纳米尺度的物质联合和技术综合，而且构成物质的微粒对源于纳米尺度的所有科学而言是最基本的。

生物技术领域——包括现代生物技术中的分子生物学、生物化学、遗传学、细胞生物学、胚胎学、免疫学、生物医药学等。生物技术以现代生命科学为基础，结合其他基础科学的科学原理，采用先进的科学技术手段，按照预先的设计对生物或生物的成分进行改造，为人类生产出所需产品或达到某种目的。

信息技术领域——包括信息技术、先进计算和通信、传感技术、微电子技术等。信息技术主要是应用计算机科学和通信技术设计、开发、安装和实施信息系统及应用软件。

认知科学领域——包括心理学、神经科学、计算机科学、语言学、人类学、哲学六大学科，同时涉及生物学、脑科学、遗传学、逻辑学、信息科学、人工智能、数学等多个领域。主要研究人类感知和思维信息处理过程，包括从感觉的输入到复杂问题的求解，从人类个体到人类社会的智能活动，以及人类智能和机器智能的性质。

二是从组成要素之间的逻辑关系看，四大科技都必不可少，是因为其具体作用是不同的。认知科学是主导，而纳米技术是基石，生物技术、信息技术和认知科学分别是指纳米尺度上的生物技术、纳米尺度上的信息技术和纳米尺度上的神经认知科学。首先，纳米技术拓展了认知维度，对结构尺寸在 0.1～100 纳米范围内的物质展开研究，大大拓展了人们的视野。例如在纳米层级上对蛋白质进行调控与认知，生命科学、脑科学、仿生技术等领域的一些问题将迎刃而解。其次，纳米尺度突破领域限制。生物技术与信息技术等领域的技术融合缘于认知的瓶颈，认知科学的发展更有赖于认知尺度的深化，纳米技术在尺度上为突破领域限制提供了可能，"纳米技术自身的发展过程，同样也是打破物理、化学、材料科学、生物医药等领域界限的过程"[①]。最后，纳米级的技术会聚可以提升科学性。科学与技术会聚、技术与技术会聚不再是理论向实践的简单转化，以创造新技术群为特征的 NBIC 会聚技术涉及融合的复杂性问题，当我们无法认清技术黑箱中会聚的细节时，其输出的技术后果常常也是我们无法掌握和预料的，所以在纳米层级上开展技术融合研究，将有助于开启"会聚黑箱"。

纳米技术、生物技术、信息技术和认知科学四大科技之间的关系，可以用图 1-1 做形象的表示。

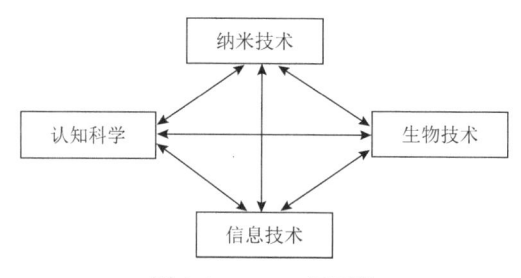

图 1-1 NBIC 四面体

在图 1-1 中，每项技术是一个顶点，每两项技术彼此连接，每三项技术构成一个平面，全部四项技术构成一个四面体。这个四面体说明，要发挥 NBIC 会聚技术的优势，打破学科间原有的壁垒是必备的前提条件，各项技术之间必须紧密地结合起来。NBIC 会聚技术表现出来的高新技术的"高度分工"基础上的"高度综合"的发展趋势恰恰体现了现代科学技术发展向微观和宏观两个极端深化以及最终走向统一。有的学者把它概括为：体现了"科学要统一，技术要会聚，人类要进步"的发展新思维。正如《聚

---

① 白春礼. 新兴技术会聚应对未来挑战. 中国科学报，2012-10-20.

合四大科技,提高人类能力:纳米技术、生物技术、信息技术和认知科学》报告中指出的,四大科技的交叉和融合,凸现了统一在纳米尺度上的科学技术整体发展观,为人类展示了一幅新的科技发展图景,最终能够达到"如果认知科学家能够想到它,纳米科学家就能够制造它,生物科学家就能够使用它,信息科学家就能够监视和控制它"的境界[①]。

三、NBIC会聚技术的基本特征

NBIC会聚技术与以往的高新技术或技术群有所不同,学者们通过对其概念与内涵的考察,总结出NBIC会聚技术的主要特征。黛安·米歇尔菲尔德(Diane Michelfelder)曾经阐述了NBIC会聚技术的几个特征,认为NBIC会聚技术是技术变革的转折点[②]。国内学者也做以相应研究,并有重大突破。

吕乃基教授提出:"作为技术发展的最高阶段,会聚技术具有两个特征:科学技术一体化,以及沟通科学技术与人文社会科学。"[③]从某种程度上说,科技的发展史表明它就是学科融合与技术聚合互动、交集发展的辩证过程。如果说人类历史上第一次技术革命是聚合蒸汽技术,第二次技术革命是汇聚电力技术,第三次技术革命是会聚信息技术的话,那么在经历了三次科学技术革命之后,NBIC会聚技术正悄然地在全球范围内兴起。因此,很多学者赞同NBIC会聚技术的"科学技术一体化"特征。例如,通过对NBIC会聚技术的科学与技术关系问题研究,裴钢认为,NBIC会聚技术体现了科学技术一体化特征[④]。这也是NBIC会聚技术内涵的延伸。有学者还对科学技术一体化做了深入探讨,认为NBIC会聚技术的特征体现在科学技术内在一体化[⑤]。在吕乃基教授看来,就前者"科学技术一体化"

---

① 罗科,班布里奇. 聚合四大科技,提高人类能力:纳米技术、生物技术、信息技术和认知科学. 蔡曙山,王志栋,周允程等译. 北京:清华大学出版社,2010:20.

② Friedrich K. Conference Report SPT2009: "Converging Technologies, Changing Societies". http://www.geisteswissenschaften.fu-berlin.de/v/embodiedinformation/media/conference-report-spt2009.pdf[2009-08-10].

③ 吕乃基. 会聚技术——高技术发展的最高阶段. 科学技术与辩证法,2008,25(5):62-65.

④ 裴钢. 纳米-生物-信息-认知会聚技术:中国的新机遇. 中国科协2005年学术年会,http://scitech.people.com.cn/GB/25509/51788/51790/3631582.html[2015-05-30].

⑤ 卢旺林,李光. 慎言科学技术一体化. 科技进步与对策,2006,23(1):160-162.

的特征而言，NBIC 会聚技术要求"开发科学和技术之间的界面"，而且科学和技术的一体化是内在的，在对象和操作层面走向统一。科学和技术内在的一体化在生命科学和生物技术领域已见端倪，在意识层次的 NBIC 会聚技术，于科学与技术的交汇处又取得进展，如关键的工具，包括科学仪器、分析方法和新材料系统。这种"新工具"应用于科学研究之中，神经元的电信号、化学物质的迁移、细胞的生命活动，以及由分子到全脑的认知过程，纳米层次的科学是它们共同的基础。大部分的统一在基础科学层面上发生。就后者"沟通科学技术与人文社会科学"的特征而言，由于 NBIC 会聚技术以人脑及意识运动作为研究和实践对象，因而必然涉及人文社会科学。在以往的建模认识过程中往往只考虑研究对象，自觉不自觉地将人的因素置于认识过程之外，因此难以解决此问题。若把"客观事物+人"作为一个整体来考虑，进行系统的分析与综合，把人的思维与行为特点，如模糊性、形象性、推理启发性等，加入进去，则可突破传统模型及相关综合方法的局限性，产生新的、更高层次上的认识与解决问题的方法。

　　王国豫教授认为：与传统技术对人的行动能力的增强不同，现代背景下的 NBIC 会聚技术无论是从技术的理论形态还是从技术知识的形式上来看，都发生了重大的变化。王国豫教授等提出了 NBIC 会聚技术具有三大特点：第一，NBIC 会聚技术的理论前提是"统一科学"，也就是说 NBIC 会聚技术是统一科学的体现，也是实现统一科学世界观和方法论的必经之路。"科学发展已经达到了这样一个分水岭：如果它们还要继续快速进步的话，它们就必须统一。"[①]作为 NBIC 会聚技术理论前提的科学的统一性，归根结底还是自然的统一性、物质的统一性，或者具体地说，在纳米尺度上的物质的统一性，也就是说，其理论的统一来自物质的统一，而物质的统一又决定了学科的统一和方法论的统一。NBIC 会聚技术是统一科学的体现，也是实现统一科学世界观和方法论的必经之路。第二，NBIC 会聚技术的关键是实现人与机器、人与技术的内在整合，而其路径就是打破人工物与自然物之间的界限。与传统技术着眼于通过人工物在身体之外提高人的能力不同，NBIC 会聚技术更多的是将目标转向人的身体内部，力图在更微观的层面塑造与改变人的身体与机能。在这一层面，人工物与自然物、生命与非生命之间的界限将被模糊。比如被称为 biofact（人工生命物）

---

① Roco M C, Bainbridge W S. Converging Technologies for Improving Human Performance. Dordrecht: Springer, 2003.

的人造器官，如人工骨关节、人工视网膜和人造肝脏等。不仅如此，NBIC 会聚技术还力图将人-机互动、人-机整合延伸到人的心智的层面，通过脑-机接口技术的发展，将大脑行为与传动器和感知设备进行无缝交互，不仅可以为因神经破坏而瘫痪（包括缺失交流能力）的患者修复运动功能，而且将提高人类的身体和心智能力，从而上升到大脑、意识、认知层面，搭建起物质与心灵之间的桥梁。第三，NBIC 会聚技术的结果是实现技术对社会和人类生活的嵌入。随着技术在人的身体之内和身体之外的环境中的嵌入，我们对技术的依赖也日益加深，然而，我们却意识不到这种依赖，甚至感觉不到它们的存在。技术对环境和生活世界的嵌入越深，我们越感觉不到它的存在，它对社会生活的影响就越大。从儿童对游戏机的迷恋到今天越来越多的人成为"手机控"，NBIC 会聚技术不仅改变了我们的生活方式，也改变了我们的社会交往方式、人与人的关系以及对现实的感觉和责任意识。一旦我们所有人的生活被无处不在的智能设备所包围，人对自己、对他人、对社会的理解和认识也将发生改变[①]。

此外，陈佳、杨艳明对 NBIC 会聚技术的特征研究较为全面。他们认为 NBIC 会聚技术主要体现在四个特征上：一是技术会聚的客观实在性。技术会聚于其能融合发挥作用的平台上，而这又以各项技术共同具有的物质性为前提。以信息技术为例，一般认为信息不是物质，具有自己的独特属性，但不能否认它们的实在性，信息也是哲学意义上的一种客观实在。它们的存在方式、传播途径与作用的发挥必须通过具体的物质才能实现。二是事物的普遍联系性。技术会聚将看起来不相关的技术联系起来，形成新的技术，体现了事物之间联系的广泛性、普遍性。现代技术的发展，除了在性能方面增强以外，就是聚合更多其他方面的技术，让它们联系在一起，实现更多的功能。三是技术会聚的系统涌现性。四大科技之间的两两会聚或更多技术之间的会聚、与其他技术之间的会聚等，能产生原有技术所不具备的新奇功能，涌现出新的系统质。四是体现了分析与综合思维相结合的时代特性。人们常说 20 世纪是分析哲学的时代，其实也是科学技术走向分析的时代。各学科越分越细，人们的专业领域也越来越狭窄。21 世纪以来，技术的分门别类与会聚融合并进，体现出分析与综合思维并重的时代特点[②]。

[①] 王国豫，马诗雯. 会聚技术的伦理挑战与应对. 科学通报，2016，（15）：1632-1639.
[②] 陈佳，杨艳明. 技术会聚——技术哲学研究应当关注的新对象. 东北大学学报（社会科学版），2013，15（2）：111-115.

上述关于 NBIC 会聚技术的基本特征的分析，主要是从科技发展史的角度分析，为我们进一步把握其内在特征提供了有益启示。从技术与人的能力增强关系的角度分析看，NBIC 会聚技术具有不同于历史上其他技术的突出特点。

1. 从目的看：NBIC 会聚技术把提升人类自身能力作为最根本的价值诉求

亚里士多德（Aristotle）曾经说：一切技术、一切规划以及一切实践和抉择都是以某种善为目标。而 NBIC 会聚技术与以往技术的最大不同之处是把提升人类自身能力作为其直接目标。

最先提出 NBIC 会聚技术的美国于 2001 年 12 月召开了世界上第一次 NBIC 会聚技术会议，对"聚合四大科技，提高人类能力"进行了研讨。以这次会议讨论的内容和结论为基础，2002 年 6 月面世的研究报告确定了 NBIC 会聚技术发展的目的就是"提高人类能力"。这份长达 400 多页的报告指出，NBIC 最让世人震惊的是对人类自身的改变，人类将在纳米的物质层面上重新认识和改造世界以及人类本身：人类大脑的潜力将被激发出来；人的悟性、效率、创造性及准确性将大大提高；人体及感官对外界的突然变化，如事故、疾病等的感知能力变得敏感；人类将可以以原子或分子为起点来诊断和修复自身与世界；老龄人群普遍改善体能与认知上的衰退；人与人之间产生包括脑-脑交流在内的高效通信手段。一句话，NBIC 会聚技术将大大增强、提升人类的智慧、体力、脑力和能力。

正如《聚合四大科技，提高人类能力：纳米技术、生物技术、信息技术和认知科学》报告认为的：即使灵光一现甚或就天才人物而言，人类心智常常显得远远低于其可能的水准。在意识、效能、创造力和精确性方面，人类的思想差距非常大。我们身体的和感知的能力是有限度的，在事故或疾病的影响下迅速降低，随着年龄增长逐步消退。我们的工具难以掌控，我们的能力不能自然地扩充。然而，NBIC 会聚技术在未来几十年之内能够极大地提高我们的理解水平，转变人类感知能力和身体能力，促进心智与工具之间、个体与团队之间的交互[①]。

研究表明,技术增强人类的智力和体力大致经历了以下几个发展阶段。

---

① 罗科，班布里奇. 聚合四大科技，提高人类能力：纳米技术、生物技术、信息技术和认知科学. 蔡曙山，王志栋，周允程等译. 北京：清华大学出版社，2010：12.

第一，技术作为人类体力延伸拓展的阶段，比方说耕作和畜牧技术、畜力运输替代体力、挖掘机、盾构机等。第二，技术作为人类感观延伸拓展的阶段，比方说指南针、显微镜、天文望远镜等。第三，技术作为人类智力延伸拓展的阶段，如计算机、互联网、无线电、电话、电报等。第四，技术作为人类进化的最新阶段。"生物技术、神经科学、计算机技术和纳米技术的进展及其结合意味着我们将拥有新的增强技术。"[1] NBIC 会聚技术主要在以下三个领域增强人类能力：①医学治疗的范围，比方说人的视觉和听觉的修复、四肢的替代，甚至是情绪管理、个性化用药、器官克隆、记忆修复等，这个领域的许多科技手段面世，聚合技术还将进一步加速科技的进步。②增加人的功能或者增强人的机能，即把平常人变成具有某种特别能力的所谓的"超人"（superman）。例如：记忆增强，人们常常羡慕的过目不忘成为非常容易的事情，甚至可能让人具有"完全记忆"能力，增加红外线夜视能力（晚上不用灯），增加植入式无线通信能力，增加实时图像、声音数据挖掘、检索发现能力，等等。③有计划地进化，即可以在试管内有选择地"设计"人的某些机能，最主要的是对人的遗传基因的操作。想要人能飞速地跑，通过植入猎豹的相位 DNA，人的奔跑速度可以超过猎豹；若要人虎背熊腰的话，只需转移虎和熊的相位 DNA 就行了。一言以蔽之，聚合技术将大大增强、提升人类的智力、体力和能力。基于 NBIC 会聚技术的人类内在自然的改良和增强，与仅仅外在地利用技术手段扩展人的智力和体力的增强有着本质的区别。正如《聚合四大科技，提高人类能力：纳米技术、生物技术、信息技术和认知科学》报告中指出的那样："如果认知科学家能够想到，纳米科学家就能够制造，生物科学家就能够使用，信息科学家就能够监视和控制。"NBIC 会聚技术将人类的体力、感官能力、认知能力拓展到一个新的阶段——人类进化的新阶段，最终将可能产生有别于现今的新人类，进入所谓的"后人类"时代。

2. 从方式看：NBIC 会聚技术实现了"外部性技术"向"内部性技术"的重大转向

NBIC 会聚技术增强人类能力的方式主要是运用外部技术与内部技术。按照技术作用于人类的方式，技术可以分为外部性技术与内部性技术[2]。

---

[1] 邱仁宗. 人类增强的哲学和伦理学问题. 哲学动态，2008，（2）：33-39.
[2] 赵克. 会聚技术及其社会审视. 科学学研究，2007，25（3）：430-434.

所谓的"外部性技术"是几千年历史上人类一直倚重的、通过改变人类社会的外部环境或者增强人类所使用工具的力量来作用于人类外部世界的技术。外部性技术是以间接的方式作用于人类的，即通过改善人类使用的工具或生活环境转而作用于人类。例如：①创造出新的存在方式，如聊天机器人、制造人工气候以及其他的新的组织方式与社会运行平台；②研制出新产品、新工艺，培育新物种等；③开发出新的中介物，如固定工具、人工制品；④创造新条件、新场景，包括真实场景、虚拟场景与混合场景；⑤表现为个体感官外部延伸的新中介物，如移动通信等高效耐用的工具和人工制品；⑥促使新的社会交往方式的产生，如教育与学习手段及其方式的创新、增强团体交互作用与团体创造力等。内部性技术是 NBIC 会聚技术的本质所在，也是 21 世纪高技术发展的前沿。以 NBIC 会聚技术为代表的高新技术将彻底地改变技术作用于人类的传统方式，直接作用于人类本身——通过提升、增强人类的体力、智力、记忆力、理解力、生命力等方式，提升、增强人类适应和改变生活环境的能力，这种技术就是所谓的内部性技术。内部性技术不再仅仅追求创造工具、改善条件、改进方式等以有限"延长"人类的手臂，而是通过增强人类体力、提升和拓展人类智力、修复或替换人类组织器官等以追求无限延长人类的生命、全面提高人类的智慧，这是外部性技术与内部性技术的本质区别所在。

从外部性技术向内部性技术的转向是 NBIC 会聚技术所表征的 21 世纪高技术发展的一个重要特征。作为"内部性技术"的集中代表，NBIC 会聚技术为我们提供了一个在纳米物质层面、从全新的尺度和高度、在一个外围的视角下发现和改造人类自身的机会和境遇。

3. 从程度看：NBIC 会聚技术是高新技术发展的顶点

NBIC 会聚技术是指在纳米的尺度上，以生物特别是人的神经系统（主要是大脑）为客观对象，以信息技术为工具，以揭示和提升人类的智能和体能为目的的高新科学技术。从技术的发展与运动形式的关系（图 1-2）看，NBIC 会聚技术是"意识技术"，它是高新技术发展的顶点[1]。辩证唯物主义认为，自然界物质的运动形式有物理运动、宇观物理运动、微观物理运动、化学运动、生命运动以及意识运动等六种，并且大致沿着从简单到复杂的序列逐步进化演变。在运动形式的发展序列上，意识运动是位于

---

[1] 吕乃基. 会聚技术——高技术发展的最高阶段. 科学技术与辩证法，2008，25(5)：62-65.

生命运动之上的；在技术的发展道路上，生物技术之后就是意识技术。可见，NBIC 会聚技术正是意识技术，是技术发展的必然趋势。作为"意识技术"，NBIC 会聚技术在本质上将实现"人-机合一"。从历史上看，当技术还是机械时，人-机之间存在巨大的鸿沟。这种主客体鸿沟很容易为人们所区分。也就是说，人是主体是确定的，机器是客体也是确定的。然而随着技术的演变发展，主客体之间的鸿沟日益弱化。伴随计算机前进的步伐，人-机界面日益"友好"并最终跨入"人-机合一"的"珠穆朗玛峰阶段"。"人-机合一"既是技术和人类自身发展的终点，又是新的起点。自然界演化到此为止，人-机演化由此开始。

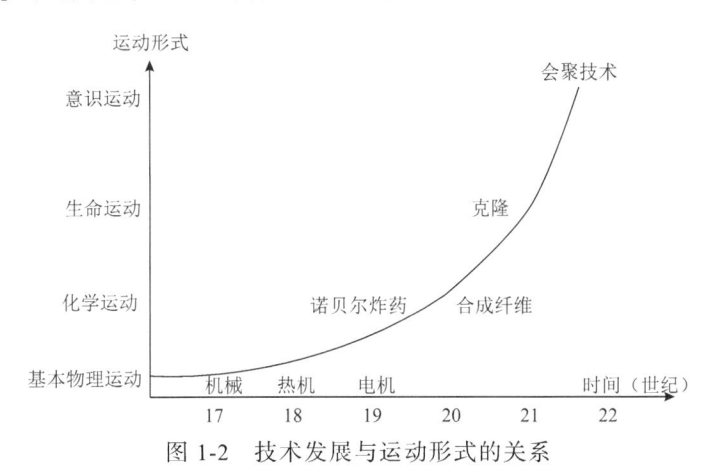

图 1-2 技术发展与运动形式的关系

"现在就是最高。"（黑格尔）如前述，NBIC 会聚技术涉及自然界演化的最高层次——大脑和意识运动，必然将研究自然界演化过程所经历各个阶段的各门学科。裴钢列举了生物学、心理学、细胞学、脑科学、遗传学、神经科学、语言学、逻辑学、信息科学、人工智能、数学、人类学等多个领域。

4. 从后果看：NBIC 会聚技术是具有高度伦理风险的高新技术

科学原理揭示：人是寻求确定性的类存在，在追问与探寻之中，获取科学与真理，并将其运用在实践以促进人类社会又快又好地发展。在 1986 年，国际上著名的社会理论家和思想家乌尔里希·贝克在其《风险社会》一书中曾经指出：风险是当代社会的一个主要特征。风险实质上就是一种不确定的损失。它具有两个特点：第一，风险是具有损失的，从这种意义上讲，没有损失就没有风险；第二，这种损失是不确定的。也就是说，损失在什么时间发生、在什么地方发生、损失的大小如何等是不确定的。在物理学上有所谓"不确定性原理"（uncertainty principle）。在经济学中有一句名言说："关于市场唯一能确定的就是其不确定性。"NBIC 会聚技术是具有高度风险的新技术，也就是说，这种损失在什么时间、什么地点发生，以及损失大小都是不确定的。当然这里所说的风险不是指经济上的风险，不是直接的、间接的经济损失，而是指伦理和社会风险。换言之，研发和应用 NBIC 会聚技术可能带来人类社会前所未有的伦理风险和法律挑战。NBIC 会聚技术的最"可喜"也是最"可怕"的地方是可能全面地影响人类的自身能力，也就是说人类运用 NBIC 会聚技术于自身增强能力的话，人类几乎可以随心所欲地控制自身、制造自身。所以，很多宗教界人士、保守的哲学界人士非常担心 NBIC 会聚技术会引发"人类技术灾难"。正是基于对技术聚合的伦理风险的担忧，欧盟"预见新技术浪潮"高级专家组最新完成的研究报告中建议，欧洲发展技术聚合的"行动纲领"是"为了欧洲知识社会的会聚技术"（converging technologies for the European knowledge society），完全没有像美国那样强调 NBIC 会聚技术是"提高人类能力"的高新技术。

人类对 NBIC 会聚技术的未来大加赞誉，而更令人神往的是，当"人-机合一"时，人类可以获得无穷的知识，一个人拥有类似大英博物馆藏书的知识量成为可能，还可以像计算机一样不断地升级、升级再升级，先进、先进再先进。事实上，"在我们这个时代，每一种事物好像都包含有自己的反面。我们看到，机器具有减少人类劳动和使劳动更有成效的神奇力量，然而却引起了饥饿和过度的疲劳。财富的新源泉，由于某种奇怪的、不可思议的魔力而变成贫困的源泉"[1]。NBIC 会聚技术同样具有自己的"反面"，这种"反面"的出现将挑战传统社会人类的伦理底线，甚至会对传统伦理进行颠覆性改变。中国社会科学院研究员邱仁宗对这一问题进行了初步分析研究，他指出 NBIC 会聚技术将引发 8 个方面的道德问题：①狂妄自大或扮演上帝角色论证；②青春永驻或蔑视肉体论证；③轻视人性或"足矣"论证；④能力分隔或遗传分隔论证；⑤民主威胁论证或"美妙新世界"论证；⑥非人化论证或 Frankenstein 论证；⑦强迫幽灵论证或优生学

---

[1] 马克思，恩格斯. 马克思恩格斯选集. 第一卷. 中共中央马克思恩格斯列宁斯大林著作编译局编译. 北京：人民出版社，2012：776.

战争论证；⑧生存威胁或终结者论证①。美国总统生命伦理学委员会的一份报告——《超越治疗：生物技术与对幸福的追求》对这个问题也有研究并向人类提出了警告。这个报告聚焦于 NBIC 会聚技术在生命医学领域将给人类带来种种负面的后果：①健康与安全；②竞争活动的公平；③分配正义；④自由问题。该报告同时认为，即便上述问题都得到了妥善解决，我们能够安全地、平等地、非强制地并非赶时髦地使用 NBIC 会聚技术，以追求幸福或自我完善，但道德与社会法律问题依然存在。

个体借助 NBIC 会聚技术的推力似乎使得生活变得愈来愈美妙，而整个社会却因个体的祈求完美而演变得问题重重。的确，"高新技术的出现也可能带来新的问题，对平等的理念形成新的冲击，造成一些新的不平等现象，以至于在趋向平等的同时，也将我们引入不平等的新纪元"②。英国政府委派皇家学会和皇家工程院组成的专家工作组在其报告《纳米科学与技术：机遇和不确定性》中指出："未来纳米技术和生物、信息及认知科学的结合可能会用于增强人类的基本能力，同时我们也必须思考由此而来的深层次的伦理问题。"③ NBIC 会聚技术作为人类增强技术的最高阶段，其开发和应用会引发一系列的伦理问题。

第二节　21 世纪的带头学科

一、凯德洛夫的"带头学科"发展模式

"科学是一种在历史上起推动作用的、革命的力量。"④当今科技革命的形势，迫使世界各国竭尽全力去争夺科学技术这个制高点。在这一特定历史条件下，"带头学科"的研究无疑具有头等重要的战略意义。

---

① 邱仁宗. 人类增强的哲学和伦理学问题. 哲学动态，2008，（2）：33-39.
② 肖峰. 高技术时代的人文忧患. 南京：江苏人民出版社，2002：114.
③ Pidgeon N, Porritt J, Ryan J, et al. Nanoscience and Nanotechnologies: Opportunities and Uncertainties. London: Royal Society, Royal Academy of Engineering, 2004: 53-54.
④ 马克思，恩格斯. 马克思恩格斯选集. 第三卷. 中共中央马克思恩格斯列宁斯大林著作编译局编译. 北京：人民出版社，2012：1003.

20世纪70年代，凯德洛夫（1903—1985）最早提出了"带头学科"（或者叫"带头科学"）学说。他认为，在过去的人类文明史上，各学科的发展并不是齐头并进的，由于某一学科一马当先，同时也带动着其他科学的发展，因而被称为"带头学科"。

1971年，苏联学者凯德洛夫在第十三次国际科学史大会上以"科学史及其研究原则"为题，首次论述了"带头学科"历史演变等问题。此后，他的"带头学科"学说在1974年发表的文章《关于自然科学发展中的先导》中得到详细阐述，在1979年发表的文章《科学技术革命：起源、规律性和前景》中有所修改，在1980年出版的著作《列宁与科学革命·自然科学·物理学》中也有所涉及。

在1974年和1980年的文章中，凯德洛夫并未对其提出明确的定义和界定标准，而是主要在以下三处给出一些笼统和比喻性的说明。

"在科学发展的一定时期走在前面并且决定着所有其他科学部门发展的那一科学部门在一段时期里就成了整个科学进步的先导。这一科学部门给其他一些与之相联系的科学部门打上自己的烙印……它在前面引导它们，并且为它们以后的发展开辟道路。"①

"为了说明和了解，即探索和研究处于不同复杂程度和发展水平上的自然客体，必须找到什么是它的基础……而研究这种基础的自然科学部门在一段时期里则将成为整个自然科学的先导。"②

"如果把一定范围的未解决问题提到了科学进步的首要位置上，同时全社会物质生活的发展也依靠这些问题的解决，那么正是提出和解决这些问题的科学，在一定历史时期内成了自然科学的带头学科。在这个时期，这个学科决定了整个其他自然学科的发展……"③

综上所述，"带头学科"具有三个特征（或条件）：一是自身发展先进，引领其他学科发展，并为它们提供了思想和方法；二是研究某一层次自然客体的基础；三是提出和解决科学进步与社会实践迫切面临的共同问题，即满足所谓的"交叉律"。

要想说清楚什么是"带头学科"，就必须对科学史进行细致的实证定量研究。凯德洛夫提出的"带头学科"更替学说涉及历史和未来预测，虽

---

① 凯德洛夫，陈益升. 关于自然科学发展中的先导. 世界哲学, 1978, (3): 18-19.
② 凯德洛夫，陈益升. 关于自然科学发展中的先导. 世界哲学, 1978, (3): 18-19.
③ 凯德洛夫. 科学技术革命：起源、规律性和前景. 世界科学译刊, 1980, (3): 48.

然对未来预测很难进行实证定量研究，但对历史而言却是可行的。

根据凯德洛夫的意见，在科学发展历史上，第一个带头学科是力学，带头时间长达200年之久。在17~18世纪，力学是一门较完善的学科，它的成就为科学家们提供了认识事物的方法和手段，使其他的各门学科都带有力学的色彩。第二个带头学科是化学、物理学、生物学。带头时间为100年左右。19世纪初，力学已完成了第一个单独的带头职能，这时化学、物理学、生物学等已迅速发展起来，取代了力学的主导地位。到19世纪中叶，这组科学取得以能量守恒、转化定律、细胞学说、进化论为标志的重大成果，推动了整个自然科学的发展。第三个带头学科是物理学（原子物理和原子核物理），带头时间为50年。19世纪末，物理学的发展导致放射性和电子两项重大发现，使人类对物质结构的认识从宏观领域进入了微观，从而推动了化学、生物学、天文学、地理学的发展。第四个带头学科是控制论、高分子化学、空间技术、分子生物。在20世纪40年代末，控制论等理论的发展引发新的科技革命，从而使单个带头的物理学被这组科学所取代。这组科学的带头时间是25年左右。第五个带头学科是生物学。1975年前后，多科学的发展已经完成，原子核物理达到成熟阶段，高分子化学、航天学和控制论都有很大的发展，已较为成熟了。而生物学（即分子生物学以及与之相近的遗传学等）由于时间的需要和自然科学自身发展的需要，就要成为单独的带头学科了。按照带头学科的更替周期，生物学带头时间只有10年左右[1]。凯德洛夫认为："究竟现代科学的哪一个领域或哪一组领域起带头作用，这个问题对于理解当代科学的总的结构及科学与技术的关系有着头等重要的意义。"[2]

"应用带头学科这一术语在自然科学方面，我们这里指的是自然科学的这样一个领域或一些领域，它或它们走在整个自然科学发展的前面，决定着自然科学发展的性质和水平，因而在这个意义上它或它们是带头的。如果带头的是一组科学，那么在这一组科学内部各学科之间是互相联系的，彼此促进各自的发展，并进而促进整个自然科学的发展。"[3]并且凯德洛

---

[1] 凯德洛夫. 列宁与科学革命·自然科学·物理学. 李醒民, 何永晋译. 西安：陕西科学技术出版社, 1987：23.

[2] 凯德洛夫. 列宁与科学革命·自然科学·物理学. 李醒民, 何永晋译. 西安：陕西科学技术出版社, 1987：25.

[3] 凯德洛夫. 列宁与科学革命·自然科学·物理学. 李醒民, 何永晋译. 西安：陕西科学技术出版社, 1987：23.

夫认为，带头学科是随着历史更变的，这主要取决于两个因素：①对技术的需要；②科学认识自身发展的内在逻辑和自然科学本身发展的需要。正是由这两个因素确定了某一学科在某一历史时期成为决定整个自然科学以及所有学科发展的关键与先导[1]。

但是带头学科的变更不是随意的、偶然的，而是按规律进行的："在自然科学发展中带头学科替换的历史上显示出特有的辩证法：它反复地重复原先经历过的过程，但是在较高级的基础上，它仿佛在反复地向整个运动的起点复归……科学认识的前进运动就是这样辩证地实现的。"[2]

二、伟大的"O"是21世纪的带头学科吗？

如前所述，根据凯德洛夫的"带头学科"的理论，某一学科一马当先，同时也带动着其他科学的发展，并为它们提供思想和方法就是"带头学科"。那么，进入21世纪，科学技术发展中有无像凯德洛夫所说的"带头学科"呢？回答是肯定的。

在《平衡NBIC的投资与机遇》中，惠普实验室的R. S. 威廉姆斯、P. 库斯科提出：一些大学系主任把纳米技术、生物技术、信息技术及认知科学真正的热点领域称为伟大的"O"：因为纳米、生物、信息及认知这些单词的前缀都包含字母"O"[3]。那么，这个伟大的"O"是21世纪带头学科吗？

《聚合四大科技，提高人类能力：纳米技术、生物技术、信息技术和认知科学》断言："在22世纪，或者在大约5代人的时期之内，一些突破会出现在纳米技术（消弭了自然的和人造的分子系统之间的界限）、信息科学（导向更加自主的和智能的机器）、生物科学或生命科学（通过基因学和蛋白质学来延长人类寿命）、认知和神经科学（制造人工神经网络和破译人类认知基因）、社会科学（理解文化媒母，驾驭集体智商），这些

---

[1] 凯德洛夫. 自然科学发展中的带头学科问题//中国社会科学院情报研究所. 社会发展和科技预测译文集. 北京：科学出版社，1981：25.
[2] 凯德洛夫. 列宁与科学革命·自然科学·物理学. 李醒民，何永晋译. 西安：陕西科学技术出版社，1987：25.
[3] 罗科，班布里奇. 聚合四大科技，提高人类能力：纳米技术、生物技术、信息技术和认知科学. 蔡曙山，王志栋，周允程等译. 北京：清华大学出版社，2010：84.

突破又进一步促进技术进步速度,并可能会再一次改变我们的物种,其深远意义可以媲美数十万代人之前人类首次学会口头语言。NBICS(纳米-生物-信息-认知-社会)的技术综合可能成为人类伟大变革的推进器。"①

全球未来研究院学者 J. 坎顿认为:NBIC 会聚技术尽管处于萌芽阶段,它"将会在塑造未来的经济、社会和工业基础方面扮演具有统治地位的角色","聚合技术是未来经济的引擎","美国通过利用聚合技术这样的下一代创新扮演全球的领导角色,这是最重要的能力"②。在经济上,"NBIC 技术的聚合承诺重新组合国家经济的未来。这些有力工具是下一代经济的关键仲裁者"③。"下一代经济的基石将从聚合技术产生。它们向我们表明并指出:经济从过去的钢铁和石油向一种彻底的重塑转移,现在处于萌芽阶段。下一代经济的基石是比特、原子、基因和神经元,其后还有光子和量子比特。"④如图 1-3 和图 1-4 所示。

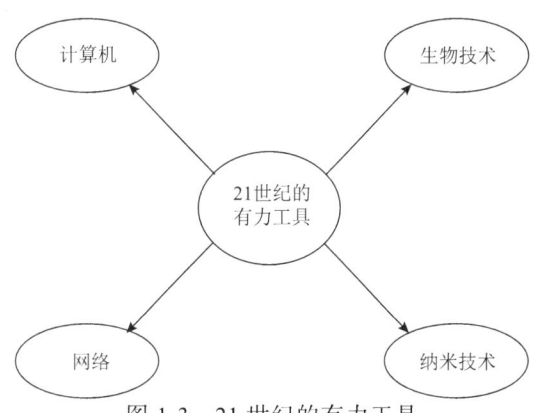

图 1-3　21 世纪的有力工具

国内学者也认为:由纳米技术、生物技术、信息技术及认知科学聚合而成的全新概念——NBIC 会聚技术,是当前学科交叉融合的崭新表现形式,也是世界公认的发展最快和最具潜力的技术领域,将成为主导下一轮

---

① 罗科,班布里奇. 聚合四大科技,提高人类能力:纳米技术、生物技术、信息技术和认知科学. 蔡曙山,王志栋,周允程等译. 北京:清华大学出版社,2010:122.
② 罗科,班布里奇. 聚合四大科技,提高人类能力:纳米技术、生物技术、信息技术和认知科学. 蔡曙山,王志栋,周允程等译. 北京:清华大学出版社,2010:87.
③ 罗科,班布里奇. 聚合四大科技,提高人类能力:纳米技术、生物技术、信息技术和认知科学. 蔡曙山,王志栋,周允程等译. 北京:清华大学出版社,2010:90.
④ 罗科,班布里奇. 聚合四大科技,提高人类能力:纳米技术、生物技术、信息技术和认知科学. 蔡曙山,王志栋,周允程等译. 北京:清华大学出版社,2010:90.

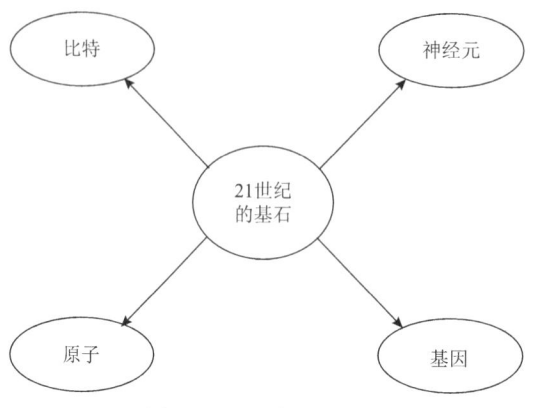

图 1-4　21 世纪的基石

技术革命的新兴技术①。

NBIC 会聚技术之所以称为主导 21 世纪的带头科学，在这份 "21 世纪科学技术的纲领性文献"，即《聚合四大科技，提高人类能力：纳米技术、生物技术、信息技术和认知科学》中，科学家们提出了如下几点理由：NBIC 会聚技术将极大地提高人类能力、增强人类健康和体能、增强团队和社会成果、加强国家安全、统一科学和教育。

1. 提高人类能力

NBIC 会聚技术的第一个领域——应用领域是提高人类认知和交际的能力，主要是致力于增强个体的心智和互动能力。整个 20 世纪，人们开发了很多纯粹的心理技术，改善了人们的性格和人格，但是评估性研究通常没有证明这些方法有什么益处。今天，我们有足够的理由相信这些方法结合在一起，再加上各种各样的科学和技术作为背景，我们就可以取得更富有成效的成果，而不只是依赖于单一的心智训练。罗伯特·霍恩（Robert Horn）提出的 "人类认知组计划"（The Human Cognome Project）被给予最高的优先权，他建议通过多学科的共同努力，理解人类心智的结构、功能，并提高其潜能。由于 "人类认知组计划" 的实施，凭借个人感觉设备接口（personal sensory device interfaces）、丰富的群体（enriched community）、学会怎样学习（learning how to learn）、增强创造性的工具（enhanced tools for creativity）等技术，人类个体和群体的认知和交际能力将大大增加。

---

① 石海明，曾华锋. 聚合科技的军事应用前景及其伦理困境. 国防科技，2015，（1）：85-89.

2. 增强人类健康和体能

NBIC 会聚技术一定会帮助我们显著改善人类的生命质量。相应地，它也会改变我们对健康、疾病以及治疗方式的认识。这些新科技会让我们解开生命机制的基本原理，但同时也提出了基本的问题：什么是生命，人类究竟能做什么？科学家认为，有六种科技在 21 世纪头 20 年内应作为提高人类健康的研发重点。这六种技术是：纳米生物处理器（nano-bio processor）、用纳米材料植入装置对生理健康与功能障碍进行自监控（self-monitoring of physiological well-being and dysfunction using nano implant devices）、纳米医学研究和干预监控以及机器人技术（nano-medical research and intervention monitoring and robotics）、视觉与听觉缺陷的多模治疗方法（multimodalities for visual-and hearing-impaired）、脑-脑与脑-机接口（brain-to-brain and brain-to-machine interfaces）、虚拟环境（virtual environments）。

3. 增加团队和社会成果

NBIC 会聚技术创新所产生的利益将远远超出个人层面，而且还使得群体、经济、文化，或者作为整体的社会获益。在这方面，NBIC 会聚技术将应用于提高群体成员的生产率、交流和合作。科学家思考怎样基于早期的纳米技术基础去开发更为宽阔的视野，即对生物技术、信息技术和认知科学给以同等的重视，核心在于促进人类生存发展。所谓的"社会意义"不仅指技术对社会的影响，而且也指社会群体、网络、市场和公共机构可能塑造的技术发展的无数形式。包含在 NBIC 会聚技术学科聚合中的社会和行为科学将有利于实现人类生存发展链条的最大化。NBIC 会聚技术具有很多潜在的社会范围的益处。NBIC 会聚技术的科学和技术共同发挥作用，可以提高生产率，引导新技术革命、新产品革命和新的服务业的革命。NBIC 会聚技术能够显著地帮助我们主动地处理和环境的关系，创建新的能源来源，以减少对外国石油的依赖，保证我们经济的可持续发展。基于 NBIC 会聚技术，再与新的治疗方法和预防性的检查相结合，这样的系统就能延长生命，提高生活质量。在未来，NBIC 会聚技术的工业将实行分布式生产制造、远程设计，为个体户产品提供生产管理；通过模拟人类智能进行认知控制；其他大量技术也会促进社会进展。除此之外，NBIC 会聚技术还会通过认知工程和其他新的战略为同时产生的群体间的相互作用提供支持。NBIC 会聚技术还将促进所有其他产业发展，这就要求在未来

10~20年集中努力来实现这个目标。科学家建议,现在就应该建立"通信机"(communicator),该通信机是一种用来提升群体交流和超越目前阻碍人们有效合作的障碍的移动系统。它综合了纳米技术、生物技术、信息技术和认知科学,这些技术的聚合将会提升个体品质和消除群体交流的障碍。这样,每一个体参与者根据自己人生经历的不同,选择不同信息添加到共享的知识库中——从共同工作的实践情况,再到个人关于群体的观点,到激发个体参与的目标。总之,一个具有这些属性的通信机系统将有助于克服个体之间的不平等性,以及个体被环境所隔绝性、不公平和被剥夺性,有助于克服个人和文化偏见、误解和不必要的冲突等。从最为宽广的意义上来说,这将是交流和创造的强大的提升者(enhancer),具有潜在的巨大经济和社会效益。

4. 加强国家安全

在战斗性质瞬息万变的世界中,国家安全需要如下的科技革新:构建强大兵力以消除各种对国家安全构成威胁的因素;消除身处战火中的战士的危险,或使危险最小化;使用增强现实和虚拟实境的教具,以降低军事训练的费用。美国国防部(United States Department of Defense,DOD)在利用NBIC会聚技术强化国家安全方面确定了7个目标,它们都需要纳米技术、生物技术、信息技术和认识科学领域成果的紧密结合。这7个目标是:数据连接、威胁预测和准备就绪(data linkage, threat anticipation, and readiness),无人战斗机(uninhabited combat vehicles),战士的教育和训练(warfighter education and training),化学、生物、放射和爆炸的探测和防护[chemical/biological/radiological/explosive(CBRE)detection and protection],战士系统(warfighter systems),提高人类能力的非药物治疗(non-drug treatments for enhancement of human performance),脑-机器接口的应用软件(applications of brain-machine interface)。完成既定目标的最终结果将会为国家安全提供一个势不可当的技术优势,以降低发生战争的可能性,也将会显著地减少军事人力资源的培训费用和战斗冲突中的死亡人数。

5. 统一科学和教育

NBIC会聚技术不仅将极大地促进科学和教育的发展,而且还将把这两个方面的发展结合起来。研究报告证实,社会的未来依靠科学的持续进步,而持续的科学进步又依赖于科学教育。以下四种因素会使科学和教育发生根本的改变：①在教育系统中，存在许多关于反科学的社会因素的贫乏理解，我们必须找到方法，运用新的科技取向来对抗这些反科学的势力。②认知科学、生物技术、信息技术和纳米技术的快速发展，将会对人们如何学习提供新的洞察力，这会有效地变革课程、评估和组织建构。③通过NBIC 会聚技术，新的教育技术和工具得以运用，我们需要做好准备利用这些技术和工具。④鲜有专业科学家能够有实际的机会在其生涯的中途转行到有意义的领域，因此，统一科学必须在学校中大规模地推行。NBIC 会聚技术可以为教育做些什么呢？首先，统一科学将为教育提供一个知识基础，这就创造了综合和跨领域学习的机会，它使我们从传统教育的简化论（re-ductionism）过渡到统一科学的综合论。其次，NBIC 会聚技术将为教学提供新的工具和模式。其中一些是包括视觉、听觉和触觉的感觉工具，另一些则是更好地理解大脑的运行机制[①]。

第三节　NBIC 会聚技术的社会影响及其应用

一、NBIC 会聚技术的社会影响

NBIC 会聚技术为人类社会发展展示了无比美好的前景。全面提升人类能力的新科技复兴，直接影响人的全面自由发展的 NBIC 会聚技术为未来的发展提供了巨大的机遇，第一次使人类能够将自然界、人类社会和科学研究理解为几个紧密相连的复杂而又层次分明的系统，在技术成就不断演进的同时，通过技术整合进而提高人类能力。

NBIC 会聚技术给我们描绘了这样一个前景：人类将在纳米的物质层重新认识和改造世界以及人类自身。人类将拥有大量的成本低廉的各种量级的传感器网络和实时信息系统，机器人和软件将实现个性化，所有的器具将均由智能新型材料构成，智能系统将普遍应用于工厂、家庭和个人，国家也将拥有便携式战斗系统、免受攻击的数据网络和先进的情报汇总系

[①] 罗科，班布里奇. 聚合四大科技，提高人类能力：纳米技术、生物技术、信息技术和认知科学. 蔡曙山，王志栋，周允程等译. 北京：清华大学出版社，2010：437-1438.

统，国家安全将大大增强。基于 NBIC 会聚技术的认识和应用，人类大脑的潜力将被激发出来，人的悟性、效率、创造性及准确性将大大提高，人体及感官对外界的突然变化，如事故、疾病等的感知能力变得灵敏。人类将可以以原子或分子为起点诊断和修复自身与世界，老龄人群将普遍改善体能，减缓认知上的衰退，人与人之间将产生包括脑-脑交流在内的高效通信手段，社会群体将有效地改善合作效能，社会将大幅度减少资源与能源的消耗，因而减少对生态环境的破坏与污染，各类组织将基于快速、可靠沟通信息的新组织结构和管理原则大大提高效率，增加产出。

美国在《聚合四大科技，提高人类能力：纳米技术、生物技术、信息技术和认知科学》报告中指出，NBIC 会聚技术有关领域的重大突破将在今后 10~20 年内实现，如果决策和投资方向正确，那么这些愿景大多将会在未来 20 年内得以实现。正如信息技术推动人类社会进入了知识经济时代一样，每一种具有会聚功能的技术都将可能推动人类社会的前进，也将促进其他科技领域的发展。而这些技术的融合和集成，将会实现人类社会重大突破，大大提高人类的生存能力，改善人类健康与机体能力，拓展人类认知与交流潜能，提升群体与社会生产力，根本改变国家冲突，对国家安全提供更强有力的保障。NBIC 会聚技术将为未来的发展提供巨大的机遇，不断创造新的产业、新的市场、新的生活、新的文化、新的进步。第一次使人类能够将自然界、人类社会和科学研究理解为几个紧密相连的复杂而又层次分明的系统，在技术成就不断演进的同时，通过技术整合进而提高人类能力便成为可能。沿着这样的道路走下去，人类有望进入一个创新与繁荣的时代，从而成为人类社会进化的一个转折点。科学的发展也进入一个分水岭，科学如果要继续迅速向前，那么就必须从泾渭分明的专业化分工走向整合，迈向科学统一与技术会聚，也许这将可能激发新的"科技复兴"，体现一个基于转型工具、复杂系统科学和对物质世界从微小的纳米到星球级的统一、全面的技术观。

NBIC 会聚技术给我们带来了新的科技观，即一种大统一、大科学、以人为本的整体发展观。这种发展观将以学科的融合为基础，通过技术会聚，以人类和社会可持续发展为目的，实现人类自身和社会的进步。在这样的发展观下，科技发展策略必须实现转型，关注社会发展的走向，以迎接 NBIC 会聚技术可能带来的新变化。

NBIC 会聚技术的迅速发展对人类能力和社会生产力都有潜在的影响力。"聚合技术回报的例子可能包括改进工作绩效和学习成效；提高个体感知和认知能力；带来卫生保健的革命性变革；促进个人和集体的创造性；产生高效的交际技能，包括脑对脑的交互，完美的人-机交互（包括神经形态工程）和可以承受的'智能'环境（包括神经人类工程学）；提高人类防卫能力；使用 NBIC 工具实现可以接受的发展；改进老年心智时期通常出现的身体和认知的退化等。"①

譬如，由于技术的聚合，在一个人的第二个一百年保持一种充满活力和有尊严的生命也会是有可能的。人脑功能的、带电源的可穿戴电脑将发挥个人助理或经纪人的作用，它将按照用户的特殊需要，以最优化的方式为我们提供一切类型的有价值的信息。建筑物的外表可以自动地改变形状和颜色来适应不同的温度、光线、风和降雨量。

聚合通信和机器人技术可能会产生全新的修复范畴或辅助设备，它们能够弥补认知和情感因素的缺失。在社会生活中，能够使人变漂亮或更高贵。用聚合材料制造的衣服可以自动适应变化的温度和天气条件。这种衣服的颜色和外观可以根据穿着者所处的自然和社会环境而发生改变。

NBIC 会聚技术在一些关键领域如工作、学习、老龄化、群体交互和人类进化中具有广泛的、长期的意义。"如果我们现在做出正确决策和投资，那么这些预测就会在未来 20 年的时间内取得成效。如果这在大多数领域中同时取得进展，那么就有可能实现一个创新和繁荣的时代，这个时代就会成为人类进化的转折点。"②

"20 年以后，或者超越当前高技术的范围，聚合技术将会在这些领域产生重大的影响：工作效率、贯穿生命周期的人类身心问题、通信和教育、精神健康、航空和航天飞行、食物和农业可持续和智能的环境、自我表现和时尚、文明的转型。"③

在研究报告中，确定了未来 10～20 年的时间框架内 NBIC 会聚技术可能造福人类的 20 种方式④。而与个人相关的主要发展领域如表 1-2

---

① 罗科，班布里奇. 聚合四大科技，提高人类能力：纳米技术、生物技术、信息技术和认知科学. 蔡曙山，王志栋，周允程等译. 北京：清华大学出版社，2010：3.
② 罗科，班布里奇. 聚合四大科技，提高人类能力：纳米技术、生物技术、信息技术和认知科学. 蔡曙山，王志栋，周允程等译. 北京：清华大学出版社，2010：4.
③ 罗科，班布里奇. 聚合四大科技，提高人类能力：纳米技术、生物技术、信息技术和认知科学. 蔡曙山，王志栋，周允程等译. 北京：清华大学出版社，2010：6.
④ 罗科，班布里奇. 聚合四大科技，提高人类能力：纳米技术、生物技术、信息技术和认知科学. 蔡曙山，王志栋，周允程等译. 北京：清华大学出版社，2010：13.

所示[①]。

NBIC 会聚技术如何提高人类的能力，如何使我们变得更健康、更富有和更聪明？我们借用一个分析框架，即"外部-内部框架"。"外部-内部框架"增强人类行为能力包括五个范畴的技术：①身体之外的和环境的；②身体之外的和集体的；③身体之外的和个人的；④身体之内的和暂时的；⑤身体之内的和永久的。

表 1-2　与个人相关的主要发展领域

相关位置	发展领域
外部的（身体之外的）、环境的	新产品：材料、装置和系统、农业和食品； 新代体：社会变化、组织、机器人、聊天机器人、动物； 新介质：固定工具、人造物品； 新空间：真实空间、虚拟空间、混合空间
外部的、集体的	增强的群体交互和创造力； 统一的科学教育和学习
外部的、个人的	新介质：移动工具/可穿戴工具、人造物品
内部的（身体之内的）、暂时的	新的可吸收的药物、食品
内部的、永久的	新组织：新的传感器和受动器、可植入物体； 新技能：认知技术、旧传感器和受动器的新用途； 新基因：新遗传学、新细胞

二、NBIC 会聚技术的社会应用

NBIC 会聚技术赖以生长的四大科技在 20 世纪已有长足发展，并有所交叉和融合。这种组合在近几年已经取得的进展与突破主要有两类。

其一，基于生物技术与信息技术的交叉、融合、互补与互动形成的新方法、新发明等。例如，斯坦福大学的巴佐格罗（Basoglou）已经可以用廉价的奔腾机器小集群，把整个人类基因组保留在主存储器中，这样就能够快速搜寻特定的与 DNA 序列相关的数据；麻省理工学院媒体实验室机器生物组组长布雷泽尔（Blaze）已经建造了有人类脸部表情的机器人，能

[①] 罗科，班布里奇. 聚合四大科技，提高人类能力：纳米技术、生物技术、信息技术和认知科学. 蔡曙山，王志栋，周允程等译. 北京：清华大学出版社，2010：14.

对人的声音、动作如微笑、皱眉及扬眉等表情做出反应,这个机器人叫"莱昂纳多";等等。

其二,基于纳米技术的微型光电器件及其方法的发明与研制。例如,2004 年,英特尔公司已制造出 0.03 微米厚的超迷你晶体管,并在推出用 90 纳米工艺批量生产的新型奔腾 4 处理器之后,再次使用先进的 65 纳米工艺技术,成功制造出了包含有 5 亿多个晶体管,并具备全部功能的 70 MB 静态随机存取存储器(SRAM)芯片;2003 年,美国加利福尼亚大学伯克利分校的杨培东采用发光的纳米线,制造成微型的激光器;朗讯科技公司贝尔实验室的鲍哲南开发了一种比硅芯片价格低廉得多的有机半导体电路,同时还发明了电子纸作为柔性薄型显示器;2003 年,哈佛大学毕业的黄昱,在劳伦斯·利弗莫尔国家实验室制成了具有电子电路功能的纳米线格栅;等等。NBIC 会聚技术的典型应用是"电子人"实验:1998 年,英国凯文·沃里克(Kevin Warwick)给自己和妻子植入芯片后,仅用思维就能控制家里所有电器运转和妻子的肢体。此后,芯片被大量运用植入宠物和自然人体内(下文分析)。在我国,NBIC 会聚技术在高校和科研院所的研究和应用亦初显神通。2001 年,东南大学附属医院为一名帕金森病患者植入了"脑起搏器"获得成功。2005 年,南方医科大学构建完成"中国数字人男 1 号"。在过去 10 年的时间里,国际媒体报道了大量 NBIC 会聚技术新的突破。

(1)合成生命。2010 年美国《科学》杂志评选的十大科学进展之一。

(2)干细胞器官移植。2008 年美国《时代》杂志评选的十大医学突破之一。

(3)信息转换技术。"用意念写微博"和"思维读取软件"分别被美国《时代》杂志评选为 2009 年和 2011 年最佳发明。科学家尝试电脑备份人脑记忆、电脑信息下载到人脑等。

(4)虚拟人。2011 年微软公司展示了一个"虚拟人"——"麦洛",可与人对话等。

(5)网络技术。2011 年实现广域网络中双向每秒 186 GB 的传输速度。

(6)智能人。"机器人做实验"是美国《时代》杂志评选的 2009 年十大科学进展之一。2010 年欧洲的情感机器人 NAO,能产生并表达感情,具有一岁小孩的智力和行为模式。

(7)仿生技术。"仿生女人"克劳迪娅——身体一部分是人体,另一部分则是电脑。

(8)人体体细胞全能性。2011 年美国《时代》杂志评选"克隆制造干细胞"为十大医学突破之一。科学家采用一种类似于克隆羊"多莉"的技术，在人体细胞上进行了同样的实验。

（9）动物体细胞全能性。2009年中国科学家采用小鼠的皮肤细胞诱导出多能干细胞，培育出老鼠。

（10）人造子宫。2002年美国康奈尔大学华裔学者制造出"人造子宫"。中国科学院"中国现代化战略研究课题组"在2011年出版的研究报告《第六次科技革命的战略机遇》中提出：第六次科技革命的主要标志包括10个方面。①信息转换器：实现人脑与计算机之间的直接信息转换，引发学习和教育革命。②两性智能人：解决和满足人类对性生活的需要，引发家庭和性模式的革命。③体外子宫：实现体外生殖，解放妇女，引发生殖模式和妇女地位的革命。④人体再生：通过虚拟、仿生和再生，实现某种意义的"人体永生"，引发人生观革命。⑤合成生命。⑥神经再生。⑦人格信息包。⑧耦合论。⑨整合论。⑩永生论等。同时预计，未来40年里，通过生命科学、信息科学、纳米科学、仿生工程和机器人学的结合，人类将获得新的"生存形式"，即网络人、仿生人和再生人，实现某种意义上的"人体永生"，届时，人类个体将有四种"生存形式"（表1-3）[①]，通俗地说"人有四条命"。

表1-3 人类个体的四种"生存形式"

自然形式	技术路线	新的形式	效果
自然人	人格信息包+信息转换器+互联网	网络人	网络性永生
	人格信息包+信息转换器+两性智能人	仿生人	仿生性永生
	人格信息包+信息转换器+人体再生	再生人	复制性永生

自然人，即普通人。提高自然人生活质量的科技创新有很多，如：器官再生和神经再生；发明信息转换器，人脑可以从电脑下载知识；发明两性智能人，承担家务劳动，丰富人类性生活。

网络人，指将来生活在网络空间的、具有自然人的外貌特征、性格特征和自主意识的"虚拟人"。其创新有：人格信息包技术、网络人学习和进化技术、信息转移技术等。

仿生人，指具有自然人体的外貌特征、性别特征、人格信息和主体意

---

① 何传启. 第六次科技革命的战略机遇. 北京：科学出版社，2011：21.

识的"高仿真智能人"。其创新包括：仿生躯体制造技术、仿生人脑制造技术、仿生人的能源保障和通信技术等。

再生人，指具有自然人的全部生物学和社会学信息的"复制人"。采用"人体再生"技术可以培养自然人的"复制体"，把自然人的人格信息包的信息转移到"复制体"的大脑中，自然人获得"第二次生命"。其创新包括：人体体细胞全能性、人体再生技术、人格信息包技术和信息转移技术等[①]。

三、NBIC 会聚技术的典型举例

NBIC 会聚技术的典型应用是"世界上第一个电子人"实验。

电子人，也就是人与机器的结合。突破"人-机"界限，是用 NBIC 会聚技术提升人的能力从理念变为现实的核心与基础。这不是一个科幻概念，英国著名控制论专家、雷丁大学教授沃里克博士是尝试并突破这一界限的第一人，由于他大胆地将电脑芯片植入身体，从而入选《吉尼斯世界纪录大全》的第一位"世界上第一个电子人"。虽然沃里克的研究招来很多质疑，但他并未停止自己的研究，而且断言："我们人类可以进化成电子人——部分是人，部分是机器。"沃里克在 22 岁时毕业于英国阿斯顿大学，随后进入世界著名的英国电信研究实验室。后来又先后在伦敦大学、牛津大学、纽卡斯尔大学和华威大学短暂就职。在人工智能、控制论和机器人领域，他的研究居世界领先水平[②]。

1998 年 8 月 24 日，他利用外科手术给自己和妻子的身体各植入了能传导神经脉冲信号的芯片。这片芯片内有 64 条指令，并通过特殊信号传给他办公室中的一台主控电脑。这项实验持续了 9 天。其间，他仅用思维就能控制家里所有电器的运转和他妻子的肢体。这一实验震惊了国际科学界。因为这意味着人的神经接收、传导系统可以与植入的芯片产生互动，可以通过计算机、互联网与另外一个"电子人"进行交流并实施控制。

2002 年 3 月 14 日，沃里克又在牛津约翰·拉德克利夫医院接受了一次手术。一个由世界上顶尖的神经外科及控制论专家组成的工作小组用了 2 小时的时间，将一枚边长为 3 毫米的芯片植入了他左腕的皮肤下，芯片

---

① 陈万球，杨华昭. 挑战与选择：会聚技术立法的伦理思考. 哲学动态，2014：8.
② 赵克. 会聚技术及其社会审视. 科学学研究，2007，25（3）：430-434.

上 100 根头发丝粗细的电极与他手臂主神经相连，以接收神经脉冲信号。在以后的 3 个月中，这位科学家的身体变成了一个"电脑外部设备"，他的神经系统和一块芯片紧密地接合在一起。依靠一段普通的电线，神经脉冲直接传送到了一台电脑中，实现了电脑与生物脑的对话，直到 3 个月后这套装置被拆除。

接着，在 2002 年 5 月 10 日，美国佛罗里达州的雅各布斯（Jacobs）夫妇与他们 14 岁的儿子分别植入了由美国应用数据解决公司（Applied Digital Solutions Co.，ADS）生产的 VeriChip 芯片，成为"电子人"[1]。他们植入的芯片有米粒大小，在他们局部麻醉的情况下，分别植入臂部。同时被植入芯片的还有 1 名早期阿尔茨海默病患者和 4 名 ADS 的员工[2]。当时美国的医疗机构大多不能正确读取雅各布斯一家芯片内的医疗信息，因而从事紧急医疗信息服务的非营利组织基于"医学警觉"对此发表声明，批评了在人体中植入芯片的方法。然而到 2004 年 10 月美国食品药品监督管理局（Food and Drug Administration，FDA）批准 ADS 研制的 VeriChip 芯片投入市场前，已经有超过 1000 人体内植入了 ADS 的 VeriChip 芯片。其中包括哈佛大学医学院信息部部长和墨西哥的司法部部长[3]。在美国，VeriChip 芯片植入人体的费用为 150～200 美元，每月使用费约 10 美元。此后，有关芯片植入人体的报道也越来越多，除医用外开始陆续在酒吧等特殊场合使用[4]。事实上，VeriChip 芯片采用的是无线射频识别技术（radio frequency identification，RFID）。RFID 根据读写的方式，仅能输入数千字节的信息。制约采用 RFID 芯片内置的瓶颈是这项技术本身严重依赖于技术的纳米化程度和神经生物学，并且需要在装有能够识别这种芯片的设备的场合中才能够识别。就目前的技术水平而言，仅在于是在体内安装还是在体外携带。因此，除了便于急诊、救护、定位、监控等传统技术功能外，RFID 对于着重于人的肌体的恢复、开发以及疾病的治疗还存在一定距离。尽管如此，RFID 仍然具有广泛的用途。例如，目前科学家已经可以通过脑部植入芯片的方式控制鱼、老鼠和猴子的运动。同样，利用脑部植入技

---

[1] 毛磊. 一家三口成为首批"电子人". 人民日报，2002-05-13.
[2] 刘林森. 未来新技术产品在芯片上生产婴儿. 科技日报，2005-05-12.
[3] CNET. RFID 芯片植入技术兴起急诊室纷纷相中. http://CNETNews.com.cn [2005-01-24].
[4] 赵勐予. 植入人体的芯片数字英雄. 经济观察报，2005-11-12.

术可以训练动物完成国防侦察等特殊任务[①]。

2004年6月，一名25岁的高位截瘫患者，由于受到严重的创伤使头部以下的其他部位完全失去了行动能力，生活无法自理。但是，在利用脑部芯片植入技术后奇迹般地重新获得了"行动"的能力。患者可通过思维操作电脑进行电子邮件的收发、图片的绘制，甚至可以通过外界的机械手拿起一些小东西。这项能够自动获取人类大脑思维信息并让计算机采取行动的思维技术的成功，已经并将继续给那些因为瘫痪而卧病在床的患者带来崭新的生活。此项技术除能够帮助更多患者重获新生外，也可应用于军事领域。例如，可以根据需要引导战士驾驶无人空中飞行器（unmanned aerial vehicle，UAV）等。

2004年12月，利用芯片植入技术治疗帕金森病在法国的弗瑞尔大学（Friel University）获得成功。弗瑞尔大学的A.L.本彼德教授利用芯片植入技术，使患者在瞬间获得了行动能力。这种新疗法称为神经植入治疗法。这证明了由无线电或其他信号控制的计算机芯片可以影响或增强大脑活力，进而改善患者的生理或运动能力。他通过在患者大脑永久植入一个电极，过度刺激两个微小的特定区域以达到治疗目的。这个电极和安置于患者胸部的一个小的电子控制单元，两者之间由金属线相连，利用无线电信号遥控这个单元，甚至可以随意开关它。

上述案例研究足以表明，科技前沿领域的会聚已经实现了由外用到内用、由被动地接受监控到意志自由的根本性转变。这种变迁必然会促进个人和群体的工作、学习效率；改善老年人常见的体质和认知能力；提升个人的感知和认知能力；提高人类行为和整个国家的生产力水平。

第四节 NBIC会聚技术的发展方向与前景

根据整合NBIC会聚技术所具有的五大功能，即提高人类能力、增强人类健康和体能、增加团体和社会成果、加强国家安全、统一科学和教育，科技界的专家学者还针对NBIC会聚技术未来可能取得的巨大成就展开了

[①] 慈新新. RFID的技术发展与创新. 微电脑世界，2005：12.

丰富想象与大胆预测，并为人类描绘了关于 NBIC 会聚技术发展推广的美好图景。

一、NBIC 会聚技术的发展方向

NBIC 会聚技术的发展方向可以归结为两大类：一是促进各种科学类别的聚合；二是对技术群体发展的推动作用。

NBIC 会聚技术的发展方向其一表现在促进各种科学类别的聚合，并产生新的研究领域与研究内容，推动新的科研成果产生。从 NBIC 会聚技术的含义就可以充分体现出作为综合性技术，在未来需要多重学科、科学类别的相互聚合。参与美国国家纳米计划的主要科学家们通过研究后发现，纳米技术与信息技术、生物技术及认知科学紧密相关，从而将衍生出一个全新的科学研究领域。纳米技术是 NBIC 会聚技术的基础。科学家们发现，纳米技术应用在生命科学上主要呈现为：RNA、DNA、蛋白质等各种复合物；细胞及细胞间联系；物质和能量代谢与信息交流。而纳米技术在认知神经科学的应用中主要有：基于电学、化学原理的神经突触；神经元连接的方式与模式；对脑疾病中分子的构造；意识、思维、智慧、情感的物质基础；脑功能的实时、定位、无损伤监测。纳米技术在信息科学的研究内容有：材料、硬件、人-机界面、超微系统和仿生（计算、逻辑与智能）等[1]。

NBIC 会聚技术的发展方向其二表现在对技术群体发展的推动作用。NBIC 会聚技术本身是四大科技及其相应技术的聚合，这不仅加速技术自身的蓬勃发展，也促进着人类的技术应用广泛推广。①研发新的产品。NBIC 会聚技术的新产品将广泛地应用到多重领域。以农业为例，纳米遗传学将为人们提供更营养健康的绿色食物。而纳米传感器也将实时准确地把握食品运输、管理、保鲜等情况，从而帮助消费者了解食物的生产流程以及食物的营养状况。②变革新的存在方式。在认知科学的应用下，科学家们提出在计算机或机器人控制器中植入人类个体的人格特征，以此将产生新的具有人类个体目标或者拥有意识的个性化机器人。其出现将变革原有人类的存在方式，以人类个体意识控制其行为，将使人类经验和行动得以扩展和延长。③扩展社会交往方式。科学逐渐走向统一，这不仅将促使各门学科单一模式发生改变，而且人们对这样的统一科学也将设立新的教育理念，

---

[1] 赵克. 会聚技术及其社会审视. 科学学研究，2007，25（3）：430-434.

这将大幅变革原有的社会交往方式，逐步实现人类统一教育。④建立新媒介。在 NBIC 会聚技术的引领下，未来人类将实现人-机交互，并在"转换战略"的应用下，创造一个既互相分离又互相连接的"大脑"，并具有不同的结构层次，使得个体能够接受集体意识，同时保证不泄露个人隐私。⑤拓展新空间。利用纳米技术，人类将深入拓展微观世界，并谋求更细小的物质环境，同时更高超的运输机器也将为人类打开更广阔的宏观世界。这样的扩展空间是前所未有的。

二、NBIC 会聚技术的发展前景

任何技术开发前，科技界都会有专家学者对其进行展望，并充分考虑其发展后带来的美好图景与产生的不利因素，NBIC 会聚技术也不例外。

作为新时期技术革命的科技主动力，NBIC 会聚技术将再一次挖掘人类的潜在能力并扩展人的综合实力，为人的全面自由发展起到重要的推动作用。可以说，NBIC 会聚技术是人类技术史中鲜有将自然、人类社会以及人类自身、科学研究变得如此复杂交错且泾渭分明、结构明朗的重要技术。它能在不断推动技术发展的同时，切实利用技术聚合提升人类能力。科学技术团体为 NBIC 会聚技术规划了这样的发展前景：人类未来将借助纳米物质平台，改造人类和自然世界。同时在信息技术的引领下，人类也将获得更多低成本、高能量、多存储的传感器网络和实时信息系统，并能操控更为个性化、人性化的机器人。在材料学的帮助下，智能化网络管理将应用在各个领域。而国家也能在智能化数据管理下，完善其战斗系统与情报信息系统，以提高国家安全。针对 NBIC 会聚技术的全面应用，人类脑力的激发将不再是一个遥不可及的梦想。人的感悟能力、工作效率、创新性思维等大脑潜力将不断提高，感知能力会变得更为灵敏。在修复人体器官与脑力等技术的助力下，人类能有效改善认知能力的不足，并完善人类社会群体的合作机制。在保护环境、维持生态平衡方面上，NBIC 会聚技术也将改善能源、资源的匮乏，生态环境破坏等问题[①]。而社会中的各类组织，在 NBIC 会聚技术的应用下，将可拥有更为准确、多元、快速的信息，使组织机构利于管理，提高产能。

---

① 上海科技情报研究所信息咨询与研究中心. 21 世纪的科技复兴——NBIC 会聚技术. 科技成果纵横，2004，（4）：29-31.

这些愿景并非科学技术团体的空穴来风，也非新闻媒体的捕风捉影，《聚合四大科技，提高人类能力：纳米技术、生物技术、信息技术和认知科学》报告就指出，若对 NBIC 会聚技术的决策与投资方向准确无误的话，那么在未来的 20 年内大多愿景将会得以实现。也就是说，NBIC 会聚技术的每一组技术聚合都将为人类社会的发展书写不朽的诗篇。而那一天的到来，不仅将再次改变人类的生存能力，还将提高人类机体能力，拓展人类认知与交流潜能，提升群体与社会生产力，从根本上改变国家冲突，对国家安全提供更强有力的保障。

当然，NBIC 会聚技术具有前所未有的发展机遇与市场前景，这对于全球经济市场、产业结构、社会文化都将掀起新的浪潮。在 NBIC 会聚技术的指引下，人类将有望开拓出一个全新与繁荣的时代，并进而步入新的社会进化转折期。科学发展也会步入大统一的新型科学融合，在学科整合与技术会聚下，科学将更为全面与丰富。

NBIC 会聚技术带给人类以大统一、大科学的科技发展前景，并创设出以人为本的整体发展观，在此理念推进下，人类将以学科的融合为基础，以全面提升人类能力和社会可持续发展为目的，以实现人类自身和社会的进步为宗旨，持续关注 NBIC 会聚技术发展，关注社会进步走向，以迎接 NBIC 会聚技术可能带来的新变化。

第二章

NBIC 会聚技术的伦理问题

科学发明和技术创新在人类的创造过程中处于核心地位,并且这种地位日益增强。2001 年,美国在世界上首次提出"会聚技术"这一概念,随后欧盟、加拿大、澳大利亚、日本、印度等国家和地区纷纷提出了各自的 NBIC 会聚技术发展计划,NBIC 会聚技术成为世界科技发展前沿。与此同时,有关发展 NBIC 会聚技术及其社会和伦理问题的争论不绝于耳:一方面,技术进步主义者对 NBIC 会聚技术的前景好评如潮,科技界和企业界更是将 NBIC 会聚技术看作是能够引领未来产业革命的最核心的技术;另一方面,技术保守主义者对 NBIC 会聚技术的忧虑与日俱增。

第一节 技术进步主义与技术保守主义之争

自 2001 年"会聚技术"提出以来,美国、欧盟、加拿大等国家和地区的科学界、哲学界、宗教界展开了一场关于是否应当利用最新的技术发展去增强人类能力的热议。争论大体可以分成持"技术进步主义"的支持派和持"技术保守主义"的反对派[1]。

一、技术进步主义

对于发展 NBIC 会聚技术以增强人类能力的动机与种种举措,"技术

---

[1] 胡明艳,曹南燕. 人类进化的新阶段——浅述关于 NBIC 会聚技术增强人类的争论. 自然辩证法研究,2009,25(6):106-112.

进步主义者"（techno-progressives）持支持意见。"技术进步主义者"可以分为"技术民主主义者"（techno-democrats）与"技术自由主义者"（techno-libertarians），他们一致主张：要超越人类-种族主义（human racism），从人格（personhood）的角度来定义"人"；人类在谨慎的理性引导之下，可以自由地决定他们的未来；关于人类的抱负，不存在什么自然的或者神圣的界限。

"技术民主主义者"认为：可以通过技术把人类从自然的束缚中解放出来，通过社会民主把人类从社会压迫中解放出来。他们高扬"个人自由"的旗帜，主张人类有权让自己超越健康的水平去增强自己，每个人都拥有生殖自由，新兴技术可以改善人类的状况。面对新技术可能给人类带来的风险，他们认为必须通过民主管理确保技术的安全性，并使得技术普遍可及，防止不公正现象产生。代表人物有哈里斯（John Harris）、辛格（Peter Singer）、沃金（Ronald Dworkin）、休格斯（James J. Huges）等。

20世纪后半叶，随着高科技的迅猛发展，人类进入了知识和智力爆炸阶段。在对这种爆炸性扩展进行理性反思的过程中，诞生了构成技术自由主义派核心思想的"后（超）人类主义"。这一思想流派的代表人物有莫尔（Max More）、库尔兹韦尔（Ray Kurzweil）、凯利（Kevin Kelly）、斯洛德戴克（Peter Sloterdijk）和皮尔森（Keith Ansell Pearson）等。

一般认为，"后人类主义"（posthumanism）是一种以神经科学、神经药理学、人工智能、纳米技术、太空技术和因特网等各种科技为基础的哲学与价值体系的结合，主张利用这些技术逐步改造人类的遗传物质与精神世界，最终变人类自身的自然进化为完全的人工进化。据大多数"后人类主义"学者的观点，人类只是进化过程中的暂时阶段，未来是属于"后人类"的。所谓"后人类"指的是人类的后代，但它已经在技术上增强到了这样一个程度，以致它不再是目前的人，他们的智力、记忆、力量、健康和寿命都将大大超过目前的人。人工智能系统也被某些人看作是一种"后人类"存在。

"后人类主义"的温和版本"超人类主义"（trans-humanism）是试图引导我们走向"后人类"状况的哲学思潮。它尊重理性和科学、寻求进步、重视现实生活而不是某一超自然的"来世"的人类价值，是不受传统人道主义方法限制的人道主义的延伸。所谓"超人类"是人类在超越道路上的过渡人类，介于人类与"后人类"之间。其标志包括植入所引起的身体的增强、双性性格、无性生殖和分布式身份等[1]。在此基础上，超人类主义者描绘了一幅伊甸园般的超人类未来美景。根据莫尔的《超越主义者原理——超人类主义宣言》，"后人类"社会将实现：永恒的发展、个人的自主、开放的社会[2]。当然，技术自由主义者也看到了现代化进程中业已出现的一系列问题，如环境问题、文明冲突、政治极权等，但对此他们似乎不屑一顾，并且宣称：这是新技术发展的惯例，新技术会使很多人受益，也无疑会带来伤害[3]。

二、技术保守主义

随着 NBIC 会聚技术的迅猛发展，对 NBIC 会聚技术的恐惧、抵触和抵抗情绪也在全世界蔓延开来。那些反对使用 NBIC 会聚技术增强人类的种种主张，可称为"技术保守主义"。一些未来学家、环保组织、宗教界以及科学界、哲学界、法律界人士纷纷加盟。著名代表人物有卫斯理·J. 史密斯（Wesley J. Smith）、兰顿·温纳（Langdon Winner）、比尔·麦基宾（Bill McKibben）、比尔·乔伊（Bill Joy）、弗朗西斯·福山（Francis Fukuyama）、莱昂·卡斯（Leon Kass）等。

早在 1986 年，美国的未来学家 K. E. Drexler 在他著名的《创造的发动机》（*Engines of Creation*）一书中，就描述了纳米技术带来的巨大变革和希望，并指出了纳米技术隐藏着巨大的危险，提出"创造的发动机"也可能是人类"毁灭的发动机"[4]。2000 年，美国 *Discover* 杂志将纳米技术与生物技术、机器人技术等一起列为"21 世纪的 20 大危险"之一。2002 年 3 月 6 日，国际环保组织侵蚀、技术和集中问题行动小组（Action Group on Erosion, Technology and Concentration, ETC, 总部设在加拿大）发出了"纳米技术将我们引向深渊"以及"No Small Matter"的呼吁。2003 年 4 月 ETC 再次引证说，已经有研究证明纳米颗粒将进入人体尤其是人的肺部，对人的健康带来威胁，并且警告道，纳米技术和生物技术结合而成的纳米机器

---

[1] 曹荣湘. 后人类文化. 上海：上海三联书店，2004：62-63，123-124.
[2] 曹荣湘. 后人类文化. 上海：上海三联书店，2004：267-282.
[3] Stock G. From regenerative medicine to human design: what are we really afraid of? DNA and Cell Biology, 2003, 22(11): 679-683.
[4] Drexler K E. Engines of Creation. New York: Anchor Press, 1986.

人可能会失控，或成为"绿色黏质"（green goo），呼吁全球范围内暂停纳米技术的研究。2003 年，在首届 NBIC 会聚技术年会上，美国商务部副部长邦德发出了警告：在考虑 NBIC 会聚技术积极影响的同时，还要考虑到它们给社会、道德、法律和文化造成的潜在负面效应。

保守主义代表史密斯对人类增强技术发出警告："一旦我们被撤除了相对动物而言的道德优越性的底座……社会就以意识水平来衡量一个生物'平台'的……道德价值。于是，'后人类'、人类、被基因工程提升了智力的动物、自然的动物甚至机器，都将被同样的标准衡量。"这将不可避免地导致物种上更优越的"后人类"的专政。正常的人类将不会与那些通过基因操控而产生的人一样被平等看待[①]。而兰顿·温纳在谈及纳米技术与人类增强技术时认为：这些技术没有什么赋予公民权利的机会，倒是给予了社会控制与等级制很大的余地。他不希望出现比人类更伟大的智慧。而且，为什么公众要花钱去制造一个最终的"后人类"物种呢[②]？环保主义作家比尔·麦基宾 2003 年出版的《够了：在工程年代仍然是人类》一书认为，我们都得接受，作为一个物种，我们已经足够好了。虽然不完美，但尚不需要重大的重新设计。作为某些令人满意之处的交换，我们需要接受我们自身的某些不完美之处。我们无须变成"后人类"，无须去推进我们的进化，无须像新技术的鼓吹者所要求的那样去彻底改变我们自身[③]。

NBIC 会聚技术的主要科学家之一——美国太阳微系统公司的首席科学家乔伊在《为什么未来不需要我们？》中表达了对新技术可能引发人类灭绝的忧思。他对生物技术、纳米技术和机器人技术这三大新兴技术的运用表示了深刻担忧：基因工程将会给人类带来白色瘟疫；纳米技术明显地可用于军事，并可能被恐怖分子利用。而且，纳米植物由于性能优越，会淘汰掉自然界原有的植物，从而破坏生物圈；机器人很可能在任何意义上

---

① Huges J J. Human enhancement and the emergent technology of the 21st century//Bainbridge W S, Roco M C. Managing Nano-Bio-Info-Cogno Innovations: Converging Technologies in Society. Dordrecht: Springer, 2006: 296.

② Huges J J. Human enhancement and the emergent technology of the 21st century//Bainbridge W S, Roco M C. Managing Nano-Bio-Info-Cogno Innovations: Converging Technologies in Society. Dordrecht: Springer, 2006: 298.

③ Huges J J. Human enhancement and the emergent technology of the 21st century//Bainbridge W S, Roco M C. Managing Nano-Bio-Info-Cogno Innovations: Converging Technologies in Society. Dordrecht: Springer, 2006: 300.

都不会像我们所理解的人。朝着这条路走,我们将丧失我们的人性。对于支持以增强人类能力为目的的新技术的两大目标——追求真理和追求永生,乔伊给予了反驳:人类尽管拥有追求真理的伟大历史,但若知识的无限发展与获取知识途径的开放使得所有人都被明显置于被灭绝的危险之中,常理就要求我们重新审视这些基本的、长期以来人们所持有的信念。我们应当问一问:我们是否需要冒着人类覆灭的风险,获取更多的知识和物品?同样,我们也不能不考虑代价和覆灭的风险而去追逐永生[①]。乔伊的这篇文章在网上被广泛转载,许多时候,这篇文章被与爱因斯坦那封著名的反对"曼哈顿计划"的信相提并论。

美国总统生命伦理学委员会(the Presidential Commission on Bioethics,PCB)成员之一的弗朗西斯·福山指出:正是因为人有基于先天的自然权利的"人权",人才享有和其他生物不一样的特殊待遇。所谓"人性"是"源自基因而非环境因素的、为人种所典型具备的行为与特征之和"[②]。在此基础上,弗朗西斯·福山认为,人性尽管随着社会历史的变化而改变,但仍然有着不可逾越的天然限度。若用基因工程等技术对人的自然遗传因素进行改变,那就必然导致人性尊严的丧失。

以莱昂·卡斯为主席的美国总统生命伦理学委员会成员集体编纂了《超越治疗:生物技术与对幸福的追求》——总统生命伦理学委员会的一份报告,该报告是迄今为止最系统地批判 NBIC 会聚技术的技术保守主义的宣言书。该报告聚焦于新技术在生命医学领域将给人类带来的后果,表示出了深刻的忧虑。报告认为,生物技术会造成四大问题:健康与安全问题、竞争活动的公平问题、分配正义问题以及自由问题。即便上述问题都得到了解决,人们能够安全地、平等地、非强制地并非赶时髦地使用生物技术,以追求幸福或自我完善,但伦理与社会的问题依然存在。这是因为:首先,新技术以其傲慢姿态轻视"自然给予的"。要知道,人类高度复杂而微妙地保持平衡的身和心,都是千万年逐步而艰难地进化的结果,现在正因为这些鲁莽的"增强"努力而处于危险之中。其次,新技术侵犯了人类活动的尊严。人类的大多数活动是非竞争性的,如爱、工作、学习、体验等,这些是自我实现性的,无须任何外在的奖惩。这些活动若有目的的

[①] Joy B. Why the future doesn't need us? https://www.wired.com/2000/04/joy-2/[2019-05-30].
[②] Fukuyama F. Our Post-human Future: Consequences of the Biotechnology Revolutions. New York: Farrar, Straus and Giroux, 2002: 130.

话，其目的就在于活动本身。新技术将人类与其活动所取得的成就与快乐硬生生地割裂开来了，人类仅仅凭借外在的技术手段就轻而易举地获得了本应当细细品味才能觉察到的喜乐。再次，人的自我同一性与个性也在新技术面前受到了挑战。最后，为了得到更好的孩子、更出色的能力、更长的寿命、更多的幸福——这些追求都是好的，但是，人类所采取的手段也许最终会扭曲了原先的美好目的[①]。

面对 NBIC 会聚技术的发展，西方的技术进步主义过于乐观，而技术保守主义过于谨慎，两者都有可能走向新技术发展的极端。这样看来，如何使 NBIC 会聚技术在发展过程中不偏离发展轨道，始终以人类福祉为目标不断前行，是我们这个时代无法回避的重要话题。

第二节　NBIC 会聚技术关注的社会与伦理问题

在此种背景下，一个全新的科技伦理学的研究领域——NBIC 会聚技术伦理就应运而生了。国外一些研究者也把 NBIC 会聚技术伦理称为"会聚伦理"或"会聚伦理学"[②]。

随着新技术的蓬勃发展，技术对自然的干预已经深入人自身，出现了许多前所未有的社会伦理问题，而传统规范伦理学已经不能应对。在此种背景下，技术伦理学应运而生。由于 NBIC 会聚技术带来的伦理问题不仅超出了传统的认知范畴，也超出了传统的伦理规范体系，NBIC 会聚技术伦理与一般伦理学的现有的、基于人的现实行为或现存技术的其他专业科学技术伦理所面对的问题并不完全相同：它所面对的主要还是一个可能的、未知的世界，所谓的 NBIC 会聚技术伦理问题在某种意义上主要还是一门关于未来可能世界伦理风险的可能的伦理。因此，无论是从所提出的问题还是从研究的方法论上来看，NBIC 会聚技术伦理都为我们展示了一个技术伦理学的崭新的研究领域。

目前，NBIC 会聚技术社会与伦理研究聚焦七大问题。

[①] Kleinfeld J S. Beyond Therapy: Biotechnology and the Pursuit of Happiness. Washington: the President's Council on Bioethics, 2003: 275-296.
[②] 邱仁宗. 生命伦理学研究的最近进展. 科学与社会，2011，1（2）：72-99.

一、安全问题

安全问题不仅是一个科学问题，而且也是伦理学的研究对象。没有基本的安全，就不可能有好的生活，也不可能有自由、公正。这里所考察的安全首先是人的身体不受伤害、威胁以及基础设施的安全问题。

目前不能保证种种增强人类能力的技术对我们及后代不造成伤害。乔伊曾经警告：毫无疑问，基因工程巨大的威力会在其使用过程中带来严重的安全问题。21 世纪的技术——基因工程、纳米技术和机器人（genetic engineering, nanotechnology and robotics, GNR）的威力是如此巨大，它们会孕育出新的事故及滥用方式。最危险的是，这些事故与滥用首先会在个人或小型组织企及的能力范围内发生。GNR 不需要巨大的开发能力或稀少的原材料，只要有相关技术知识就能利用。在 GNR 中的毁灭性的自我复制威力极有可能使我们人类发展戛然而止[1]。纳米粒子"无孔不入"，在研发、生产、储存、运输，以及后处理过程中可能进入人体和环境，给人的健康和生态带来危害，因此，有关纳米粒子的毒性研究、危害和风险的识别、工作场地的选择和风险控制、工人对风险的知情问题，以及工人健康的医学保障等一开始就成为会聚伦理关注的话题[2]。ETC 在一份研究报告中如此提到纳米技术的风险：纳米技术在 21 世纪可能会造成类似于 20 世纪由双对氯苯基三氯乙烷（DDT）、石棉纤维或氟利昂引起的环境问题。ETC 声称，纳米技术和生物技术结合而成的纳米机器人可能会失控，或胡乱大量制造某种物质，比如土豆泥，或自我复制，成为"绿色黏质"，对自然环境和人类健康形成威胁。因此，ETC 呼吁全世界暂停纳米研究。

二、技术增强与"后人类"问题

随着 NBIC 会聚技术的兴起，欧美乃至于国内学界引发了当代极其重要的社会问题和哲学问题——NBIC 会聚技术的"后人类"议题的大讨论。正如弗朗西斯·福山在《我们的后人类的未来》中所说："现代生物技术生产的最大危险在于它有可能改变人类的本性，从而把我们引入'后人类

---

[1] Joy B. Why the future doesn't need us? https://www.wired.com/2000/04/joy-2/ [2019-05-30].
[2] Schulte P A, Salamanca-Buentello F. Ethical and scientific issues of nanotechnology in the workplace. Environmental Health Perspectives, 2007, 115: 5-12.

的'历史时代。"①

随着 RFID 的外转内用、"人-机"接口的突破,尤其是"电子人"的诞生,以芯片植入技术为标志、以提高人的能力为宗旨的 NBIC 会聚技术,已经展示了人类借助智能技术正逐步向"人-机"一体的方向转变。随着"人-机"一体化尤其是"电子人"越来越多,必然会对现行社会乃至于整个人类文明带来巨大的冲击。进一步,将逐步改造人类的遗传物质与精神世界,最终变人类自身的自然进化为完全的人工进化,产生新兴的"后人类"。"后人类"其实就是人类的种属逐步升级,出现人种"升级版Ⅰ"、"升级版Ⅱ"……"升级版 N"。这意味着不仅一般生物物种遗传神性的解构,而且意味着"万物之灵"的人类自身生产神性祛魅,进而颠覆传统自然生命神圣伦理观。"当技术的力量进展到对人类自身的生殖与遗传时,人类是否僭越了自身的责任,而扮演了上帝的角色,承担了过度的责任?"②毕竟,人类"自然"的生物属性是神圣不可侵犯的。

三、NBIC 鸿沟

随着 NBIC 会聚技术的发展,人类能力的空前增强,人类的平等也受到前所未有的质疑和挑战。就像技术发展中曾经出现的"数字鸿沟""基因鸿沟"一样,NBIC 会聚技术领域将出现"NBIC 鸿沟"③。这种新的鸿沟既存在于研究过程中,也存在于应用中。

谁在 NBIC 会聚技术上领先,谁就拥有未来的一切。发达国家资金雄厚,科技水平高,研究起点也高。发展中国家由于缺乏资金、人才和技术,难以开展 NBIC 会聚技术的研究。广大发展中国家相关重要资源往往被发达国家所攫取。发达国家在研发人体增强技术的药物后,往往选择落后的发展中国家进行人体试验。这些接受试验的人得到的报酬,仅仅几十美元,或数百美元,却可能承担极其严重的实验风险。

NBIC 会聚技术将在应用中加大人与人之间、群与群之间的不平等,

---

① 伊诺泽姆采夫 В Л. 从《历史的终结》到《后人类的未来》——评 F. 福山新著《我们的后人类的未来》. 文华摘译. 国外社会科学,2003,(6):77-80.
② 胡明艳,曹南燕. 人类进化的新阶段——浅述关于 NBIC 会聚技术增强人类的争论. 自然辩证法研究,2009,25(6):106-112.
③ 陈万球,杨华昭. 会聚技术的发展与 NBIC 鸿沟. 湘潭大学学报(哲学社会科学版),2012,36(6):126-130.

形成应用中的鸿沟。在这种 NBIC 会聚技术深壑中，富人与穷人不平等的范围扩大了，从人生的不平等扩大到"生前的不平等"及"死后的不平等"，从社会的不平等扩大到生理（身体基因组合）的不平等。同时，技术发展程度的差异在发达国家与发展中国家之间经济、政治、文化及社会生活等各个方面所形成的"NBIC 鸿沟"现象，将深刻影响不同国家、种族等的生存发展状况，埋下了未来人类生存状况的可以预见的隐患。所以，NBIC 会聚技术并不像有人所说的那样，为世界各国提供新的、平等的起跑线，反而有可能是一种更强烈的"马太效应"，彻底撕裂现有的不平等发展之间那脆弱的张力，"技术进步造成了虚假的阶级平等关系"[①]。正如乔伊所说：如果我们使用基因工程技术改造我们自己的身体，或者改造不同的人群、种族，那我们就会摧毁我们民主政治的基石：平等[②]。

四、人权与人的尊严问题

NBIC 会聚技术着眼于人类自身能力的提高，无论是增强人的体能、增强人的记忆力，还是医疗修复人体组织，以及人-机一体通信问题等，在技术发展相当长的时间内，NBIC 会聚技术的研发都将会耗费巨大的资源，其科研成果的运用无疑是一种极度稀缺和珍贵的资源。在这样的情况下，这种稀缺的资源归谁所有、由谁来管理、如何进行资源配置和运用？应该在怎么样的实验条件下不违背人性尊严？当基因成为普遍测定和评价的基本单位的时候，是否意味着在出生的时候就淘汰掉那些存在某些"缺陷"基因的婴儿？那些存在基因缺陷和"不良"基因的群体是否能不被歧视而受到公平的对待？是否可以强制"治疗"那些存在某些"不良"基因的群体？在基因被"透视"的情形下，当面临资源稀缺的时候，人类自由、平等的生存和发展的权利将如何保证和得以实现？当人类可以实现人-机交流和控制的时候，作为主体的人转换为被机器控制的对象的时候，人类的"主体性""自由意志""尊严"何存？

[①] 刘光斌. 技术合理性的社会批判：从马尔库塞、哈贝马斯到芬伯格. 东北大学学报（社会科学版），2012，14（2）：107-112.

[②] Joy B. Why the future doesn't need us? https://www.wired.com/2000/04/joy-2/ [2019-05-30].

五、知情同意与个人隐私的保护问题

NBIC 会聚技术引人关注的另一个问题是知情同意与个人隐私的保护问题。许多自然科学在研究成果应用时才产生伦理问题，如物理学在研究阶段多半不存在伦理问题，因为物理学研究对象是原子、夸克、场等。但 NBIC 会聚技术的研究不同，它一开始就可能有伦理问题：如在遗传学家取血样做 DNA 分析前要不要向提供 DNA 样本的人讲清楚为什么，并取得他的知情同意呢？在普遍应用的情形下伦理问题更加显而易见：个人基因将会作为基本的身份识别依据。这样，个人在政府机构、商店、医疗机构、金融机构、债权人、代理人、雇主等强势力量面前，基因信息被肆意"检测""读取""访问"。基因的"读取"能否保证个体基本的知情同意的权利？基因"读取"和"访问"的目的如何？如何进行操作？此时，个体的基因隐私又如何保护？基因的利益相关者的知情同意和合法权益如何保护？以"无线射频识别技术"为代表的人-机交流技术的广泛应用，可以帮助人类实现人-机畅通交流和真正的人-机一体，通过"传感信号"每个人的生活和信息都将会时刻被"联通""定位""监控"，因而每个人都会变得"透明""可视"，个人的隐私权将如何保护？人类是否需要拷问自己"我是谁？""我们在哪里？"

六、伦理性审查与监控问题

如果基因可以被"改善"和"提升"，那么人类的医疗、福利水平将会有质的飞跃和提升，基因技术的广泛应用是否需要将"伦理性审查"作为必需的前置程序？谁将拥有、控制、监控和存贮人类的基因信息？从基因的角度谁可以"设计""完美"婴儿？对于"危害"社会的基因，如犯罪基因、恐怖分子基因，是否可以进行强制的基因"治疗"？个人信息、基因技术的应用将由谁、如何监控？人体器官和基因移植如果便捷可行，那么供体的选择以及合法与合乎伦理的问题无疑又是一个艰难的抉择。科学家、研究人员、律师和医生要遵守怎么样的伦理道德准则。合法而又面临伦理障碍，合乎伦理又无明确法律授权，NBIC 会聚技术的转化、应用以及伴随的伦理性审查与监控中存在的"二律背反"的困境是伦理学、医学和法学领域需要共同应对的挑战。

七、军事应用的伦理问题

乔伊认为：就像核技术一样，用纳米技术进行破坏活动要比进行建设活动容易得多，纳米技术在军事或恐怖袭击活动中有着十分明确的用途，并且恐怖分子不需要用自杀性攻击方式释放大规模杀伤性纳米技术装置，他们能建造具有选择性破坏能力的纳米装置，例如仅仅对特定地区或者具有显著基因、生物特征的人群[①]。

NBIC 会聚技术在军事上的广泛用途是世界各国推动 NBIC 会聚技术研究与开发的一个重要动力。NBIC 会聚技术在军事上可以广泛用于防御和进攻。例如，无处不在的纳米传感器、纳米机器人、纳米隐形材料等对提高军队装备，包括衣服、盔甲、武器、个人通信等具有重要的作用；可以制造更具有穿透性、伪装性和精确定位功能的导弹；纳米技术将使对目标的监控更快、更灵敏和具有选择性。此外，纳米技术的微型化趋势，特别是所谓"蚊子导弹""苍蝇飞机""间谍草"等的出现，使得这些武器的交易变得更隐蔽，恐怖组织获得这些武器的可能性也增加。一旦具有高杀伤力的纳米武器落入他们之手，其结果将不堪设想[②]。如果有生物恐怖主义者或其他人类公敌滥用基因，搞基因犯罪、基因战甚至造出毁灭种族的基因生物武器怎么办？其危害要远远大于原子弹对人类的威胁。

第三节　NBIC 会聚技术的主要伦理问题

在当代，NBIC 会聚技术引发的伦理问题并不是独自存在的，而是与法律、文化、社会问题交织在一起，在不同领域表现不同。NBIC 会聚技术在发展过程中所衍生的伦理、法律等问题，可被看作 NBIC 会聚技术伦理与社会问题。这些问题相互交织构成了一个复杂的、多元的问题集。在这些复杂的问题集中，伦理问题处于核心地位。因为伦理问题的认识和解决直接影响到其他社会性问题的理解和解决。

科学家卡尔·波普尔（Karl Popper）曾经说过：科学进步是一种悲喜

---

① Joy B. Why the future doesn't need us? https://www.wired.com/2000/04/joy-2/[2019-05-30].
② 王国豫，龚超，张灿. 纳米伦理：研究现状、问题与挑战. 科学通报，2011，56(2)：96-107.

交集的福音。的确，NBIC 会聚技术在给人类带来无限发展可能的时候，也正在慢慢地打开"潘多拉魔盒"。在盒子开启之时，人们可以看见诸多的道德问题正如潮水般向我们袭来。关于 NBIC 会聚技术引发的伦理问题，国内学者王国豫认为，有关 NBIC 会聚技术伦理问题的讨论也基本上是围绕着人类增强这一核心问题展开的，具体说来，包括：①关于增强的目的和对象的问题；②人的完整性问题；③隐私、自由和道德责任；④社会公正问题；⑤后果的控制问题[①]。

从自我关系、人与社会关系以及人与自然的关系上看，我们进一步把 NBIC 会聚技术引发的伦理问题归结为三个方面的问题，即种属伦理问题、社会伦理失序和生态秩序解构。

一、种属伦理问题

从自我关系上看，NBIC 会聚技术将引发种属伦理难题。NBIC 会聚技术引发的最大的道德问题是"类"伦理难题。

迄今为止，人是生物进化谱中进化程度最高的生物，即人类是站在生物进化谱金字塔最高处的生物。在地球上，人类在生物界中的地位可谓至高无上，是站在塔尖上的唯一"种"，是"孤独的人类"。"人类每每感到自身是至高无上的、最最优越的生物，其实，孤'种'的生物，潜伏着灭种的危机，这是人类最应该从生物学角度思忖，但又是被根本忽视的事实。"[②]日本遗传学家及科学哲学家驹井卓说："人类最后也可能和过去在地球上曾经不可一世的恐龙和剑虎一样，遭受种族灭绝的灾难。"[③]NBIC 会聚技术比起历史上的任何技术都会更加深入地触及我们的生存基础，我们对 NBIC 会聚技术有着发自内心深处的恐惧和忧虑。乔伊在一篇可以与爱因斯坦发表的反核武器宣言相媲美的文章——《为什么未来不需要我们？》中，表达了 NBIC 会聚技术可能引发人类灭绝的深刻思考。这位具有远见卓识的科学家对生物技术和纳米技术的运用表示了深刻关切。

如前所述，随着 NBIC 会聚技术的进一步发展，将慢慢地改造人类的遗传物质与精神世界，最终变人类自身的自然进化为完全的人工进化，产

---

① 王国豫,马诗雯. 会聚技术的伦理挑战与应对. 科学通报,2016,61(15):1632-1639.
② 王秀盈. DNA 与人性的萌动. 北京：世界知识出版社，2000：7-8.
③ 木村资生. 从遗传学看人类的未来. 高庆生译. 北京：科学出版社，1985：76.

生新兴的"超人类"和"后人类"。什么叫作"超人类"？有的学者对此进行了深入的分析和思考。所谓"超人类"就是人类在超越自己的道路上的中介人种，或者说叫作过渡性人种，类似于电影《未来水世界》中半人半兽的人种，这种新新人类介于人类与"后人类"之间。其标志包括植入所引起的身体的增强、双性性格、无性生殖和分布式身份。所谓"后人类"指的是人类的后代，他已经是中介人种之后的一些更新人类，这种更新人类在技术上增强可能达到了这样一个高度，也就是说他不再是目前的人，而是变种、异种、超人种。如果允许这种事情发生的话，这意味着什么？弗朗西斯·福山将超人类主义定为"世界上最危险的想法"，他断言：如果"后人类"时代到来，人类社会将出现"历史的终结"。"后人类"在智能和体能上，包括智力、记忆力、体能、健康和寿命状况，都将大大超过目前的人类。"超人类"和"后人类"其实就是人类的种属逐步升级，出现人种"升级版Ⅰ""升级版Ⅱ""升级版Ⅲ""升级版Ⅳ"……"升级版N"，这必将对人类的安全造成困惑和威胁。

二、社会伦理失序

从人与社会之间的关系看，NBIC会聚技术可能会导致社会伦理失序。

马克思主义认为，道德作为上层建筑是由一定社会的经济基础所决定的。每个时代维系整个社会运行的道德谱系是基于一定经济基础之上的，而过往的每一次巨大的科学技术革命都在不同程度上对道德观念、道德规范和道德行为产生巨大的冲击和影响。与以往技术革命不同的是，NBIC会聚技术将在更广泛、更深远的意义上撼动传统的道德谱系，引发伦理秩序混乱。具体表现在以下三方面。

第一，传统道德价值观倾覆。随着人类版本的不断升级，出现所谓人种"升级版Ⅰ"、"升级版Ⅱ"、"升级版Ⅲ"、"升级版Ⅳ"……"升级版N"，世代尊奉和服膺的传统社会价值观（如自由、平等、公平、仁爱）、传统的人生价值观（如人的尊严、人的价值、人生的目的和意义、人的生死观）、传统的职业伦理（如科学家道德、律师道德、工程师道德、救死扶伤的医德、传道解惑的师德）、传统的爱情婚姻美德（如专一排他、责任感）、传统道德品质（如智慧、勇敢、节制、牺牲）等，因"优秀基因"的修补术而变得容易，这样传统意义上人类的丰厚的精神世界意蕴，将被稀释，被替代，被剥夺，被压迫，被打击，传统道德谱系在 NBIC 会聚技术运用中可能会被彻底颠覆。

第二，传统道德规范失范。社会制度的维系既靠道德规范，也要靠法律规范。因为规则与规范是维系人类社会运行的一种制度安排。规范是人类理性的表现形态，几千年来，人类凭借规则意识，将人类的行为约束在理性的度上，推动人类社会不断地向前发展。非理性主义者反对规范和规则。不管是叔本华还是尼采，他们推崇强力意志，推崇推翻一个旧世界，创造一个新世界。然而，我们生活在一个科学幻想十分落后于科技发展的年代，生活在一个制度规范安排严重滞后于现实的时代，这必然导致技术规范的构建异常艰难，此其一。其二，NBIC 会聚技术的本质在于"人-机合一"，其未来的发展更加不确定，可能是天堂也可能是地狱。技术乐观主义者和技术悲观主义者的对立在这里尤为明显。由此 NBIC 会聚技术发展的无限可能性增加了新技术规范构建和推行的成本，使得 NBIC 会聚技术伦理规范的价值诉求可能功亏一篑。NBIC 会聚技术社会伦理道德的构建将变得扑朔迷离和异常艰难。当 NBIC 会聚技术变化非常迅速，而相应的规范新技术的准则、约束力量、控制力量还来不及做出反应，也就是说，新技术规范尚未建立或构建不及时时，将出现高新技术行为空白失序状态，或者新的技术规范已经建立，但传统的技术规范和新的技术规范之间，这种新技术规范和那种新技术规范之间存在冲突和矛盾，在所难免。例如，植入芯片，人将变得更聪明，如果不进行规范将后患无穷。"纳米机器人不过蚂蚁大小，再加上一个微小的摄像镜头和无线发射装置，其体积比今天所用的任何监听、监视设备要小得多，而性能却要强上许多倍。"[①]用这种纳米机器人窃取别人的隐私，实难防范。又如，通过植入芯片，人将变得更聪明、更强大，人的创造力和破坏力前所未有地增强，如果不及时进行规范将后患无穷。

第三，道德行为无序。NBIC 会聚技术的出现将为人们的社会行为选择提供无限发展的可能性，例如，利用生物技术和信息技术的结合生产出的"芯片"植入人体，给人行为提供了许多方便，但同时也会带来祸害。因为不当的行为选择将会导致伦理行为的无序。例如，使用芯片植入技术进行跟踪、监视继而控制个人或者社会团体，由此产生个人隐私保护问题，

---

① Chaudhari P. Future Implications of Nanoscale Science and Technology. Chemical & Engineering News, 2003: 37-42.

甚至侵犯人的基本自由的人权；使用了修改和增强技术的人具有不公平的优势导致不公平行为的产生，如植入虎或豹的基因，会变得力大无穷，奔跑如电，导致体育竞赛失去公平；植入芯片的"升级版人类"，或者实现"人-机合一"的人类，利用智力、体力和工具上的巨大优势，可能随意跨越原有的道德底线和法律红线，利用"电子人"的超强能力去做违法和"见不得人"的事情；技术的突破可能制造出"永生"的不老族，他们"福如东海，寿比南山"，破坏了传统的生老病死的自然法则，从而带来人满为患的威胁以及世代之间为争夺资源进行的对立冲突、血腥战争；纳米武器的出现将挑起新的军备竞赛，使恐怖主义的手段更加多样和残忍。早在 17 世纪,培根就提出了科学技术本身发展了一种乌托邦式的社会理想：借助科学技术，人类可以征服自然、控制自然，减少人类的病痛，延长人的寿命和增强、提升人性。增强技术的发展，是不是会实现像培根所设想的那样理想的社会呢？1932 年，A. 赫胥黎在《奇妙的新世界》中描述了"dystopia"（反乌托邦,即糟糕透顶的社会），在这里，文明社会的基本原则将破坏殆尽，等级制度横行，人工智能背叛人类，最终人类文明在高科技牢笼中僵化、腐化，走向毁灭。有人担心，采取人类增强技术的社会将会是一个 dystopia。他们认为，增强技术的使用，可能会造成一种两层社会，即经过增强的阶级与未经过增强的阶级，赋予有权力者更大的权力。人类经过千百万年的进化和选择而达到的最自然、最完美的状态和现实会被人类自己所破坏。

三、生态秩序解构

从人与自然的关系看，NBIC 会聚技术衍生的伦理难题是可能导致生态道德秩序的解构。如果任人类增强技术发展，不仅会颠覆传统社会道德秩序，而且会打破自然进化秩序，造成人与自然关系的新危机，可能会导致现有的生态伦理秩序解构，这种解构突出表现在以下几个方面。

1. 自然的"祛魅"与技术的狂妄

远古时代，自然的淫威使人类匍匐前进、诚惶诚恐，人类敬畏大自然。近代以降，在"与天斗其乐无穷"的理念指导下，人类全面地向自然"宣战"，借助科学技术的推力，人类身披战甲，手握利器，自然在人类面前不断地"祛魅"：人类逐步从各种神秘力量的压迫中解放出来开始征服和统治自然，而经过现代科学的洗礼，自然不再是一个神奇的充满灵性和魅力的世界，而是海德格尔（Heidegger）笔下所谓的"摆置"——人类科学技术改造的物质资料来源。"从前圣经上神所特有的东西，已成为人的行动的标志。"①进入 21 世纪，在"技术是万能的"狂妄口号下，人类借助于纳米技术、生物技术、信息技术和认知科学的结合，即 NBIC，其造物的速度将会更快、程度更高、技巧更精妙娴熟。例如，利用 DNA 技术，人类可以通过生物遗传信息的转移来改变植物、动物和微生物的生物学特性。又如，纳米技术常常被视为一种通过对分子或原子操作来创造生物的方式。无论是通过"自上而下"（top down）的方式，还是通过"自下而上"（bottom up）的方式，纳米技术都可以创造出人类历史上从未出现过的材料、结构和设备。NBIC 会聚技术打破了生物亿万年长期进化所形成的物种之间的屏障，甚至可以将人和动物的 DNA 进行任意移植、会聚和重组。

2. 人工选择摧毁天然进化的秩序

生命在数十亿年进化过程中积淀形成了其独特的运行规则与进化秩序。根据达尔文进化论原理，在生命起源与进化中，不管是遗传与变异，抑或合成与分解，抑或生长与衰亡，抑或生物与环境，抑或个体与群体，抑或种内与种间，抑或竞争与合作……芸芸众生之中，的的确确无不体现其自然的伦理秩序和进化的有序规则。这种伦理秩序和天然规则是所有生物生存与繁衍必须遵循的底线伦理，如果我们冒天下之大不韪而加以背离，任何生命形式都可能走向变异、变种、衰败，甚至毁灭和灭亡。对此，不论是人类的生物进化或是文化的进化，同样不能超然于物外。然而，人工选择技术将无情地打破甚至彻底地摧毁这种天然的伦理秩序。因为通过人工选择技术，对动植物、微生物乃至人的 DNA 相互转移，转基因生物突破原有的为亿万年进化形成的界、门的概念，具有普通物种不具备的优势特征，如若释放在生态环境中，就必然会改变物种间的竞争关系，破坏原有天然的生态物种平衡，导致物种灭绝和生物多样性的毁灭。这样，"人类经过千百万年的进化和选择而达到的最自然、最完美的状态和现实就会被人类自己所破坏"②。转基因生物通过所谓的"DNA 漂移"，会破坏野生

---

① 奥托·珀格勒. 海德格尔的思想之路. 宋祖良译. 台北：仰哲出版社，1993：110.
② 罗科，班布里奇. 聚合四大科技，提高人类能力：纳米技术、生物技术、信息技术和认知科学. 蔡曙山，王志栋，周允程等译. 北京：清华大学出版社，2010：9.

近缘种的遗传多样性[①]。基考克·李（Keekok Lee）认为，纳米技术给环境带来的威胁，使得到目前为止的所有威胁都相形见绌，它不仅会使自然丧失"复杂性""完整性"之类的"第二价值"（secondary values），而且会根本丧失自然之为自然的本性，丧失其本体论地位，也就是丧失其"根本价值"（primary values），即"纳米技术能将生物和非生物都变成人工的，从而威胁到自然的本体论地位"。

3. 生态的不可逆与文明的荒漠

生态伦理学（环境伦理学）的观点认为：传统的环境污染是在宇观领域造成的环境失衡和生态恶化，人类还可以在一定程度上采取措施加以弥补。但是 NBIC 会聚技术中的纳米技术、生物技术所造成的生态污染更多是在微观层次上的，而且这种破坏具有不可逆转的风险。例如，纳米材料在研究开发、生产运输、使用以及废物降解的过程中，纳米微粒会进入大气圈、水圈和生物圈，通过累积效用，从空气、水中逐级富集后以多种途径进入生物体内，产生显著的生物毒性效应。它们可以通过扩散和迁移，实现远距离的输送传播，在广阔的范围内对生态系统中的群体或个体生物带来相应影响。国内的学者王鹏等的研究证明：生物技术在改造生物体的同时，也势必对现存的生态环境造成难以逆转的影响[②]。转基因作物所造成的生态入侵[所谓生态入侵是指这样一种现象，在本地区引入外源生物，种群迅速蔓延失控（如新闻报道亚洲鲤鱼在美国等地大量繁殖而失去控制），造成其他土著种类濒临灭绝，并伴有其他严重危害的现象]是一种不可逆的现象，它的危害除了改变物种的多样性之外，更为严重的后果是导致整个生态系统走向崩溃最终走向死亡。正如一句名言所说的："文明人跨过地球表面，足迹所过之处留下一片荒漠。"的确如此，人类创造了文明，也可能毁灭地球原有的自然生态系统。人类历史上曾经显赫一时的文明如巴比伦文明、玛雅文明等都是由于生态环境的恶化而最终消亡的，人类如果误用和滥用 NBIC 会聚技术，将为未来的历史提供文明毁灭的新的佐证。

当然，如上所述 NBIC 会聚技术对传统道德带来的难题和挑战远非问题的全部。以下我们将从平等的视角来继续探讨这个问题。

[①] 柯翟. 生物技术产品是否安全. 经济日报, 2002-07-22.
[②] 王鹏, 王海之, 钱旻. 农业生物技术的安全性问题研究. 农业现代化研究, 2002, 23（1）: 41-43.

第四节　NBIC 会聚技术发展中的鸿沟

伴随着 NBIC 会聚技术的发展，人类的各种能力得到了空前的加强，人类的平等问题也日益提上日程，并受到人们的关注。NBIC 会聚技术的发展可能将形成"NBIC 鸿沟"：从研究角度来看，NBIC 会聚技术增强人类能力，在其研究开始、研究过程和研究结果中，都可能会引起和扩大社会的不公平现象发生；从应用视角来看，NBIC 会聚技术将加大个体与个体之间、个体与群体之间、群体与群体之间的不平等。

一、NBIC 会聚技术研究中的鸿沟

公正问题是科学技术时代伦理学的主题[①]。NBIC 会聚技术引发的平等、公正伦理问题主要体现在技术研究以及应用两个层面。从前者看，NBIC 会聚技术增强人类能力，其研究的起点、过程和结果，都可能引起和扩大社会的不公平。

1. 研究起点的不公平

主要指在 NBIC 会聚技术的研发中，发达国家与发展中国家相比不在同一起跑线上。NBIC 会聚技术着眼于人类自身能力的提高，无论是增强人的体能、人的记忆力，还是医疗修复人体组织，以及人-机一体通信问题等，在相当长的时间内研发投资费用非常巨大，探索工作也非常艰辛，其研究成果的运用无疑是一种极度稀缺和珍贵的资源，其回报也将无比丰厚，以致某项专利可以成就一家企业，甚至带动一个产业。谁在 NBIC 会聚技术上领先，谁就拥有未来的一切。美国是 NBIC 会聚技术研究的发起国，NBIC 会聚技术已经引起了政府和科学界的广泛关注。从 2001 年 12 月开始，由美国政界、商界和学术界精英参加的 NBIC 会议已举行了 3 次，并达成共识：NBIC 会聚技术是推动美国经济长期繁荣发展的关键和"确保

---

① 朱葆伟. 高技术的发展与社会公正. 天津社会科学，2007，（1）：35-39.

21 世纪优势地位的着力点"[①]。美国国防先进技术研究计划署（Defense Advanced Research Projects Agency，DARPA）也就 NBIC 会聚技术的关键基础领域，例如通信技术、机器人、传感器、先进材料以及机械系统等方面的研究斥巨资支持。在欧洲，随着 NBIC 会聚技术在 21 世纪发展的洪流中大放异彩，面对技术发展的无限可能性，欧盟的执行机构欧洲委员会在 2004 年组成高级专家组研究对策，争取在这一轮竞争中迎头赶上。其中，最重要的一份报告《会聚技术——塑造欧洲社会的未来》指出：利用 NBIC 会聚技术发展人类社会的时机已经到来，欧盟委员会及其成员国应该理性地认识 NBIC 会聚技术的潜在能力，适时地制定科研任务，对 NBIC 会聚技术进行合理的投资以及科研奖励，增强经济竞争力。加拿大也非常重视技术融合的趋势。2003 年 4 月，加拿大国防研究与发展部（Defence Research and Development Canada，DRDC）在渥太华召开了一次研讨会，探讨 NBIC 会聚技术可能带来的破坏力在国防科技中的影响，就"技术的会聚""自动智能系统""通信技术""隐形技术""量子计算机与加密技术"五个主题进行了研讨[②]。韩国、日本等国也做出了积极反应。韩国科学技术部（Ministry of Science and Technology，MOST）2003 年已开始实施由"高新技术融合发展促进企划委员会"制定的"融合技术"开发规划。日本立足其具有市场优势的电子产品、通信技术和纳米设备，加强 NBIC 会聚技术的开发应用。2002 年，日本综合技术会议在确定未来 3~5 年的科研课题时，将纳米技术与生物技术的融合作为研究重点。可见，世界主要发达国家和地区的政府和科技界纷纷聚焦 NBIC 会聚技术，投入巨资竞相研发。由于发达国家资金雄厚、投入力度大、科技水平高，因此其研究起点也高。印度等少数发展中国家也重视 NBIC 会聚技术。印度历届政府把在世界高科技领域占有一席之地视为国家发展和强大的长久之计。近年来，NBIC 会聚技术中的生物技术、纳米技术、信息技术等为印度政府高度关注的研究领域。政府制定和发展与 NBIC 会聚技术相配套的人才措施，并广泛争取国际合作。但是广大发展中国家由于贫穷、缺乏资金和人才、技术力量薄弱，难以开展 NBIC 会聚技术的研究。这种研究起点上的不平等，既是"天生的不平等"，也是在旧有不平等的基础上形成的新的不平等。这种

[①] 兰泳. 美国确保 21 世纪优势地位的着力点——会聚技术. 全球科技经济瞭望，2003，（8）：58-60.

[②] 裴钢. NBIC 会聚技术：中国的新机遇？ 中国医药生物技术，2005，15（9）：2-3，15.

起点的不平等，加之知识产权制度的保护，将会剥夺其他研究者、研究机构，特别是发展中国家研究机构开发和应用 NBIC 会聚技术的权利。可见，在 NBIC 会聚技术研究的起始阶段，发达国家和发展中国家处于不平等地位。

2. 研究过程的不公平

这种现象的出现也非常明显，它主要包括两个方面：①发达国家用野蛮的手段掘取重要技术资源；②发达国家研究手段不道德。从前者看，由于经济和技术落后国家对 NBIC 会聚技术的研发或尚未开始，或刚刚起步，相关重要资源往往被经济和技术发达国家所攫取。以 DNA 资源为例，DNA 被称为"基因黄金"，谁拥有了更多的 DNA 资源以及这些 DNA 的专利，谁就能在将来的竞争中占据主导地位。世界上很多跨国集团和科技研发机构正在不择手段地通过各种方式使私人资本变成 DNA 资源的主人：或者利用所谓的"旅游观光"，对具有较大经济价值的动植物，顺手牵羊，归为己有；或者用少量金钱买下生物资源；或者打着合作的幌子，把具有巨大经济价值的 DNA 资源归为己有。从后者看，在研发的过程中，研究手段的不道德导致不公平的现象发生。例如，经济和技术发达国家在研发人体增强技术的药物后，接着会进行相当规模的人体试验，测量、评估技术风险，一旦获得成功后就可以放心地推广使用。而人体试验首选在经济和技术落后的国家。因为这些国家的法律制度不健全，加之民众的安全意识淡薄，在经济利益的驱使下，人们往往会铤而走险。这些接受试验的人的回报，少则几十美元，多则数百美元，但却为此承担技术风险。"事实上，今天的高技术更明显地为利润所驱使，如有的分析指出的，今天之基因工程比起传统的生物医学研究来说，考虑更多的是投资者和公司股东的利益——他们首先从中获益，相反承担其代价的却可能是其他人或整个社会。"[1]而这些不人道的人体试验方法却不可能应用于经济和技术发达的国家，究其根源在于发达国家使用人体试验是一种犯罪行为，会面临刑事指控。这种不公平的试验方法目前在全世界范围内有日益扩大之势。

3. 研究结果的不公平

由于 NBIC 会聚技术研究起点不公平，研究过程不公平，必然导致结果的不公平。在发达国家向发展中国家的技术转移中，一些大公司的官员

---

[1] 朱葆伟. 高技术的发展与社会公正. 天津社会科学，2007，（1）：35-39.

明确宣称：技术不是免费物品，而是价格昂贵的商品。他们通过对 NBIC 会聚技术的垄断和在全球形成的生产销售系统来确保在世界经济中的主导地位。而资金匮乏、技术落后的发展中国家不得不接受过时的产业转移，从事低附加值产品的生产，以及用资源与市场份额换取技术升级[①]。虽然发展中国家在 NBIC 会聚技术的研究过程中做了牺牲，但他们不仅不能平等地分享 NBIC 会聚技术带来的好处，而且还可能被迫接受 NBIC 会聚技术带来的严重后果。高技术一方面使人与人之间、国家与国家之间的联系更加紧密，另一方面又使其间的张力更强；它使竞争更加激烈，使财富更不能合理地分配，贫富之间和强弱之间的差距更加拉大，国与国之间或一国内出现更严重的不公平。技术权贵的高傲感和技术落伍者的卑微感形成更加鲜明的对照[②]。

二、NBIC 会聚技术应用中的鸿沟

肖峰教授对高技术应用中不平等问题进行过分析，他指出："技术本来就包含不平等的可能性。拿技术成果的使用来说，尤其是一些高技术成果只能为少数人享用，无疑是因为技术的成本太高，技术不能成为大众的技术、'民主'的技术，而只能是少数人享用的技术，形成技术上的人与人不平等。"[③] NBIC 会聚技术将会在应用中加大人与人之间、群与群之间的不平等，形成 NBIC 会聚技术应用中的"NBIC 鸿沟"。

1. 人与人之间的鸿沟：代内公正与代际公正问题

从历史上看，新出现的技术总是首先为富人或特权阶层的人所享有。"新技术刚引入时，它的花费是很大的，仅为特定人群负担得起"[④]，"在人类的全部历史中，人类一直生活在不平等的条件下，这种不平等首先是由属于某个人的权力和财产所决定的社会不平等"[⑤]。同样，NBIC 会聚技术并不能给所有的人带来福音，只有腰缠万贯的富人，才会最先得到服务。而权力阶层通过权力出租也可能最先获得增强。同时，研发 NBIC 会聚技

---

① 朱葆伟. 高技术的发展与社会公正. 天津社会科学，2007，(1)：35-39.
② 肖峰. 高技术时代的人文忧患. 南京：江苏人民出版社，2002：137.
③ 肖峰. 高技术时代的人文忧患. 南京：江苏人民出版社，2002：132.
④ 邱仁宗. 人类能力的增强. 医学与哲学（人文社会医学版），2007，(5)：78-80.
⑤ 邱仁宗. 人类增强的哲学和伦理学问题. 哲学动态，2008，(2)：33-39.

术的科学家和技术人员也会"近水楼台先得月"。可见，利用 NBIC 会聚技术增强能力主要有富人、权力阶层和科学家集团等三种人。随着增强技术的应用和发展，人们可能因贫富悬殊、权力和知识的差异最终分裂为两种人：一种是得到技术增强的人即"增强人"，另一种是仍然保持自然状态的人，即"自然人"。"增强人"将在教育、就业、婚姻、社会生活等方面具有巨大的优势，与"自然人"之间产生种种不平等。这种不平等既表现在经济和政治上，也表现在教育文化、两性关系和社会生活上。

在经济上，将出现"经济新贵"和"穷人阶级"分野。每一种技术都导致形成新一类的边缘人群和新的不平等。在商品化条件下人类增强技术成为少数人拥有能力的技术[1]。人类增强技术可为拥有更多经济资源的人所利用，加剧贫富鸿沟，造成"能力分隔"。种种增强技术越可得，能力分隔就越大。被增强的人因为更聪明、更漂亮、更强壮成为职场上的新贵而备受青睐，获得更多的收入，而未被增强的人因为先天不足、后天亏损则发展受限，只能从事低收入的劳动，这样，旧有的社会贫富差距将会再次拉大，最终导致新两极分化，形成"经济新贵"和"穷人阶级"。

在政治上，"技术权贵"的出现将使政治平等变成"空壳"。少数 NBIC 会聚技术的精英不仅掌握由于拥有技术而生产的巨额财富，而且还可能因此在政治上占据显要地位，通过技术所具有的决定社会发展方向的作用，来显示这个技术精英阶层在社会中的支配权。掌握 NBIC 会聚技术的人还可能成为军事上的新强人，而由经济和军事共同决定，他们还可以成为政治上的新贵，成为凌驾一切、统治世界的"技术上帝"。当 NBIC 会聚技术的发达造就出威力巨大的"基因权贵"和"技术权贵"之类的新贵族后，新的人间鸿沟随之产生。

在文化教育上，"教育新宠"的出现使教育平等权成为一种新的乌托邦。因采用增强技术的人智商更高、记忆力更强、计算力超群（植入芯片），成为名副其实的"教育新宠"，他们进入更好的学校学习，接受更高品质的教育。而未被增强的人唯有比增强人更刻苦、更勤奋，才有可能取得好的成绩，但要想赶超增强人或与增强人匹敌，仍然是不可能的事情。

在两性关系上，增强人之间因门当户对，而通婚自由；而在增强人与未被增强的人之间则存在歧视和通婚鸿沟，婚姻平等权将被打破。在工业化社会中,女性通常只能在政治、经济和技术决策中起次要作用;随着 NBIC

---

[1] 张帆. 高科技不兼容女人. 计算机周刊, 2001,（22）：9.

会聚技术的进步，在工业社会中就处于不利地位的女性会被进一步边缘化："不知道是冷冰冰的高科技不兼容柔情浪漫的女人，还是女人们不兼容高科技，总之，最近的一项相关调查表明，年轻女人已经渐渐远离计算机学位。"[1]性别不平等的加剧，也许是 NBIC 会聚技术引发的一种必然现象。

此外，在社会生活上，还将可能产生种种新的不平等，如申请保险时产生基因歧视；富人因付得起治疗费用将活得长寿、健康，而穷人由于付不起医疗费，将分享不到新技术所带来的好处，寿命相对较短，生活质量也较差；在体育竞赛中，借助于 NBIC 会聚技术的方法，增强人会跳得更高，跑得更快，身体素质更好，如将豹的运动基因拼接到人身上，可以轻而易举地不断地打破世界纪录，运用纳米技术制造的运动器械、服装提高运动成绩，使器材作弊成为兴奋剂的另一种表现形式，产生新的竞技不公平，等等。

NBIC 会聚技术的使用还可能造成代际公正问题。代际分为两种类型：一种是共时性的代际关系，亦即生活在"同一时态"中相邻几代人之间的关系，其特征是代际的直接交往；另一种则是历时性的代际关系，亦即现在的人与以后的人或者是现在的人与以前的人之间的关系，其特征在于代际的间接交往[2]。这里所说的代际公正问题主要是指共时性的代际公正问题，包括三个方面的含义：①父辈使用增强技术，后代没有使用增强技术，这种不平等可能导致父辈与后代之间的不公正的问题。②父母根据自己的意愿使用技术，可能导致对后代自由权利的侵犯。代际自由理念强调对于每一代人自由选择权利以及代际差异的尊重与保护。但是，当代人将某种标准通过技术植入下一代，把当代人认定的所谓的价值标准强加给后代人，迫使后代人被动接受这些标准，这种行为本身就粗暴地剥夺了后代人自主地分辨真假、善恶、美丑的权利。③人类可以通过修补缺陷和病变基因等使自己的寿命大大延长，个体可以活 150 年甚至 1000 年以上。个体过于长寿会带来人满为患的威胁和上下几代人之间的对立，为争夺有限的资源和空间，上下几代人之间可能进行大量的畸形竞争。

2. 群与群之间的鸿沟：国际公正与种族平等问题

"NBIC 鸿沟"不仅存在于个体之间，而且存在于国与国之间，存在

---

[1] 张帆. 高科技不兼容女人. 计算机周刊, 2001, (22): 9.
[2] 吴忠民. 论代际公正. 江苏社会科学, 2001, (3): 44-50.

于不同种族之间。

进入 21 世纪，发达国家与发展中国家之间旧的不平等鸿沟尚未消除，NBIC 会聚技术所产生新的经济鸿沟又将形成。发达国家由于其科技先进，研究经费充足，能先获取一些重要 NBIC 会聚技术，而对这些技术实行垄断应用，则会使国际不公正现象加剧。一个持久的关注点是"纳米分割"，富国将依靠纳米技术获得经济、医药和其他方面的利益，而穷国将因此变得更加贫穷。未来 NBIC 会聚技术经济销售额可望超过几十万亿美元甚至上百万亿美元，成为世界上最强大的经济力量。这种巨大的经济利益绝大部分将被发达国家所占有，由于它们申请了知识产权，其产品可以分销到世界的各个角落。发达国家与发展中国家"经济鸿沟"的产生，又加重了政治方面的鸿沟：技术上的从属地位必然导致国家主权的不平等。科技实力强大的国家很大程度上能成为国际政治地位高的国家，而较高国际政治地位又促使这些国家必须发展出强大的科技实力来支撑自己的这种地位，由此也形成了一种强大的政治推力。在 NBIC 会聚技术时代，发达国家与不发达国家在技术上的差距越拉越大，导致经济、政治和社会发展的差距也越来越大，把更多的发展中国家抛入"最不发达国家"的行列。

同时，NBIC 会聚技术还可能会引发种族危机。种族主义者可能会利用 NBIC 会聚技术来培育所谓的高等民族，通过增强改变人体的某些组织，使人类在体质和精神上更加完善，从而进一步排斥所谓的低等民族，一些更为极端的种族主义者甚至可能会利用 NBIC 会聚技术抹杀他们认为的低等民族。这样，民族与民族之间、种族与种族之间的矛盾会愈演愈烈，地区之间的不稳定状况将更为严重，世界和平的不稳定因素将更多。美国科幻作家李·希尔佛创作的《2350 年的两大种族》就描绘了一幅震撼人心的图景：在 2350 年的美国，所有的人被划分为两种等级。属于优等的人们被称为阿法族（Alpha），而次等的人们被称为埃普斯隆族（Epsilon）。阿法族是遗传阶级中的基因贵族。阿法族的基因绝非均质一致的，阿法族有许多种类型。而每种类型里又可分为许多次型。例如某个阿法族以运动员著称，任何埃普斯隆族的人在运动方面根本比不过他们。阿法族里还有诸多类型，包括科学家、商人、音乐家、艺术家，甚至万事通，其产生的过程都一样：是一代又一代最优秀基因的集成。经济、媒体、娱乐业及知识界的各阶层均被阿法族成员所控制。最终，阿法族和埃普斯隆族将分别形成阿法人类及埃普斯隆人类，亦即两种完全不同的物种。两种物种之间无法交配与生殖，彼此之间只剩下浪漫的遐想，就像目前的人类对黑猩猩的情感一样[①]。这无疑是令怀有"人人平等"理想的人们感到恐惧的前景。尽管是科学幻想，但也反映了潜在的 NBIC 会聚技术深壑所具有的现实危险性。

总之，随着 NBIC 会聚技术的发展，人类能力的空前增强，人类的平等也受到前所未有的质疑和挑战。就像信息技术领域发展中存在"数字鸿沟"，基因技术领域发展中存在的"基因鸿沟"一样，在 NBIC 会聚技术领域将出现"NBIC 鸿沟"。在这种 NBIC 会聚技术深壑中，富人与穷人的不平等的范围扩大了，从人生的不平等扩大到"生前的不平等"及"死后的不平等"，从社会的不平等扩大到生理（身体基因组合）的不平等。同时，NBIC 会聚技术发展程度的差异在发达国家与发展中国家之间经济、政治、文化及社会生活等各个方面所形成的"NBIC 鸿沟"现象，将深刻影响不同国家、种族等的生存发展状况，埋下了未来人类生存状况的可以预见的后果。所以，NBIC 会聚技术并不是像有人所说的那样，为世界各国提供新的、平等的起跑线，反而有可能是一种更强烈的"马太效应"，彻底撕裂现有的不平等发展之间那脆弱的张力。如果人类对 NBIC 会聚技术运用不当，人类追求平等的理想可能成为乌托邦。在这里，我们必须更有先见之明。我们只能做正确的事情，因为一次失误就会让我们全盘皆输[②]。

[①] 李·希尔佛. 2350 年的两大种族. 中华读书报，2001-01-23.
[②] Joy B. Why the future doesn't need us? https://www.wired.com/2000/04/joy-2/ [2019-05-30].

第三章

NBIC 会聚技术立法的伦理选择

英国哲学家罗素曾说:"科学提高了人类控制大自然的能力,因此据此认为很可能会增加人类的快乐和富足。这种情形只能建立在理性基础上,但事实上,人类总是被激情和本能所束缚。"NBIC 会聚技术将以"一日千里"的速度极大地增加社会与经济双效益。但它在带来这些效益的同时也伴随着极为显著的负面影响。"伦理理论和伦理原则所规定的行动规则或要求都是'初始的'(prima facie),而实际上我们应该采取何种行动必须权衡相关方面的价值,既能尊重人和相关实体,又能使风险最小化和受益最大化。"[①] 对 NBIC 会聚技术立法的伦理问题进行探讨或厘清,可为 NBIC 会聚技术的发展提供良好的法律环境以及正当或规范的伦理选择,并促进和引导 NBIC 会聚技术更好地为社会和人的自由全面发展服务。因此,防止 NBIC 会聚技术的滥用在于前置阶段的立法限制。

基于此,聚焦 NBIC 会聚技术立法的伦理选择问题,内容涉及 NBIC 会聚技术引发法律和社会问题,尤其是对 NBIC 会聚技术的立法价值导向、伦理目标和伦理方法进行较为全面、深入的研究,对构建有中国特色、中国气派的高新技术法伦理学、立法伦理学等具有重要的理论意义。同时,对 NBIC 会聚技术立法的伦理选择进行研究,可以从意识形态的高度来引导 NBIC 会聚技术的发展方向。

第一节 技术立法与伦理选择

一、法律与伦理

法律和伦理属于两种不同的社会规范,在调整方式、调整范围、强制

---

① 邱仁宗. 生命伦理学. 北京:中国人民大学出版社,2010;再版序 1.

程度等方面区别都很大，但二者又关系密切，相互关联。法律体现一定的伦理精神。伦理的价值层次不但高于法律，而且伦理规范还指导并影响法律规范，决定法律的性质和方向。"在法律规范中，凝结着立法者关于善与恶、合理与不合理、正义与非正义的基本道德价值判断。法和法律的规定，总是同人们关于正义的观念、关于公平的观念、关于捍卫人的自由、权利和尊严的观念、关于社会责任和义务的观念等等联系在一起的。"[①] 自然法学派中，从斯多葛到富勒、德沃金，均认为法律应以道德为基础，道德应为法律的存在依据和评价标准。富勒认为作为一种"有目的的事业"，法律必须具有"内在道德"与"外在道德"两种德性，否则就"导致一种不能被恰当地称为法律体系的东西"[②]。反过来，法律是伦理精神实现的物质保障。任何法律实际上都根源于一定的伦理基础。所谓"良法"与"恶法"之间的区别，并不是指"良法"有一定的伦理基础，而"恶法"没有任何伦理依据。如果说"良法"与"恶法"有差异的话，应该是"良法"建立在合理的伦理基础之上，而"恶法"是建立在不合理甚至错误的伦理依据之上。

此外，法律与伦理还是互动的。当道德的控制力下降时，一部分的道德规范就会逐渐被法律所取代。另一方面，法律也可以转化为伦理，当人们的社会观念变化时，原来由法律调整的对象就会由伦理调节。

立法是特定的主体依据一定的职权和程序，运用一定的技术，制定、认可和废止法律的社会活动。立法强调的是一个过程，所以NBIC会聚技术立法不同于NBIC会聚技术法，它是指特定主体制定、修改、颁布和废止有关NBIC会聚技术法律规范的活动的总称，它包括国际NBIC会聚技术立法、国外NBIC会聚技术立法和国内NBIC会聚技术立法等。

NBIC会聚技术法是随着NBIC会聚技术的产生而产生、发展而发展的，其任务和目标就是调整NBIC会聚技术各种法律关系，控制NBIC会聚技术的健康发展，所以我们将NBIC会聚技术法定义为：调整与NBIC会聚技术相关的各种法律关系的法律规范的总称。

二、伦理选择与价值尺度

所谓"选择"，就是指在两个或两个以上的对象中间做出的取舍，有

---

① 张文显. 法理学. 北京：北京大学出版社，高等教育出版社，1999：353.
② 富勒. 法律的道德性. 郑戈译. 北京：商务印书馆，2005：47.

自然选择和社会选择之分。伦理选择，也称道德选择，分为广义和狭义两种。广义的伦理选择包括目的、方式、行为动机及过程等的选择。狭义伦理选择是指道德主体面临道德利益冲突，依据一定的道德原则所做的一种行为抉择。

在伦理学看来，有三种伦理选择类型。一是合乎理性的科学的伦理选择，即能正确认识利益冲突，并根据正确的道德原则所得出的结果；二是失当的、错误的伦理选择，即用错误的乃至反动的道德准则来指导行为趋向，不能正确认识到冲突，导致道德选择错误；三是介于以上两类选择的伦理选择，称之为"可容许行为选择"。

简言之，伦理选择是一种价值取向，是为达到某一道德目标而主动做出的取舍。以此我们可以界定：NBIC 会聚技术立法的伦理选择指的就是特定主体在制定、修改和废止有关 NBIC 会聚技术法律规范的活动过程中，基于自己的价值观，在面对各种利益冲突时所持有的基本价值立场以及在做出选择时所表现出来的基本价值倾向。对于立法来说，伦理选择问题是一个不可回避的问题，可作为立法的思想先导。伦理选择支配着立法主体的价值选择，指引着立法活动的进程，影响到立法活动的结果，伦理选择问题的研究关乎整个 NBIC 会聚技术立法价值体系的构建和 NBIC 会聚技术法律体系的完善，所以具有非常重要的意义。

伦理选择总是按一定的标准进行，这个标准可称为伦理选择的价值尺度。伦理选择必须从一定的价值准则出发，伦理选择的尺度是人们进行道德选择的逻辑起点与核心，其是否合理，对合理化的伦理选择具有决定性的意义。一是选择尺度的不同决定着主体的实际选择方向和选择行为的道德价值大小。二是伦理选择的尺度直接影响着主体选择活动的进行，如果选择依据变化不定、尺度不明、前后不一，人们的伦理选择行为就会出现游离的状态，也可能陷入自相矛盾之中。

伦理选择还要有一定的标准和尺度，那么立法者进行伦理选择时就会有一个自我认同的价值标准，这个标准有两种情形。其一，是对必然的正确认识，能指导立法主体进行正确的伦理选择，是科学伦理原则的内在化。其二，是对必然的错误认识，在错误价值准则引导下，立法主体就会有不正确的伦理选择。但是无论立法者的认识能力和水平如何，社会都应当以客观的、既定的科学道德原则为尺度，引导立法主体进行正确的伦理选择。

第二节 NBIC 会聚技术引发的法律问题

卡尔·波普尔曾经说过：科学进步是一种悲喜交集的福音。正如日本学者汤川秀树所说："从 17 世纪到 18、19 世纪，以欧洲为中心，近代科学得到了飞速发展，给人类带来了许多福音……然而，在已经进入 20 世纪后半叶的今天，当我们审视这一问题时，无论是科学家还是普通人，都不可能如此片面、乐观地看待科学的发达了，用句常用的话来说，或许可称作'20 世纪的不安'吧，人类不得不去深刻地考虑科学进步背后所隐藏的巨大危险与不安了。"[①] 的确，NBIC 会聚技术在提升人类能力，给人类带来无限希望的同时，也会对既有的社会秩序、伦理观念和法律制度等领域产生巨大挑战，引发人类"21 世纪的不安"。美国太阳微系统公司的首席科学家比尔·乔伊甚至怀疑，"在 21 世纪，我们威力无比的三种科技——机器人、基因工程和纳米技术正在使人类成为濒危物种"[②]。因此应及早开展与技术研发同步的社会、伦理、环境和法律影响研究，吸引公众的参与和讨论，并制定相应的法律法规，这样才能积极稳妥地引导 NBIC 会聚技术始终在符合人类利益的轨道上发展。在 2003 年首届 NBIC 会聚技术年会上，与会的美国商务部负责科技事务的副部长邦德谆谆告诫人们：一定要谨防纳米成为继.com 之后的下一个泡沫！要在考虑这四大科技的积极影响的同时，考虑到它们给社会、道德、法律、文化等造成的潜在的负面影响。在 2004 年第二届 NBIC 会聚技术年会上，美国律师牵头发起成立"会聚技术律师协会"（Converging Technologies Bar Association，CTBA），这是世界上第一个关注 NBIC 会聚技术可能带来的法律、伦理道德、社会影响的律师协会。国际著名学者舒默尔（J. Schummer）等认为：至今世界上尚未在任何国家制定针对 NBIC 会聚技术的特定的法律框架[③]。

可见，我们生活在一个制度安排严重滞后于现实的时代，专门针对

[①] 汤川秀树. 现代科学与人类. 乌云其其格译. 上海：上海辞书出版社，2010：8.

[②] Joy B. Why the future doesn't need us? https://www.wired.com/2000/04/joy-2/[2019-05-30].

[③] Schummer J, Pariotti E. Regulating nanotechnologies: Risk management models and nanomedicine. Nanoethics, 2008, 2(1): 39-42.

NBIC 会聚技术引发的法律问题的相关立法目前尚无。我们认为，NBIC 对法律的挑战主要体现在法律价值、法律主体、法律权利和法律秩序上。

一、NBIC 会聚技术衍生的法律价值问题

NBIC 会聚技术对法律的最深层、最根本的挑战首先表现在对现有法律的价值上。一般而言，法律价值包括公平、自由、秩序等，而人性尊严是法律秩序中的根本价值，在国际上被公认为是一项基本价值。《世界人权宣言》提出："人生而自由，在尊严和权利上一律平等。"根据康德的理论，人的尊严在于人作为自由意志主体与其他有实践关系的主体的对等性；如果一个自由意志主体把自己的自由意志强加在另一个意志主体之上，就破坏了这种对等性，那么他就损害了这个自由意志主体的尊严。质言之，尊严是拥有自由意志的主体不被另一个自由意志主体所主宰，如果一个人的自由意志凌驾在另一个自由意志之上即侵犯了另一个人的尊严。在 NBIC 会聚技术的研发和应用过程中，至少可能存在两种损害人的尊严的情形。其一是在家庭关系中，父辈对子辈，上代人对下代人尊严的侵犯。例如，父母可能把传统的自然生殖过程完全变成人为操纵的过程，在这个过程中，子女的性别、肤色、身高、长相等外貌，智商的高低，身体素质，乃至于孩子未来生活的轨迹等完全为父母所主宰，父母的喜好取代了孩子的选择，父辈决定了子辈的一切！《外滩画报》2013 年 8 月 7 日撰文《订制婴儿的时代》报道：全球首例基因筛查试管婴儿在美国宾夕法尼亚州诞生，这意味着从父母基因中选出最优基因，培养出想要的婴儿的技术将更普及。文章提出："如果检测结果发现一个婴儿的眼睛会是蓝色，另一个婴儿的眼睛会是褐色，家长是否有因为喜爱蓝色眼睛而决定不让另一个婴儿出生的权利？"其二，技术进一步发展，就像生产机器人一样，传统的基于父母两性关系出生的"自然人"完全可以根据人类的需要，在流水线上大批量"生产"出来，而且还可以升级换代。这两种情形中，决定者的"自由意志"和被决定者的自由意志不对等，被决定者的自由意志主体的尊严被损害。

二、NBIC 会聚技术衍生的法律主体问题

NBIC 会聚技术发展对法律最明显的挑战体现在法律主体方面。人是自然性和社会性的统一，自然性是自然基础，任何缺乏这一层面的实体都

没有成为"人"的资格。人权以及种种权利，其主体就是自然人的生命。在 NBIC 会聚技术的研发和使用过程中，作为法律主体的人不再是毫无争议的，而是受到极大的冲击和挑战的。如前所述，生命科学、信息科学、纳米科学、仿生工程和机器人学的结合，信息转换器、人格信息包、两性智能人、人体再生和互联网的结合，人类将获得三种新的"生存形式"，即网络人、仿生人和再生人，实现某种意义的"人体永生"[①]。2012 年 3 月 2 日，英国《每日邮报》报道，在"2045 年全球未来"会议上，俄罗斯企业家艾提斯科夫宣称，目前有 30 位科学家正在从事他负责的"阿凡达"高技术研究计划。该计划设想在 10 年内将人的意识"下载"到机器人体内，从而实现人的"永生"。随着网络人、仿生人、再生人增多，必然会对现行社会乃至于整个人类文明带来巨大的冲击。而随着 NBIC 会聚技术进一步发展，将逐步改造人类的遗传物质与精神世界，最终变人类自身的自然进化为完全的人工进化，产生新兴的"超人类"和"后人类"。那么"后人类"时代的"超人"是否可以被当作人？是否具有人的权利？是否具有主体地位？可见，随着 NBIC 会聚技术的发展，需要重新界定法律主体的范围和地位。

三、NBIC 会聚技术衍生的法律权利问题

NBIC 会聚技术的发展之所以引起争议和讨论，一个重要原因就是对法律权利带来巨大挑战——对平等权、隐私权、知情权、专利权、后代权利保护都会带来巨大冲击。

平等权问题。平等权是启蒙运动以来确立的一项基本人权。然而，在 NBIC 会聚技术发展中，平等权面临巨大的挑战。正如比尔·乔伊所说："如果我们使用基因工程技术改造我们自己的身体，或者改造不同的人群、种族，那我们就会摧毁我们民主政治的基石：平等。"[②] 比如，经过 NBIC 会聚技术对人体基因进行改造后，孩子的性别、身高、体重、智商、才能等方面比基于自然出生的人要高出许多。进化后的人与没有经改造的人之间的平等对话就缺乏必要的对话平台。人类历史上除了传统的种族、宗教、阶级差别之

---

① 金振蓉. 我国面临以生命科学为基础的第六次科技革命战略机遇. 光明日报，2011-08-06.

② Joy B. Why the future doesn't need us? https://www.wired.com/2000/04/joy-2/[2019-05-30].

外，又将出现两大阵营，他们之间由于所处的地位的巨大差别，不可能形成互相认可的主体间的关系，不可能相互尊重而进行交往。这样，天赋人权的合理性基础将不复存在，其种种不同将会对法律平等的权利构成致命挑战。

隐私权问题。隐私权是自然人享有的对个人信息、私人生活和私有领域进行支配的人格权，个人的基因隐私权是自然人对其本人的、与公共领域无关的基因图谱、基因材料样本或其他基因信息及其物质载体加以控制不受他人侵犯的一种人格权，它是一个人最重要、最基本的隐私。有的学者甚至将"基因隐私权"视为"21世纪的首要人权"[1]。英国皇家学会的研究表明：通过在人脑中植入纳米器件，操纵、控制人们的行动成为可能[2]。储存个人的全部基因和疾病信息的芯片可能成为企业用人歧视或者成为保险公司限制患者自由的工具[3]。在NBIC会聚技术普遍应用的情况下，个人基因将会作为基本的身份识别依据，个人的基因信息将在警察局、政府机关、医疗机构、金融机构、雇主等强势力量面前被肆意"检测""读取""访问"，能否保证个体的知情同意权？基因"读取"和"访问"的目的是什么？如何进行操作？个体的基因隐私如何保护？基因的利益相关者的知情同意权如何保护？

我国相关知情权的法律规定还很不完善，面对NBIC会聚技术研究引起的种种不知情的危险，显然是一个极大的挑战，需要制定相应的法律保护基因知情权。NBIC会聚技术对隐私权侵犯的途径有：第一，NBIC会聚技术的发展使得基因鉴定涉及的隐私权和确定犯罪嫌疑人之间的矛盾日益突出。第二，NBIC会聚技术可以提高指纹鉴别的质量，但是无法保证指纹信息的安全使用。第三，NBIC会聚技术能够从指纹中推导出个人的生活信息和习惯。但是谁将获得这些信息？如何使用这些信息？能保证这些信息不被误用和滥用吗？第四，碳纳米管可以制造出真正的感应器，包括生理感应器、化学感应器和生物感应器[4]。尤其是脑神经技术与纳米技术

---

[1] 罗玉中,焦洪涛,鄢斌. 基因、克隆、法律问题. 华中科技大学学报(社会科学版), 2002, 16(4): 112-116.

[2] Pidgeon N, Porritt J, Ryan J, et al. Nanoscience and Nanotechnologies: Opportunities and Uncertainties. London: Royal Society & Royal Academy of Engineering, 2004: 53-54.

[3] Grunwald A. Auf Dem Weg in Eine Nanotechnologische Zukunft: Philosophisch-Ethische Fragen. Freiburg: Verlag Karl Alber, 2008.

[4] Toumey C. Privacy in the shadow of nanotechnology. Nano Ethics, 2007, 1(3): 211-222.

的巧妙结合，可以通过"扫描"大脑，轻松读取信息并进行分析来监控人的思想和操纵人的行为。如果这种行为被法律所许可，那么，人们还有多少私人空间？如此一来，NBIC 会聚技术很容易走向保护自由和隐私的对立面，由此引发法律上的难题：究竟我们需要怎样立法来保护隐私权？

NBIC 会聚技术也会带来知识产权制度的革命。NBIC 会聚技术的知识产权化涉及诸多的利益相关者的利益，因此，NBIC 会聚技术的科技成果申请专利和实施商业转化将面临更多的法律规范和伦理审查。现有的专利制度和科技成果转化制度将很难满足 NBIC 会聚技术科技成果知识产权化和商业化的挑战和要求。通过 NBIC 会聚技术可以实现人体基因、思想、意识、情感和性格的读取、识别、再现，那么人体基因、思想、意识、情感和性格是否可以申请专利、商标或著作权？谁拥有这样的权利？基因专利究竟属于发明还是属于发现？基因治疗属于一种新的治疗方法，是否可以申请专利？相关的基因产品是否可以申请专利？国家是否可以建立一个大脑扫描库？如何管理和使用这个扫描库？知识产权法律制度不可回避这些问题，它能应付瞬息万变的现实吗？

后代权利保护问题。由于父母可以通过 NBIC 会聚技术对子女出生及未来发展加以操控，因此会引发一系列法律伦理争议。对自己身体的自主权属于人性尊严的应有含义，即选择如何延续后代的权利。当 NBIC 会聚技术人为地干预自然生殖过程时，虽然满足了父母可以自由选择延续后代的自主权，但是同时必然涉及后代的自主权问题。一旦他发现自己是父母通过增强技术而出生的，是否会觉得自己的尊严受到侵犯呢？还有，一旦子女觉得父母对自己的相貌、智慧等方面的选择不符合自己的意愿，是否可以放弃或更改？是否有权利向父母索赔？目前法律对婚姻家庭、亲权、继承权等各项权利恐怕都要重新界定。如何防患于未然，设定当代人的"权利界限"或"代理后代"对后代人进行有效的权益保护无疑是对当代法律的重要挑战。

四、NBIC 会聚技术衍生的法律秩序问题

目前的社会秩序是建立在原有的法律的基本价值基础之上的，由现有法律给予保护。可是，当 NBIC 会聚技术迅速发展给法律价值、法律主体、法律权利带来一系列冲击时，对社会的基本法秩序也将带来巨大挑战。"人

造生命、人造子宫、两性智能人和人体再生等一系列突破,将彻底改变人类对生命、家庭和性关系的认识,引发重大伦理争论。"[①]生命工程、再生工程和仿生工程的技术和成果,既可以促进文明发展和人类进化,又会产生许多新型武器和犯罪形式。一个植入芯片的"升级版人类",利用智力、体力和工具上的巨大优势,可能随意跨越原有法律约束,利用"电子人"的超强能力去干"违法乱纪"的事;技术的突破可能制造出一批长寿不老的人,从而带来人满为患的威胁以及世代之间的对立。人是社会的细胞,当通过NBIC会聚技术方式出生的"超人"越来越多时,对传统家庭伦理秩序就带来巨大挑战。当技术达到一定的程度,甚至可能普及程序化时,父母需要"订制"孩子,孩子被批量化、程序化生产,将彻底改变人类现在的生殖方式,传统的亲属关系及其价值规范与观念也将重写。当原有的人与人之间最基本的亲属关系都失去意义时,原来所维护的社会秩序也就发生动摇。在这个意义上,NBIC会聚技术不仅能改变人的生理特征,也可以改变整个社会的特征。当个人追求完美对生命个体出生、成长甚至死亡都进行有计划的干预时,必然给社会造成生命客体化、人种单一化等问题,破坏社会秩序[②]。那么,如何界定追求完美与社会和谐之间的关系?如何平衡个人利益与社会公共利益?

第三节 NBIC会聚技术立法的必要性及价值原则

一、NBIC会聚技术立法的必要性

科学与技术同为人类不同性质的理性活动,是相互联系又相互区别的。一方面,技术是物化形式的科学,科学只有借助技术手段才能得到应用与推广,并转化为生产力。另一方面,在科学范畴里,既有作为知识体系的科学,也包括那些作为研究活动或社会建制的科学,他们都与技术存在着明显的界限。技术的主要功能在于改造世界,这是一种主体意向性活动,

---

[①] 何传启. 第六次科技革命的战略机遇. 北京:科学出版社,2011:25.
[②] 沈秀芹. 人体基因科技立法规制研究. 济南:山东大学博士学位论文,2010.

它要求在价值观念的指导下，将"是如此"的世界，改造成"应如此"的世界。而科学的任务体现在认识世界上，为人类在实践活动中提供客体性的参考依据。

而在现实的应用中往往会将科学和技术混同使用。特别是在科技立法方面，把技术与科学混同立法的情况尤为典型，如1993年颁布的《中华人民共和国科技进步法》、2002年出台的《中华人民共和国科学技术普及法》，以及于2015年修订的《中华人民共和国促进科技成果转化法》。不难发现，科学与技术的混同立法，虽然整合了两者的特性，但是却很难在法律的建构中有效调节两种性质不同的社会活动。国内学者杨丽娟等研究了日本把科学和技术混同立法的后果，指出，"这种混同与简单化的一个直接后果是：它误导了日本科学政策的制定，妨害了以自由探索为特征的科学，尤其是基础科学研究的进展，最终危及日本高新技术的发展"[1]。

其实，科学研究无禁区，但技术应用有规则。科学是通过借助人的有限认识能力去探索广阔无限的外在客观存在的一个永无止境的过程。科学研究的对象就呈现在从天然自然到人工自然，从宏观到微观。科学可以自由地向世界的广度与深度不断地探索延伸。而相比于改造世界的实践活动来说，技术应用是有限制、有规则的。这种限制首先体现在科学对技术发展的制约上。技术以科学为根基，在科学理论还未达到一定的水平时，那么以该科学理论为前提的技术就不会被发明或投入实际的使用。这就是"能不能做"的限制。其次，技术发展到现今，人们更反思的是从法律角度及道德伦理考虑的限制，这便是"应该不应该做"的限制，因此是价值理性对工具理性的驾驭意义的限制。

当人们面对客观事物时，对此做出全面客观的认识，并相应采取正确行动的能力，这就是理性。因而，在得到了科学理性与技术理性的指导时，人类可以较好地从事科学技术活动。而技术理性与科学理性是存有差别的，往往人们会将科技理性间的这种不一致性、差异性称为技术理性悖论。

在科学视域中，科学理性能够凸显出科学理论或科学原理中的人类智慧与理性，具有超验性。在理性认识阶段，认识必然要超越经验世界，超验是理性认识的辩证本质。这恰恰印证了康德的观点。科学理论是人类的

---

[1] 杨丽娟，陈凡.高技术立法规制问题的哲学探讨.法学论坛，2005，(1)：47-52.

认识体系。就理论的前提而言，任何科学理论都以假设为前提，而假设又是超验的，这促使该理论无法在自身角度上证明。而科学理性总尝试着超越经验，这样的超越就演化成新的科学理论，在与旧理论的新经验事实挑战抗衡时，科学理性将再次超越经验并形成更新的科学理论，这颇为有趣。如此循环，以至无穷，这就是科学革命的历史。

与科学理性不同，技术理性带有的是极强的直接现实性。其直接现实性首先体现在能够直接转化为生产力上。如哈贝马斯所言，技术能够产生剩余价值。另外，技术的现实性还表现在它自身可以成为生产方式与社会制度的重要组成部分。哈贝马斯认为，资本主义生产方式使劳动生产率持续增长，新的技术和新的战略的实行就制度化了，并且"本身就是意识形态"[1]。工业化社会时期，技术既是生产方式的统治者，同时也在对人与自然的统治上占有绝对的统治地位，技术将奴役人与自然。马尔库塞说："技术作为工具的宇宙，它既可以增加人的弱点，又可以增加人的力量。在现阶段，人在他自己的机器设备面前也许比以往任何时候都更加软弱无力。"[2]最后，技术在直接现实性方面，还表现在它会因政治、商业、军事目的而过渡到一种非理性行为。技术理性与科学理性的不同，在直接现实性上反映出是一种实践理性。人们通过技术来改造自然，提升人们改造自然的能力，使其为人类服务。技术理性的现实性再次印证，其必然要受价值理性的约束与限制。当技术失去价值理性的监控，而任凭技术理性为所欲为，那么后果将不堪设想。因此人类必须应用更为有效的措施来约束、限制技术理性的膨胀与扩张。

美国太阳微系统公司首席科学家比尔·乔伊指出：无规则的技术创新可能毁灭人类。目前针对 NBIC 会聚技术的巨大影响，国内诸多院士建议及时制定关于伦理、生物安全和生态平衡方面政策法规[3]。

1. 应对新型社会关系的需要

伯克利学派的诺内特和塞尔兹尼克把社会中的法律区分为三种类型：

---

[1] 哈贝马斯. 作为"意识形态"的技术与科学. 李黎，郭官义译. 北京：学林出版社，1999：39.

[2] 哈贝马斯. 作为"意识形态"的技术与科学. 李黎，郭官义译. 北京：学林出版社，1999：46.

[3] 哈贝马斯. 作为"意识形态"的技术与科学. 李黎，郭官义译. 北京：学林出版社，1999：43.

压制型法、自治型法、回应型法①。按照他们的观点，回应型法是作为回应各种社会需求和愿望的一种便利工具的法律。事实上，NBIC 会聚技术立法就是一种回应新型社会关系、社会需求的法律。

NBIC 会聚技术对法律价值、法律主体、法律权利、法律秩序的挑战日益渗透到人们的生活中，而且对人类的生存环境和安全都带来种种潜在的危险，必须采取积极的、预防性的法律规制手段避险除害。NBIC 会聚技术的发展，引发了与生命的孕育、出生、健康、死亡相关的新兴的社会关系的出现，如自然人与网络人关系、自然人与仿生人关系、自然人与再生人的关系，他们是兄弟关系？抑或父子关系？显然，无论哪种社会关系都比传统的社会关系更为复杂、曲折，对法制提出了合理调节、保障权利、稳定社会秩序的要求，NBIC 会聚技术的立法恰好能满足新型社会关系对法律的需求。此外，新型社会关系比较复杂，与全人类命运息息相关，产生了很多新型的权利，需要增加新的义务内容，例如虚拟人有没有财产权、人格权和身份权？根据权利义务一致的原则，若有权利，则应当具备相应的义务。可见，传统的法律部门显得束手无策，原有的法律调节手段也不能满足这种需要，需要新的法律新的手段进行规范。因此加强对 NBIC 会聚技术的立法规制，以强有力的法律手段快速调节或预设性地调节已经出现或即将出现的新的社会关系，把 NBIC 会聚技术中的可能带来大震荡的增强技术纳入法制轨道是应对新型社会关系的重要途径。

2. 规避 NBIC 会聚技术风险的需要

技术立法过程实质上是一种技术选择过程。一方面，法律对一部分技术进行筛选时，使另一部分技术淡化、边缘化，或者说被遮蔽（甚至被禁止）。法律对相关 NBIC 会聚技术的立项、设计、投产到产品化的全过程进行选择，一部分技术被选择集成，使有益的技术成为合法的形式，另一部分无益的技术即被禁止，被舍弃，乃至被遗忘。纳尔逊和温特提出的"自然轨道"中的"轨道"概念既包含了科学技术自身的发展规律和趋势，也包含了社会的需求和限定、博弈和妥协。政治、经济和社会文化等环境的选择使技术在一定程度上沿特定"技术轨道"演进。"技术轨道"一旦确定，技术的发展在相当程度上就会由原先相对的无意识转向自觉行为。有

---

① 诺内特，塞尔兹尼克. 转变中的法律与社会：迈向回应型法. 张志铭译. 北京：中国政法大学出版社，1994：16.

意而为必然具有某种排他性。在做出一种选择之时,也就排除了其他可能,这也就是所谓的"遮蔽"。NBIC 会聚技术在极大地提升人类能力的同时,也打开了"潘多拉魔盒"。没有任何一种技术的运用不会产生负面效应,关键是在肯定积极作用的同时,找出其消极所在,直观地加以审视,并进行有效的控制。道德和法律都是规范科技负面效应的重要手段,但法律因其固有的国家强制力特质,更能发挥有效的控制作用。法律能有效地阻止和防范 NBIC 会聚技术领域的犯规动作,有了相应的法律保障,不仅能维护伦理要求,还能进一步促进 NBIC 会聚技术的发展空间。

3. 促进 NBIC 会聚技术良性发展的需要

控制论创始人维纳(N. Wiener)认为,技术的发展"对善和恶都带来无限的可能性"。美国著名基因科学家埃里克·兰德尔(Eric Lander)呼吁:在人类对基因科学有进一步了解之前,应禁止对人类进行基因改变的实验,基因研究要求"准入"制度。什么可以研究,什么样的研究要接受审查,要求有法律条文来约束[①]。NBIC 会聚技术的应用可以使人们解决物质问题,防病治病,这记录的是善的一面,但其也有引发人类灭绝、毁灭人类的可怕的一面。因此,如何避免科技滥用,使其朝着良性发展是一个非常重要的问题。一方面科学家和工程师增强责任心,遵循科技道德;另一方面则需要法律的规范引导使之向良性发展。利用强制力量对 NBIC 会聚技术的滥用进行防范和约束;法律确认适应 NBIC 会聚技术发展的伦理观,以促进其发展。NBIC 会聚技术改写人类繁殖方式,使人与人的关系打下了新的烙印,结果是迫切需要建立新的伦理观,使之规范和引导 NBIC 会聚技术研究行为,同时成为立法的伦理选择,指引立法前进的方向。这样在伦理观念和法律层面都对 NBIC 会聚技术的科研人员设定"规矩方圆"的界限,要求其在法律确认的伦理观念范围内从事研究和试验,就能够规范 NBIC 会聚技术的研究行为,促进其朝着良性发展。当然,NBIC 会聚技术的负面影响非常复杂,法律必须同时扮演"刹车"的角色,从正反两方面控制使其更完善并服务于人类社会。

价值引导选择,法律规范社会。那么,NBIC 会聚技术立法应当遵循何种价值原则呢?

---

① 吴学安. 国际法律框架中的基因技术应用. 检察风云, 2008, (2): 26-28.

二、NBIC 会聚技术立法的价值原则

只有确立立法的伦理价值取向，才能弄清对 NBIC 会聚技术研究应该创设哪些法律，应该通过何种途径实现，以及这些法律运行的前景应该是什么。也只有首先在立法中选择并确定伦理价值取向，才能有立法宗旨、任务、目的的表达，才能有具体的法律规范对 NBIC 会聚技术进行预先的模式设置。同时，明确表达和确立伦理价值取向，不仅有利于 NBIC 会聚技术法律的制定和执行、遵守、监督，还有利于解决目前法律没有调整的社会关系的"真空地带"。

1. 促进 NBIC 会聚技术发展与保障人类根本利益相统一价值

随着 NBIC 会聚技术的发展，人类在来不及欢呼自己成为自然界和自己主宰时，便为许多科学后遗症所困扰，如潜在生物危机、控制下一代基因特征、操控胚胎生命、基因武器、生态失衡等，其深层表现则是技术异化所导致的主体性失落。更重要的是，NBIC 会聚技术征服世界的狂妄最终会把人类束缚在本能的战车上，招致人与自然生命本体的背离，从而引发严重的技术灾难。NBIC 会聚技术可以提升人自身的能力，假以时日，生物技术会制造出比我们更完美的"人"，或者信息技术会制造出智能超过人类的机器人。退一步讲，即使不会出现超越人类的物种，有人利用 NBIC 会聚技术如生物技术等提高自身的能力并能控制未使用此项技术的人，也会打破目前略显脆弱的平衡状态。人类需要审慎面对异己力量的创造。衡量科技进步的标准在于它是否朝着对人类终极关怀的方向发展。因此 NBIC 会聚技术的立法首先要以保障人类的根本利益为伦理价值取向，其次遵循科技发展规律，趋利避害，有效协调各种矛盾，最终实现推动 NBIC 会聚技术发展与保障人类根本利益的统一。

2. 效益与社会正义相结合价值

正义是法律的最高价值。亚里士多德把正义区分为分配的正义、矫正的正义和回报的正义。分配的正义要求公平地对待每个人，在资源稀缺和利益竞争与冲突的情况下进行合理的分配，实现社会公正。事实上，今天的高技术更明显地为利润所驱使，今天之基因工程比起传统的生物医学研究来说，考虑的更多的是投资者和公司股东的利益——他们首先从中获益，

相反承担其代价的却可能是其他人或整个社会①。在 NBIC 会聚技术的研究中，由于其复杂性、技术性、风险性很高，因此要求有政府或企业的资助才能完成。但是社会资源是有限的，在进行立法设计时，要充分考虑效益与社会正义结合的价值，给予不同的研究项目以不同的资金支持。此外，一些研究成果只能由少部分人享有，而大部分人因经济状况享受不到时，是应该坚持正义原则，在平等分享其利益的前提下进行此类研究，还是坚持效益原则，先由少部分人享有研究成果然后慢慢发展为社会平均利益？应该说，发展科技是人类的必由之路，尤其是现在，NBIC 会聚技术的发展往往决定一个国家科技强国的地位。我国进行 NBIC 会聚技术立法时，必须坚持这样的价值取向：社会公正价值优先，包括代内利益公正和代际利益公正以及实现人与社会、人与自然间的公正，同时兼顾效益的价值。二者如车之两轮、鸟之双翼，不可偏废。

3. 价值理性与工具理性相结合的价值

康德所探寻的"我是什么""我能做什么""我应做什么"三个问题很好地说明价值理性与工具理性应当相结合。"我是什么"通过对人性的追问，意在寻求和确立价值理性的主体性根据，从而确立价值理性的现实内容；"我能做什么"是对价值理性主体能力的探求，即是对工具理性能力的拷问；而"我应做什么"是对人性本身的价值观关切，反思工具理性的价值合理性，实现价值理性与工具理性的统一。康德的这个形而上学的价值追问，在 NBIC 会聚技术的研究和运用中，同样是无法回避的问题。工具理性和价值理性作为人的理性的两个不同的方面，是互相依存、互相促进、和谐统一的。价值理性是体，工具理性是用，工具理性以价值理性为导向，价值理性指引工具理性活动的方向，处理两者时，不可偏废。由于 NBIC 会聚技术直接作用于人自身，如果只重视工具理性，必然给人类带来灾难性的后果，甚至危及人本身的存在。而如果立法重视价值理性，一味地关注抽象价值，没有具体可观的技术理性为支撑，则价值毫无意义可言。可见，价值理性与工具理性的统一和谐才能保证人性的全面与完整，避免人性的残缺与异化。在技术对人自身的控制几乎"无所不能"的客观条件下，保持一种价值追求的自觉意识，指导实践中人体增强技术该做什么，能做什么，既可以避免人们追求功利的盲目性和非理性，又能保障 NBIC 会聚

---

① 高兆明. 克隆人技术应用的"能做"与"应做". 东南大学学报（哲学社会科学版），2002，4（1）：16-23.

技术的良性发展。

第四节　NBIC 会聚技术立法的价值依据与伦理原则

一、NBIC 会聚技术立法的价值依据

NBIC 会聚技术的立法必须根据种种人类价值——医学的、社会的、政治的、经济的、精神的和道德的价值来权衡。所以，一种技术立法反映了一些基本信念，这些信念与这个国家或民族的本性有密切关系。这些信念就是它的人类价值。这些价值表现在法律的选择和重点中。"道德在本质上是一种价值性存在，只有通过价值这一纽带与中介，它才能合法地、逻辑地进入法律领域；反之，法律也只有在其成为一种价值性存在时，它才能与道德发生内在的、必然的联系。"[1]

NBIC 会聚技术所应达到的价值目标，所应体现的伦理精神均需要以价值依据为依托。笔者认为主要有三种依据，即哲学价值论依据、技术价值论依据以及法的价值论依据。

1. 哲学价值论依据

对于价值及其依据而言，哲学家所采用的方法和理解方式各有不同，这里总结归纳出以下两点：①从抽象层面上看，价值既与美德、神圣等相联系，同时也可解释为"可取"和"值得"等熟知的用语；②从具体层面上看，价值更多被评价、判断为有价值的物品，或被认为是优质的、可用的东西。

在这里，客体对主体的意义或者说是客体的属性对于满足主体需要的积极意义是哲学中所讲的"价值"。它体现出了物品对于人及社会的功用性，也泛指对人类生存、繁衍带有普遍的积极影响的物质与精神的东西。所以说，NBIC 会聚技术在立法中就要满足人类的需要。

当道德价值出现不同甚至对立的时候，NBIC 会聚技术立法就需要做出决断，进行取舍，这对 NBIC 会聚技术在发展中为人类带来了法律层面

---

[1] 胡旭晨. 法的道德历程——法律史的伦理解释论纲. 北京：法律出版社，2005：121.

的进一步确定，它能有效解决人们造成的伦理困扰。而为了有效抉择，必须在不同时期采用不同的伦理道德评判标准。而评判标注依据是什么呢？这就是秉持争议的伦理价值观念以及抱有积极态度的技术价值理念。

NBIC 会聚技术的飞跃发展，让社会利益矛盾加深。如何实现技术发展与法治观念间的协同进步，怎样建构二者之间的良好互动交流平台都是 NBIC 会聚技术立法中应囊括的主要议题。法律如何规约现代科技？即技术与价值的关系，学术界一直为此而喋喋不休地争辩。可以总结归纳出两大类观点：一是技术价值中立，二是技术价值负荷。

技术价值中立，旨在技术在伦理、政治、文化上处于中立地位，并不需区分好坏、善恶，技术仅仅作为一种工具与手段，其自身不带有任何价值。那么从此观点可以推出，技术自身并无好坏，只要能服务于人类，达成人类的主要目标就可以，并不会在技术上赋予其特殊含义，所以，技术同法治、道德毫无关系。这种观点主要站在技术自然属性的层面上，因为脱离了社会关系及价值维度，所以，在 NBIC 会聚技术飞速发展的今天，此观点并不能站住脚。

技术价值负荷论，即技术价值论。它体现为社会建构论和技术决定论。而技术决定论中又包括两种互成矛盾的观点，这就是技术悲观主义与技术乐观主义。首先，在社会建构论中，着重加强了自身主体的职责，觉得技术主体作为复杂的社会需求的群体，承载着一定的价值取向，所以在这个观点中技术是社会综合利益统一的产物。其次，在技术决定论中，技术能够支配当前的社会、经济，有效推动社会进步和文化发展，具有主观的思维逻辑，并掌控着人类精神家园。站在决定论的角度上，技术被视为具有主宰人类及人类社会的能力。最后，决定论下的乐观主义，技术成为现实生活的主要帮手，能拯救人类摆脱原有技术弊端所带来的苦难。而在决定论下的悲观主义恰恰与之相反，认为技术不但不能拯救人类，帮助人类，而且具有更大的破坏力，可以摧毁人类的生活，给人类的生活带来灾难性的打击，迫使人类走向异化。

纵观技术所具有的特性可以发现，技术是自然属性与社会属性的矛盾统一体，割裂两种属性会陷入狭隘的技术价值观。

人类的生活、生产与技术息息相关，而技术是人类未来发展的主要工具。不能因技术产生的负面效应而抛弃应用技术手段，而应在提高伦理道德准则的基础上进一步完善技术发展并合理应用技术手段，这样将有效避免技术的异化现象。因而，人类需在 NBIC 会聚技术发展的同时，协调其与人类社会、人类文明及伦理道德的相互影响，促进 NBIC 会聚技术朝着良性方向发展，也进一步促进人类逐步实现自由、全面发展的目标。在当今的 NBIC 会聚技术背景下，其立法始终坚持客观而谨慎的乐观主义技术价值观，借以立法为 NBIC 会聚技术营造出良好的法治氛围，进一步推动 NBIC 会聚技术以合法化、制约化、规范化的方式规避其负面影响，产生对人类社会、经济、文化最大的效益。

2. 技术价值论依据

从价值论角度分析，NBIC 会聚技术还具有社会建构的属性，人类这一社会主体的需求与 NBIC 会聚技术所承载的社会属性间具有一定的特殊关系。其不断形成与实现过程中，技术主体按照自己的需要与目的使技术客体趋向于主体，产生某种适合于主体的效益；同时，技术客体按其规律变化，作为条件参加并制约主体活动，在结果和效应中给主体以影响，改造着主体[①]。

NBIC 会聚技术不仅为自身发展提供源源不断的动力支持，而且可以检验自身的真理性，这表明 NBIC 会聚技术自身具有能协助实践主体改变思想的价值观念，这也让实践主体通过功能这一评判尺度衡量 NBIC 会聚技术的有用性。此外，就全社会而言，NBIC 会聚技术能以其内在的价值影响到人类的政治、经济、文化等不同方面，有助于其改变发展，更能带来诸多外在价值。不可否认的是，NBIC 会聚技术同样可以为主体带来异化等不良后果。

人类文明史表明，诸如战争灾难、环境污染、生态破坏、资源枯竭、人口膨胀等一系列问题，都是技术主体在开发技术价值中打开的难以驾驭的"潘多拉魔盒"，这也进一步促使人类对当前的 NBIC 会聚技术的应用及价值观念进行反思。而无论是技术乐观或技术悲观，人类都不能否定技术在发展中为人类发展提供了重要动力，是人类发展的主要工具。因此，在技术发展前提下，需坚持改良目前的法治体系与道德准则，使之不断适应技术发展的道路，这样尽管人类开启了"潘多拉魔盒"，也将会利用自身的道德尺度、伦理规范、法律体系、理性良知来引导技术发展，避免其异化的产生。

NBIC 会聚技术的立法可以充分保证技术在应用、推广中既推动人类

---

① 常立农. 技术哲学. 长沙：湖南大学出版社，2003：6.

社会、经济发展，又能维护人类的精神家园免于技术异化而遭受的重创。

3. 法的价值论依据

法的价值又称为法律价值。在 NBIC 会聚技术立法中也要充分考虑到这一价值论依据。将法制同人类间的关系作为 NBIC 会聚技术立法的根基，为人类法制进步带来重要影响。法是一种价值客体，它能充分保证作为价值主体的人类享有权利。这不但体现在满足着人类的物质需求，发挥其法的效应，而且在人类行使其权利中保护人类的精神需求，更突出了其法的精神。

法的价值论依据首先要维护和满足人类的基本需求。基于人的需求众多，法的价值更应该去权衡人众多的需求，这也促使法的多元化。其次，法还应最终物化为法律条文，形成法律框架，建构法律体系，这样才能合法，也赋予了其维护权利的意义所在。最后，法还应体现人类在法上的愿景。属于法与人的关系的应然状况，包含着人的对法的向往、希望与理想，体现着人们对法的精神寄托或精神索求[①]。

二、NBIC 会聚技术立法的伦理原则

伦理观念为立法者在立法时进行选择提供了一个框架。伦理价值观念不同，对立法的评价和选择的标准、准则和框架也就不同。缺乏道德依据的立法，不可能具备必要的合理性基础，确立立法的价值取向，才能厘清应该创设何种法律，应该通过何种途径实现；也只有首先确立立法的价值取向，才能有立法目的与任务的表达，才能有具体的法律规范对 NBIC 会聚技术进行预先的模式设置。在现代社会，已经有不少伦理原则引领和规范立法。如"公平、公正、公开"成为经济法的基本原则、"诚实信用"成为民法的帝王条款和黄金原则、"以人为本"成为安全生产法的基本伦理原则等。那么，在 NBIC 会聚技术立法中是否存在伦理原则？这些伦理原则又是什么呢？如何在技术实践中贯彻这些原则，这就是本小节要探讨的主要问题。

任何技术立法都需要伦理原则的指导。技术法律的制定要有伦理学依据，伦理学是评价我们行为是非对错的框架。不了解伦理学原则，就不能

---

① 卓泽渊. 法的价值论. 北京：法律出版社，2006：8.

很好地深入了解法律，更难以贯彻执行这些法律。伦理学原则是怎么产生的呢？伦理学原则固然是依据伦理理论，但是它不是伦理理论的简单推演的结果。伦理原则是在一定条件下针对一些实践过程中遇到的问题提出和形成的，是人们在吸取经验教训，防止历史悲剧重演的深刻理性反思基础上产生的。高新技术立法尤其需要伦理引导。高新技术立法原则的错误会带来严重后果，使得良性技术发展被禁锢，恶性技术得到发展。法律通过禁止性规范，限制、打压与技术立法原则相违背的行为；通过权利性规范，倡导、推崇与技术立法原则相一致的行为。如果某种技术立法原则是错误的、不合适的，就会限制、打压某些"好"的技术；倡导、推崇某些"坏"的技术的发展。这样，使得某种"好"的技术因技术立法的错误而被禁锢，恶性技术却得到发展。那么，发展 NBIC 会聚技术时人类必须把握的基本伦理原则是什么？

1. 根本伦理原则

根本伦理原则包含了"避免作恶"的最低伦理要求。贝尔纳德·格特认为，"道德准则并不是为了引导我们行善，而是为了避免作恶"[①]。这一观点从个人德行推及制度伦理也是成立的。NBIC 会聚技术立法要想避免沦为"恶法"，就要谨守道德底线。这一道德底线构成了 NBIC 会聚技术立法必须遵循的根本伦理原则。

第一，促进技术发展与科技以人为本相结合。人们还来不及欢呼自己成为世界主宰之时，就为 NBIC 会聚技术的后遗症而困扰不安，其深层表现是技术异化所导致的主体性失落。甚而，它将解构原有人与自然生命本体的融合，在征服自然、主宰世界的道路中将会推翻人的原有地位，导致危机出现。可以想象，NBIC 会聚技术若被他人利用，那么人的主体地位将难以维持。因而，人类需要审慎面对异己力量的创造。衡量科技进步的标准在于它是否朝着以人为本的方向发展。因此 NBIC 会聚技术的立法首先要以保障人类的根本利益为伦理价值取向，其次遵循科技自身发展规律，趋利避害，有效协调矛盾，最终实现促进技术发展与科技以人为本的统一。

第二，正义与效益相结合。正义是法律的最高价值。亚里士多德把正义区分为分配的正义、矫正的正义和回报的正义。分配的正义实行于财富、荣誉、职位和任何可在社会共同体中进行分割的既定事件的分配中，它要

---

① 库尔特·拜尔茨. 基因伦理学. 马怀琪译. 北京：华夏出版社，2000：252.

求平等对待每个人，合理地分配社会资源和社会利益。NBIC 会聚技术的研发和应用，由于高技术的复杂性和风险性，需要国家和社会资助才能完成。然而，在一定时期内社会资源是有限的，这就要求政府在进行立法设计时，要充分考虑正义与效益相结合的原则，区别对待，凸显一部分技术而遮蔽另一部分技术。按照公正与效益相结合的程度可以对 NBIC 会聚技术进行分级：两者结合良好的 NBIC 会聚技术Ⅰ、益害分享的 NBIC 会聚技术Ⅱ和两者完全背离的 NBIC 会聚技术Ⅲ。对 NBIC 会聚技术Ⅰ的研发应立法给予支持，对 NBIC 会聚技术Ⅱ的研发应加以限制，而对 NBIC 会聚技术Ⅲ的研发则应立法加以禁止。此外，当 NBIC 会聚技术的研究成果因贫富差异可能仅为富人独享时，是应该坚持正义原则优先，还是坚持效益原则优先？如果立法追求效率优先，就会形成被利益所左右、忽视人权和人类尊严等基本法律价值的局面。NBIC 会聚技术立法的首要价值在于其伦理正当性，不能仅仅以功利效用证明其合理性。效率最大化的考虑是次位的，不能优先于正当性要求。可见，我国进行 NBIC 会聚技术立法时，必须坚持这样的价值取向：社会正义价值优先，包括代内正义和代际正义以及实现人与社会、人与自然间的正义，同时兼顾效益的价值。二者如车之两轮，鸟之双翼，不可偏废。

第三，价值理性与工具理性相结合。合目的、合规律的社会实践活动的成败取决于价值理性与工具理性是否和谐统一。康德一生所探寻的"我是什么""我能做什么""我应做什么"三个问题很好地说明价值理性与工具理性应当相结合。"我是什么"通过对人的本质追问，确立价值理性的主体性根据；"我能做什么"通过对人的能力考究，探求价值理性主体的工具理性能力；而"我应做什么"是反思工具理性的价值合理性，实现价值理性和工具理性的统一。康德的这个形而上学的价值追问，在 NBIC 会聚技术的研发中，同样是无法回避的问题。工具理性和价值理性作为人的理性的两个不同的方面，是互为根据、相互印证的。价值理性和工具理性体用一如，本末分明：价值理性是体是本，引导和激励主体"做什么"，工具理性是用是末，帮助主体"如何做"。在 NBIC 会聚技术的研发中，如果价值理性"萎缩失语"与工具理性"膨胀专横"，必然给人类带来灾难性的后果，甚至危及人本身的存在。而如果立法片面关注价值悬设，从"良好愿望"出发而无工具理性支持，则会陷入空想处处碰壁，给新技术的发展设定无益的障碍。一言以蔽之，新技术立法成功与否很大程度上取决于两种理性的统一。

2. 操作伦理原则

"伦理哲学必须具体化为可操作的规则，以避免主观臆断的倾向。"[1]NBIC会聚技术立法的三大立法原则还可以落实到以下具体的道德原则，它们成为 NBIC 会聚技术立法与司法活动操作的主要尺度。当司法机关遇到了伦理道德难以抉择的法律难题时，NBIC 会聚技术立法可通过伦理原则做出正确且客观的价值判断。以下就是 NBIC 会聚技术立法需遵循的操作伦理原则。

（1）尊严原则。邱仁宗在《生命伦理学》中提出生命伦理学的三大基本原则：尊重（respect）、不伤害（nonmaleficence）/有益（beneficence）、公正（justice）。尊重细化为自主性（autonomy）、知情同意（informed consent）、保密（confidentiality）、隐私（privacy）、家长主义（paternalism）等条目。公正则包括"分配的公正""回报的公正""程序的公正"。

作为新时期的高科技，NBIC 会聚技术应遵循尊重原则，在其立法及实施期间都不可以任意践踏人类任何个体或整体的尊严。人格尊严不受侵害的权利已经为联合国《公民权利和政治权利国际公约》、《保护人权与基本自由欧洲公约》（即《欧洲人权公约》）等国际法文件和许多国家的国内法明文昭示，亦被欧洲法院视为基本人权[2]。"尊严原则"具有绝对性，在任何意义上都不能受到限制。它是至高无上的和不可违背的，其本身不能成为任何限定或划分的对象[3]。尊严原则是在全世界中达成的共识，在 NBIC 会聚技术立法中不可以因利益的趋向而任意损害人的尊严。

"每个有理性的东西都必须服从这样的规律，不论是谁在任何时候都不应把自己和他人仅仅当作工具，而应该永远看作自身就是目的。"[4]对于人，不能简单地将其看作服从命令的工具，而应在交流中维护个体的人格尊严。人格尊严是维护人基本道义的底线，而法律更是保护这一底线的重要围墙。推倒尊严，那将彻底颠覆原有法律的合法性以及道德依据。对人的尊严的尊重是法治社会最根本的哲学基础和道德基础[5]。法治的根基

---

[1] Herdegen M. Patents on parts of the human body: Salient issues under EC and WTO law. The Journal of World Intellectual Property, 2002, (5): 148.
[2] Schertenleib D. The patentability and protection of DNA based inventions in the EPO and the European Union. European Intellectual Property Review, 2003, 25(3): 125-138.
[3] 赵震江，刘银良. 人类基因组计划的法律问题研究. 中外法学，2001，(4): 434.
[4] 康德. 道德形而上学原理. 苗力田译. 上海：上海人民出版社，1986: 86.
[5] 龚群. 当代西方道义论与功利主义研究. 北京：中国人民大学出版社，2002: 97-100.

在于这样的哲学基础与道德准绳，失去它，就如同人失去灵魂。

（2）公平原则。公平是社会最基本的道德原则。公平原则要求人类在 NBIC 会聚技术研究与使用中自始至终保持公正不偏袒，既意味着人类间维持着平等状态，也反映出在 NBIC 会聚技术的使用上要公平。在自然与社会范畴中，任意一生命个体都是平等的。就技术的使用而言，增强应该在不影响公平竞争的情况下实施。在类似于考试、升职、体育比赛、战争时使用技术增强，不仅违反了"公平竞争""人是目的"的义务论伦理原则，也有悖于"不伤害""有利"的生物伦理原则，都是人们不可接受的。因而，作为公正的社会要保持其平衡的社会关系就应该秉持这样的原则：相同的人得到相同的对待，不同的人得到不同的对待。这称为形式上的公正。所谓对待就包含着负担与收益两方面的分配。两个面包分给两个同样饥饿的儿童，公正要求每人一个，此种情形下，"不等"分配是不公正的。如一儿童吃饱了，另一儿童饥饿，则把两个面包分给饥饿的儿童是公正的。此时，"平等地分配"是不公正的。单是形式上的公正是不够的。如何鉴别相同、不同、相等、不等呢？从上例看就是需要。需要相同，相同对待，需要不同，不同对待。这就是公正的内容原则，即根据需要来对待每一个人。当然，需要原则还需其他原则来补充。一项新技术的发展总是从少到多，不可能一开始就满足所有人的需要，难道就应该停止这种技术的发展吗？其他原则就有效用原则。效用原则就要考虑增强之后对社会的可能贡献。增强那些能对最大多数人的最大幸福做出贡献的人。

（3）优先原则。即以治疗为目的的 NBIC 会聚技术应当优先应用。在 NBIC 会聚技术还未充分发展的相当长的一段时间内，其还属于稀缺的医疗资源，不可能人人都享有。因此，与处于疾病折磨的痛苦患者争夺医疗资源，进行更强能力的增强，是不道德的，不能得到人们的普遍认可。

（4）知情同意原则。NBIC 会聚技术存有潜在风险与弊端，基于技术的发展考虑，坚持对其技术本身的情况说明，由当事人决定是否承担技术带来的后果。由此，在 NBIC 会聚技术使用前，要向当事人全面解释使用 NBIC 会聚技术后所有可能带来的不利影响，征得其同意后再实施 NBIC 会聚技术。尤其在 NBIC 会聚技术产品投放市场前，在试用及调试阶段，更应对所接受者讲明其不稳定性与不可预测带来的严重后果。

（5）差别原则。NBIC 会聚技术增强应在充分尊重地区性文化的基础上实施。受到地域、时代、民族、文化背景等不同因素影响，人类呈现出多元化价值观。在某一地区某一时期被认为具有"优势"的增强目标，在另一地区或时期可能成为"劣势"。人类是有理性的物类，人必须自己为自己立法。人类利用 NBIC 会聚技术增强的问题关系到人类的未来，需要运用理性综合考量伦理的、法律的、社会的诸多因素。NBIC 会聚技术的出发点和落脚点都体现在对人类的关怀、对利益的维护以及对人类的普遍认同的伦理道德发展的尊重上。

（6）公序良俗原则。这一原则在多数国家均有体现。在 NBIC 会聚技术立法的前提下，公序良俗原则具有深远影响。它主要体现在减少背离社会伦理原则，以正常社会秩序为主线推动技术发展，以此在 NBIC 会聚技术立法中引入伦理道德原则。随着 NBIC 会聚技术的发展，衍生出了如生命科学等相关技术的难题，这再一次告诫我们应着重关注这一原则的主旨要义，便于我们对 NBIC 会聚技术的立法和维护伦理道德秩序进行客观的审视。立法者无法真正预见未来时期 NBIC 会聚技术发展的新形式，也无法对技术做出准确的伦理判断，制定伦理预案。

以法律实施者自由裁量权。NBIC 会聚技术立法的实践还在起步，它时刻催促着立法主体在面对目前解谜人类基因图谱等一系列生命科学问题时，做出正确的伦理抉择。这将对完善 NBIC 会聚技术的法律体系具有指导性。

总之，为了制定具有"良法"性质的法律，NBIC 会聚技术立法的道德依据至少应包括三项基本的道德原则和五项操作性原则。NBIC 会聚技术立法过程，就是从道德原则迈向法律制度的转换过程。立法主体本身应当认同并接受相关的道德原则，并正确地审视和把握有关 NBIC 会聚技术立法的诸伦理原则之间的关系。

第五节　NBIC 会聚技术立法的伦理目标与伦理方法

一、NBIC 会聚技术立法的伦理目标

1. 直接伦理目标：促进发展

促进经济发展，推动科技进步，是 NBIC 会聚技术立法的最直接伦理价值诉求。不言而喻，人类生存发展的前提与基础就是物质资料的生产方式，它决定着人类的发展方向与社会政治体制。在这样的前提与基础上，人类才能建立属于自己的精神世界，并能全面提升能力，自由发展。因而，

促进发展是我国 NBIC 会聚技术立法的最直接伦理目标。

科技进步与创新在带动经济发展中始终处于决定性地位，这在众多发达国家中已经得到了有效验证，而我国目前在科技创新中还不能将其全部转化为经济发展的驱动力。毫无疑问，提高国家的综合实力与国际地位的主要因素就是科技创新。这也推动着各国在科技创新中投入众多的财力、物力、人力，并鼓励在 NBIC 会聚技术发展中抓住有利时机，加入新一轮的技术革命中。

同时在科技创新领域中不能仅依靠研发，而更为主要的一环在于推广与应用，这就要求在技术发展之下还要将科技转化为成果、产品，在商品市场中赢得更大的收益。无论是在经济、社会还是在科技、文化方面，NBIC 会聚技术的最直接价值目标是促进发展。在这样的发展要求下，把握 NBIC 会聚技术的发展进程，抓住 NBIC 会聚技术的领先机遇都将成为未来我国技术发展的主要目标。然而直接的伦理目标不能盲目解读为最终目标，不能因此而失去了自己的精神家园，导致自己被技术奴役。

2. 基本伦理目标：保障安全

保障安全，即 NBIC 会聚技术在技术上必须成熟、安全可靠，使人的身体和精神免于受到伤害。即任何人、任何时候、任何理由，都禁止通过 NBIC 会聚技术的聚合及其产品对他人的身心带来任何伤害。NBIC 会聚技术只有在其副作用或不良反应即安全风险降低到可以忽略或零风险的程度时，才能被用于健康人的增强。不伤害原则是我们所遵循的科技道德的底线。

安全是人类维持发展的保障，也是人类追求生存的原始欲望。人与人之间的相互信任构建出了社会和谐，因而，彼此间的相互依赖、互相尊重、团结友爱就能维护人与人在身体健康、财产等方面的安全，这就是社会中伦理道德的核心。保障安全一方面要求主体要维护他人安全，另一方面作为客体也要确保自己不受到伤害。这样的安全就形成了相互间的纽带，能在互相保证生存的同时维护彼此间的利益。

通过心理学家马斯洛（A. H. Maslow）的需要层次理论，我们发现，安全需要是较接近人类的主要心理诉求，这主要包括人身与财产安全。在 NBIC 会聚技术发展的新阶段，不仅要人类免于或少于遭受自然灾害的威胁，而且要在 NBIC 会聚技术中也能保证使用其产品的安全。

3. 最高伦理目标：以人为本

人有着多重身份，是自然的，不断寻求着物质满足，更追求着精神需求，因而人也是社会与精神的。对于人而言，他的存在既是自然界的一部分，也是社会历史进步的实践者。以人为本，才是当下 NBIC 会聚技术立法的最高伦理目标。一切依靠人，一切为了人，一切服务人。总之，人是国家之本，发展之本。

曲折的工业革命发展史，让人类充分认识到了因追逐无限的利益，体验到了前所未有的种种苦难。尽管在当时人类主宰了自然界与社会，成为新时期的全胜主人，但是统治的力量使人迷失在物欲利益中，最终失去了自我与人性。人类纵容技术工具的无限扩张的后果就体现在技术异化的层面之上，这也让人类饱受着精神世界的空虚之苦。于是，工具理性从生活领域延伸到文化领域，从现实物质世界延伸到人类的精神世界，让人没有了安身立命的场所，给人类带来心理和生理上的多种社会病症，造成价值理性的缺失，也让人在理性的张扬中没有了理性[①]。

NBIC 会聚技术应全面体现出法的功用，避免在工业革命时期所出现的以物为主要衡量标准的不利后果，将人作为其科技发展的主要维度，理性做出伦理判断，以免成为科技及其产品的主要附庸，甚而异化。并予以人文关怀，努力满足人类当前的需求，秉持人文理念，在 NBIC 会聚技术立法决策中发挥人的主观能动性。同时在维护人的利益需求中也要防止人性异化、扭曲所带来的不良后果，对此应加以防范。

二、NBIC 会聚技术立法的伦理方法

为了充分保证 NBIC 会聚技术立法的程序正义，实现其伦理目标，选择正确而科学的伦理方法就显得尤为重要。立法者通过减少立法中存在的争议、平衡伦理道德诉求，在立法前进行正确的伦理选择，并以法律语言进行表述，使伦理目标得以现实化，主要采用以下四种伦理方法。

1. 公众参与

《中华人民共和国立法法》规定："立法应当体现人民的意志。"这就要求在 NBIC 会聚技术立法时，应充分维护公众的利益需求，并将其作

[①] 郭冲辰. 技术异化论. 沈阳：东北大学出版社，2004：193-194.

为立法的主要参考依据，使公众真正参与到立法的进程中。

公众参与是新时期我国民主法治进步的重要标志。因此，立法机关在NBIC会聚技术立法时需广泛征集公众的不同意见，听取不同群体的利益诉求，协调各方利益，以确保NBIC会聚技术立法的公平正义。随着时代的发展，现代立法进程愈显复杂，而NBIC会聚技术立法中立法者对技术的专业性知识要求较高，为避免立法的片面性与主观性，应采取立法民主化，这样不仅能全面厘清客观事实，而且减少了对立法的不适当规约造成的技术恶果。

鉴于NBIC会聚技术的不确定性、极复杂性和动态发展的特征，一个公正的、公平的、能最广泛地征集多方建议的NBIC会聚技术发展战略原则是难以寻求的。在古希腊四主德（即智慧、勇敢、公正、节制）中，公正是极其重要的德性和伦理原则。从公正的伦理原则出发（如果可能的话），参与有关NBIC会聚技术的讨论是在广泛吸收社会各界意见的基础上进行的。公众参与NBIC会聚技术立法，推动着NBIC会聚技术的进一步发展，使其在伦理道德中占有自己的席位，并获得理性的支持。究其原因，一是目前NBIC会聚技术在研发上的经费来源主要取决于税收收入，而作为纳税人的公众就有权知晓NBIC会聚技术潜在的风险与弊端，有权参与公共政策的制定。二是公众的另一角色则是NBIC会聚技术及其成果的消费者与使用者，NBIC会聚技术所带来的风险必然不是公众所愿意接受和体验的。三是获得的利益与所承担的风险在分配中所形成的不均衡性是NBIC会聚技术发展的另一缺陷，也就是说：经济利益通常为极小的一部分人所获取，恶劣的生态环境与潜在的疾病风险却由多数民众承担。从权利与义务、利益与风险分配的正义论主张出发，公众就有权利全面了解NBIC会聚技术的社会后果[①]。

最后，经验业已表明：若失去了社会公众的积极参与和大力支持，NBIC会聚技术将如枯干的秧苗一般难以维持下去。因此，技术的进步与科学的发展不单单是科学主体所应肩负的主要任务。对NBIC会聚技术立法的研讨、审议、决策也不全为科学界的"独角戏"，而应扩展到社会公共空间里，汲取公众意见，使之演变为整个社会的"群众剧"。

但NBIC会聚技术却是一项极具复杂性的高新科技。无论国内还是国外，公众对NBIC会聚技术的认知还是极其有限的，甚至公众不愿意参与

---

① 王国豫，龚超，张灿. 纳米伦理：研究现状、问题与挑战. 科学通报，2011，56(2)：96-107.

了解的情况比比皆是。有的学者已经看到了这种现象，并表示出了深深的担忧。但是不能因此而剥夺公众的参与权，因为个别不能代表一般，特殊性不能代表普遍性。这就表明，NBIC 会聚技术立法在公众参与决策上还面临着众多难题与实践困境，这也向其提出了严峻的现实挑战。社会公众参与立法在诸多发达国家早已形成一套可参考借鉴的方法。比如，以社区为基础的研究（community-based research）、共识会议（consensus conference）、情景研讨班（scenario workshops）等。从宏观角度上看，人们目前还面临着重大考验。第一，作为技术方面的专家，工程师与科技者应秉持公正原则，对 NBIC 会聚技术的发展、利弊向公众透明而全面地阐明，来根除公众同知识专家间的"知识鸿沟"，并让公众理解、热爱、参与到科学与技术中来，这不仅是科学家、技术专家、工程师的道德责任和义务，也是社会公众的权利。"必须找到方法，通过研发和推广会聚技术来解决伦理、法律和道德问题。这需要新机制，确保能在所有大型 NBIC 项目中代表公共利益，在培养科学家和工程师过程中贯彻伦理和社会的科学教育，确保决策者彻底认识面临的科学和工程的后果。"[①]第二，政府机构还应为 NBIC 会聚技术的发展制定出多种道德方案，如搭建社会技术评估的综合平台、提倡 NBIC 会聚技术道德教育、制定有关 NBIC 会聚技术的职业道德条文，对 NBIC 会聚技术发展进程构建行之有效的对话、磋商"窗口"等。最后，公众参与到 NBIC 会聚技术立法决策中，应转变原来的"下层参与"方式，公众在 NBIC 会聚技术发展进行的每一阶段中对其风险、弊端进行讨论，从而对 NBIC 会聚技术进行审慎的分析，达成最终的"上层参与"，即道德价值与人类未来的讨论。

2. 信息公开

为确保民众参与到 NBIC 会聚技术的立法中，发挥其主要的伦理道德效用，信息公开就成为立法的关键一环。"人们对技术的不了解，与其说是对技术因素的无知，不如说是技术所隐含的价值因素未得到公开明确揭示的结果。因此，为了促成技术与社会伦理价值体系之间的互动，首先必须充分地公开揭示和追问技术过程中所隐含的伦理价值因素。"[②]主要通过以下两条途径进行信息公开。

[①] 吕乃基. 会聚技术——高技术发展的最高阶段. 科学技术与辩证法, 2008, 25(5): 62-65.
[②] 刘大椿. 科学技术哲学导论（第 2 版）. 北京: 中国人民大学出版社, 2005: 159-160.

一是科学家及技术工程师需对 NBIC 会聚技术潜在的弊端进行说明，以加深民众对其的深入了解，同时也促使民众掌握其利害要素。因此，技术人员应该主动摒弃功利主义的诱惑和狭隘的科技观念,肩负起伦理责任向公众公正、客观地揭示出 NBIC 会聚技术的风险，从而站在科学的维度上做出公允的评判。

二是标明 NBIC 会聚技术成果的有效信息。NBIC 会聚技术研发后的成果在推广和应用前，应标明其有关信息，如产品的主要功能、特性、有可能引发的不良后果等。通过信息标注，可以保证消费者和使用者享有对产品的选择权、知情权，并尊重公众的伦理情感。商品化时代，让消费者成为商品的主角，而他们往往会以货币作为衡量 NBIC 会聚技术成果归宿的尺度。例如，当下社会及主要技术部门未对转基因食品进行有效说明，也未曾客观、全面解读其对人体是否会有不利影响，因此有些消费者在购买产品时往往会避开转基因产品。同样道理，若相关的 NBIC 会聚技术产品也未进行标注，那么消费者同样将不予认可。由于受到了法律的制约与管理，科技成果就能规范使用，这样，公众才能在合理的伦理判断下对 NBIC 会聚技术产品进行选择，这也促使 NBIC 会聚技术的伦理规范逐步完善，良好的伦理氛围正在逐步构建。

3. 因时而动

"一日千里"的 NBIC 会聚技术，带来了相对静态的法律法规同动态变化的技术间的内在矛盾。若在 NBIC 会聚技术立法时立法者仍呈现出不成熟的思想，处于模棱两可的伦理判断中，立法将严重滞后于 NBIC 会聚技术发展，这势必会大幅增加技术活动中的社会成本，也会大量流失社会经济效益，甚至打破平衡的社会关系。总依靠为紧急"补救"失衡的社会关系而进行立法的方法，虽能缓解当时的社会矛盾，但却增加了立法的成本，没有真正取得最大的效益。因此，采用"因时而动"的伦理方法，立法者将会在 NBIC 会聚技术动态的发展进程中不断修订原有的法律，并在此基础上完善其法律建构。以动态立法为主要的出发点和落脚点，在立法中充分考虑到 NBIC 会聚技术专业学科的多重复杂性和其动态发展的特性，以此促使立法与 NBIC 会聚技术协同发展。

4. 全球治理

NBIC 会聚技术道德问题已演变为全球性问题。追本溯源，一方面，人类目前的生态环境及未来生存都因 NBIC 会聚技术的发展或走向毁灭性的极端；另一方面，NBIC 会聚技术涉及信息技术、纳米技术、人类干细胞研究、DNA 技术、克隆技术等，领域之广泛，涉及深度之深刻是以往之技术不可匹敌的。而在每个专业学科范畴中，经济、社会、法治、道德等问题交错融合，并推及政府、医疗卫生界、学术界、科学技术界、广大民众等，利益相关者彼此相连难以权衡。基于这样错综复杂的前提，深入地分析和研讨 NBIC 会聚技术道德难题则具有更深远的意义，同时"全球治理"这一颇具普遍意义的研讨范式更成了道德难题解决的有效途径。

我们在 1995 年"全球治理委员会"（The Commission on Global Governance）中提出有关全球治理的定义："所谓治理是各种公共的或私人的个人和机构管理其共同事物诸多方式的总和。……它有四个特征：治理不是一套规则，也不是一种活动，而是一个过程；治理过程的基础不是控制，而是协调；治理既涉及公共部门，也包括私人部门；治理不是一种正式的制度，而是持续的互动。"[①] 与"统治"这一传统的概念相比，治理在我们看来是一种更具有丰富内涵的事物。无论非正式、非政府机制，还是正式、政府机制，它都涵盖于其中。一般认为，治理的真正内涵就在于，它强调的是所谓的"机制"，强调的是为了共同的目标，不同社会角色均采用了一致的实践行为，并非仅通过"自上而下"的施加号令对行动进行干涉，它真正强调的是人类非正式的合作、自觉的行动、公众参与、相互的监督等方式。

站在国家维度上看，NBIC 会聚技术在全球的治理机制有以下几点。

第一，利用各国相互对话，建立健全 NBIC 会聚技术道德准则。众所周知，NBIC 会聚技术道德问题已成为当下全人类共同面对的挑战，只有通过全球化的对话与磋商，才能在国际秩序中达成关于伦理道德方面的共识。经验表明，目前世界各国所公认的一些道德准则业已在国际上形成。

例如，在 2007 年，联合国教科文组织科学技术伦理处下属的世界科学知识和技术伦理委员会（World Commission on the Ethics of Scientific Knowledge and Technology，COMEST）发布了长达数万字的《纳米技术与伦理——政策及其行动》研究报告。但截至目前，统一的"NBIC 伦理准则"在国际社会中还未制定。

---

① 英瓦尔·卡尔松，什里达特·兰法尔. 天涯成比邻：全球治理委员会的报告. 中国对外翻译出版公司译. 北京：中国对外翻译出版公司，1995：2-3.

第二，制定国际的 NBIC 会聚技术法，并且国际社会一起合作来加强监管 NBIC 会聚技术的研发和利用。"规则与规范是维系人类社会运行的一种制度安排。然而，我们生活在一个科学幻想落后于科技发展的时代，生活在一个制度安排严重滞后于现实的时代。"[①]国际著名学者舒默尔也多次提及任何国家至今尚未制定出针对 NBIC 会聚技术研发利用的特定的法律框架。因此，我们要高瞻远瞩，有可能也有必要在一定的国际法框架下，就 NBIC 会聚技术发展中的某些基本的"游戏规则"达成共识，实现各国相关法律体系的协调[②]。

第三，一种所谓的"科学咨询"应当进入决策伦理视域。早在 2004 年美国的 NBIC 会聚技术学术年会上，有一个非官方的社会组织"会聚技术律师协会"宣告成立，这个组织的最大亮点就是它把关注 NBIC 会聚技术自身的多种属性及其所产生的社会影响（包括 NBIC 会聚技术可能对社会法律、伦理道德、经济生活等产生怎样的影响），并向政府提出建议视为唯一的任务。世界科学知识和技术伦理委员会在 2007 年的又一重大创举，就是公布了有关纳米技术与伦理的政策建议。这个建议最有意义的地方是提出三个阶段的伦理探讨行动方案：①NBIC 会聚技术在道德法律上的问题，由跨学科专家组进行辨析；②对在国家间潜在的实践相关性予以检验；③在国际合作的基础上达成跨地域、跨学科、跨文化的 NBIC 会聚技术伦理道德框架协议，以便提高潜在行动的政策可行性，并成立国际技术与伦理委员会，为 NBIC 会聚技术的全面治理，搭建一个永久平台。

第四，建立 NBIC 会聚技术伦理审查机制。基于对实施 NBIC 会聚技术的伦理指导原则，进一步对 NBIC 会聚技术在应用中产生的道德和标准问题予以解决，须建立一种正式的伦理审查机制。建立各专业道德委员会在世界上主要地区均已采用。专业道德委员会的成员主要是来自各行业的科学家、工程师以及技术人员，如生物学、纳米科学、神经科学、信息科学、医疗学、道德哲学、管理学等学科，在西方的许多国家，通常还会有宗教学的专家人士。

科学技术为人类的实践开辟了多种新的可能，正因为如此世界才变得如此丰富多彩。但人类不能被 NBIC 会聚技术主宰，成为其附属品，影响

---

① 赵克. 会聚技术及其社会审视. 科学学研究, 2007, 25 (3): 430-434.
② Schummer J, Pariotti E. Regulating nanotechnologies: Risk management models and nanomedicine. Nanoethics, 2008, 2(1): 39-42.

自身的实践行为。在这里，休谟（D. Hume）的"事实"问题和"价值"问题的"二律背反"同样适用。在技术上可能的，不一定是道德上应该的。由于 NBIC 会聚技术涉及四大学科门类，自身非常复杂，因此对其所衍生出的道德难题的研究还需不断深化。就当前的研究阶段来看，学术界对 NBIC 会聚技术道德、法律层面上的研究还处于滞后阶段，未与 NBIC 会聚技术发展同步。而在中国，NBIC 会聚技术道德领域的研究才刚刚起步，如有些学者研究了人类增强的哲学伦理学问题[①]；另外一些学者则对 NBIC 会聚技术进行初步社会审视[②]；还有一些学者探讨了 NBIC 会聚技术与社会公正问题[③]。目前，从宏观上看，在 NBIC 会聚技术道德、法律问题的研究上，我们在世界中的学术影响还较为弱小。因此，在未来时期，我国学者需强化对 NBIC 会聚技术的道德、法律问题的研究，解决 NBIC 会聚技术的伦理问题，并将其成果转化为技术实践，这必将是伦理学界、法律界伟大的使命。

三、结论

NBIC 会聚技术是高新技术发展的最高阶段，其兴起与发展在人类技术发展进程中具有划时代的意义。它对增强人类能力、改造自然界、变革人类社会都具有深远影响，而同时它也向人类提出了伦理道德的新挑战，冲击着人类的法律秩序。因此，利用立法对 NBIC 会聚技术进行有效规约将有利于规避技术灾难，从而降低技术对人类的不良影响，维护人类尊严和伦理关系。

在我国现阶段，NBIC 会聚技术没有充分的立法保障，而 NBIC 会聚技术的发展却一日千里，立法的滞后性无法真正保证 NBIC 会聚技术发展得到有效的制约与管理，这势必将会在后期法制、道德等方面给人类带来严重的恶果。本章在梳理了 NBIC 会聚技术的兴起、发展历史后，清晰地考察出 NBIC 会聚技术所引发的种种伦理问题及衍生出的法律问题。剖析其问题的实质，都再一次印证了现有的 NBIC 会聚技术立法缺乏前瞻性和预

---

① 邱仁宗. 人类增强的哲学和伦理学问题. 哲学动态，2008，（2）：33-39.
② 赵克. 会聚技术及其社会审视. 科学学研究，2007，25（3）：430-434.
③ 陈万球，杨华昭. 会聚技术的发展与 NBIC 鸿沟. 湘潭大学学报（哲学社会科学版），2012，36（6）：126-130.

警性。

  针对于此，本章通过对 NBIC 会聚技术立法的必要性进行阐释，最终总结出 NBIC 会聚技术立法所遵循的伦理原则。NBIC 会聚技术立法要避免沦为"恶法"，以道德底线作为其准绳。随着 NBIC 会聚技术的发展，其立法也在深度和广度上不断得以深化和扩展，其中还有很多工作需要我们进一步研究。我们也将继续对我国 NBIC 会聚技术的法律体系建构进行关注，并展开更为细致、全面的研究。因此，本章只是对 NBIC 会聚技术立法的伦理选择这项研究工作加以阶段性的分析。对于未来我国 NBIC 会聚技术法律体系的建构将在后续的研究中展开探讨。同时，也希望本书对 NBIC 会聚技术立法的伦理选择的研究能为完善我国法律体系发挥出积极作用，并促进我国在新一轮技术革命中把握时机，实现中华民族伟大复兴的中国梦。

第四章

NBIC 会聚技术的认识论问题

对技术进行认识论研究,关乎技术的产生、发展及其规律的理论研究。因而,受技术哲学历史发展必然诉求的影响,技术认识论研究应与当前技术进步趋向同步发展。然而,自 2001 年"会聚技术"概念首次提出至今,科学界、技术领域、哲学家们仅仅探求着其内在的发展动向、外在的适用条件及对其他领域的影响作用,在认识论的系统研究中却鲜有 NBIC 会聚技术的出现,因而在 NBIC 会聚技术全球化的发展背景下,对其进行认识论的探究即成为至关重要的研究课题。"技术哲学研究纲领的缺失主要表现在三个方面:(1)研究主题过多强调技术价值论、忽视技术认识论和技术本体论。传统技术哲学关注较多的是技术的使用,而技术本身的设计、制造、生产、工程等则经常游离于技术哲学家的视野之外。(2)研究方法过多强调外部规范性、忽视内部描述性。因而把技术当作一个'黑箱',当作一个不变的整体,外部的伦理规范(应怎样)约定较多,而内部的经验则描述(是怎样)不足。(3)在研究的理论内核中,缺乏技术哲学基本问题的明晰性与一致性,这样就难以形成集中于中心问题的内聚性理论,存在着连续性的悖谬。"[①]因而对其进行认识论研究,将完善 NBIC 会聚技术的哲学理论框架,并为未来 NBIC 会聚技术的综合性哲学研究起到关键性作用。

从理论上说,技术对人们日常生活、社会变革、生态环境有着深远影响,因而对 NBIC 会聚技术的哲学研究显得尤为重要。尽管它不能直接给出 NBIC 会聚技术发展所应解决问题的答案,但是却可以积极参与到 NBIC 会聚技术的设计、开发、应用环节之中,指导 NBIC 会聚技术今后的发展。会聚技术是需要在哲学研究反思下进一步发展的,而再对其进行认识论解读,将进一步厘清 NBIC 会聚技术所涉及的认识论。NBIC 会聚技术的认识

---

① 陈凡,成素梅. 技术哲学的建制化及其走向——陈凡教授学术访谈. 哲学分析,2014,5(4):161.

论研究或可视为 NBIC 会聚技术发展领域研究的新途径、新范式、新视域。此外，通过对其进行认识论研究可将 NBIC 会聚技术的发展动向予以把握，从而促使 NBIC 会聚技术提高人类能力、改善生活环境、促进社会进步。最后，NBIC 会聚技术的认识论研究也将成为解决 NBIC 会聚技术所带来的社会伦理与法律问题的一种新尝试。

从实践上说，通过对 NBIC 会聚技术认识论的研究将充分把握 NBIC 会聚技术的影响范畴与应用情况，从而进一步建构出 NBIC 会聚技术的哲学体系。这不仅能捕捉到 NBIC 会聚技术发展的规律，也必然在规律的指导下因势利导，推动 NBIC 会聚技术的全面发展。同时，认识论在技术哲学中处于中心地位，因而研究最前沿高新技术的认识论，也是技术哲学发展的驱动性。当下人类、社会以至国家层面，都与 NBIC 会聚技术发展息息相关。通过对 NBIC 会聚技术认识论的探索，希冀发挥认识论研究对 NBIC 会聚技术的影响和发展的指导功能，从而有利于全面促进 NBIC 会聚技术研究与创新发展，加强技术与哲学的相互沟通与交融，进一步推进技术和社会的协同进步。就认识论本身而言，系统而深入地研究 NBIC 会聚技术，更能使其在 NBIC 会聚技术的基础上构建出精细化、具身化、系统化的理论框架。这不仅有利于探究出高新技术发展的运行规律，也能通过此发展认识论。

第一节　技术认识论相关理论

诚如众多学者对 NBIC 会聚技术的积极作用评价一样，它在纳米、生物、信息及认知的技术综合将可能成为人类伟大变革的推进器。为了充分论证 NBIC 会聚技术的认识论，厘清技术认识论的相关理论就显得尤为重要。技术认识论将人类对技术活动及产生结果作为研究对象，在认识过程中，就要充分明确技术认识主体、客体、中介及主客体间关系。

一、技术认识主体

技术认识主体通常是指从事一定技术活动的人[1]。伴随着人类历史时

---

[1] 李永红. 技术认识论探究——关于技术的现代反思. 上海：复旦大学博士学位论文，2007：72.

期的演变，技术逐步步入系统性的发展路径，技术认识主体也由单纯个体的人，逐渐演变为集体。作为技术认识论理论中的重要一员，技术认识主体往往具有主动性与自发性，并在认识实践中借助中介对客体予以能动反应。尽管认识主体与客体在一定条件下可以转换，但是二者仍处于相互对立的立场。

同时，在技术认识的整个过程中，技术以技术主体的技术行为为指导，展开对客体的认识，因此，无主体参与的技术是不能完成技术认识活动的。这不仅反映出认识主体的重要性，而且也体现出认识主体的能动性。

在进入高新技术发展的大背景下，NBIC 会聚技术将主动参与到人类的认识活动中来，导致技术认识主体的转变不仅仅体现在主体的群体性增强，而且主体自身也开始进行分化，逐步展现其社会化的一面。利用纳米技术与认知科学、信息技术的聚合，在人脑这一认识主体中进行关联，其人类主体自身同体外主体不断分化，就会利于主体的功能性发挥，更利于所扩展、连接的主要工具为主体担负责任，认识事物。换言之，NBIC 会聚技术能够延伸人类认识主体的大脑与相应的感官的功能性，并在 NBIC 会聚技术的认识论中使认识主体高度分化并显示出其社会化的特性，从而也改变了认识主体的结构，提升了技术的主体地位。

二、技术认识客体

技术认识客体是借助技术活动而认识的对象，在传统的认识过程中，它往往是被动的一方。而作为被认识的对象，认识客体是在满足了人类发展时期的需要与目的后，通过多种技术手段变革自然界与人类社会，从而创造出的事物、状态与过程。因此，技术不仅是技术认识的最终结果，也充当着人类与社会发展的载体，并以独特的力量介入人类文明，最终改造现实世界。

NBIC 会聚技术改变认识主体的同时也在逐步影响着认识客体的变化。在 NBIC 会聚技术影响下的认识客体能够主动承担起认识的"责任"，主动参与到认识过程中，并协助认识主体弥补不足、强化认识，甚而在认识理解上，为主体的最终决策进行分析、判断。

传统的认识活动是要依赖于人这一认识主体的，认识主体通过接触实在客体，所接收到的信息对感官及大脑刺激后形成了人的认识，在这样的传统认识过程里，认识客体是实在的并能到场参与认识活动的。但是NBIC会聚技术中计算机及其他认识手段充当了认识主体的角色，并部分承接了认识主体的认识功能，那么在这样新的认识主体变化下，认识客体就可以不再是原有实在的物或对象世界，而有可能是虚拟的数字符号等元素，在经过技术的解读后，它也不必完全呈现于主体面前，不必到场。这样的认识客体表达上更自如、连贯，同时展现得也更加形象、逼真。主体沉浸于这样的虚拟的客体世界中，也会带给认识主体不同以往的感受，从而加深认识。

可见，在NBIC会聚技术对认识客体的重新改造过程中，认识客体将有着新颖的特性，不再单纯地被动接受认识，而是以主动的方式参与到认识过程，并为认识主体服务，使认识过程得以完成，认识目的得以达到。

三、技术认识中介

中介是维系认识主体与客体的纽带，在技术认识过程中发挥着至关重要的作用，正是由于中介的协助，认识主体、客体才能自由、通畅地交互，主体才能充分认识客体，并对其予以改造。而认识中介也通过不断融入先进的技术要素，逐渐成为人类发展史中不可替代的认识工具。而有学者认为，认识中介也可以是一种认识方法，它指认识主体在进行技术认识或技术研究活动中所应用的手段、途径和方式的总和。这就将认识中介进行了全面的概括。

以往的认识中介，仅仅是以单纯的学科或专业内部先进的技术元素整合而成的工具手段，它在促进人类认识水平上还存在着缺陷。例如，最初的显微镜与望远镜这两个认识工具，它们能分别在微观领域中发现细胞的变化，在宏观领域中捕捉星星的轨迹。然而，这些认识中介在功能性上略显单一，并且不能给予人类更多、更全面的认识客体信息。因而在人类认识需求不断增多的背景下，人们迫切希望认识中介能随着技术的推动而不断改良、更新。

NBIC会聚技术就为认识中介带来了更为丰富的劳动手段与生产方式。在信息传递上，信息转换技术与人格信息包技术能实现人脑与计算机之间的直接信息交流和转换[①]；而在提高人类认识能力上，向人类机体植入芯

---

① 何传启. 第六次科技革命的战略机遇. 北京：科学出版社，2011.

片与创造人工大脑更弥补了人类认识事物、感知事物的不足,同时增强了人类对事物的全面、系统、综合的认识能力;而为了认识更多的未知领域,NBIC 会聚技术也将创设出新的虚拟空间,并使主体在此空间中沉浸,以获得多重形象的感受,逐步认识未知领域。此外,NBIC 会聚技术不仅丰富了认识中介的种类,提升了认识中介的认识功能,而且其综合学科、专业领域的研究方法也有利于认识主体认识的全面化、综合化和系统化。这也将为人类认识活动书写新的一页。

四、主客体间关系

技术认识的核心之一是主体与客体的关系[①],在技术要素的参与下,两者都会进一步分化,而在认识过程中,主客体的相互作用往往使认识主体与客体的界限模糊,从而产生了两种交互关系。一种是认识主体客体化,另一种则是认识客体主体化,那么这样的主客体相互作用所产生的关系在 NBIC 会聚技术的影响下,又会产生怎样的结果呢?

从认识主体客体化的关系上看,认识主体通过头脑这一思维基础的器官,对要完成的事物加以设计,并形成构思,经过对构思的反复思考,最终形成了设计图、草稿等思维物化的模式,由此,再将其运用于创造事物,那么这样的认识主体就不断外化,并具有客体化特征。而人类通过对 NBIC 会聚技术的深入理解,为了达到人类生产、生活的发展要求,不断在主体思维领域中融入最新的技术设计方案,以便在 NBIC 会聚技术的研发、应用过程中设计出更贴近生活实际、更符合人性的技术产品。同时,为了规避会聚技术所带来的技术风险、生态失衡、伦理危机等社会难题,在设计者、立法者、消费者的脑海中都会对 NBIC 会聚技术的设计融合自我的思想,这样 NBIC 会聚技术的创造就会有认识主体的指导,即主体客体化在 NBIC 会聚技术上得以充分展现,从而有利于 NBIC 会聚技术始终朝着为人类谋福祉的方向发展。

而从认识客体主体化的关系上看,认识客体也会逐步融入主体中,参与主体思维的运作、计算、决策等方面,同时认识客体能在这样的参与下了解主体的思维,并做出反应,以方便人类主体的生活、生产需要,这样认识客体就不断内化,并具有了主体性特征。NBIC 会聚技术将利用人-机

[①] 吕乃基. 大数据与认识论. 中国软科学, 2014,(9): 34-45.

交互等先进技术帮助人类运行思维、传递信息，并将一种全新的方法应用于计算机设计和接口设置（如放弃键盘和鼠标），从而允许人类使用所有种类的传感器和诸如听觉、触觉、视觉和手势的认知能力。视觉化作为人类-IT 互动的主要形式，它还是对分析数据的表征的主要模式。而且 NBIC 会聚技术还将借助向人类体内植入电子器件与芯片的形式，替代原有受损或失去的神经细胞，替代身体的某类感官，从而弥补残障人士的身体缺陷，强化人类的认识能力。在 NBIC 会聚技术的推动下，不仅扩展了认识主体的感觉和认知能力，还培养受 NBIC 会聚技术启发的公众、科学家、工程师和公共政策制定者。而且所开发的多模式的输入和输出接口，提高了人类处理和分析信息的能力，覆盖所有类型的空间信息，还有利于排除迅速加深的数字鸿沟。这也将促进认识客体协助认识主体有效分析、解决棘手的自然、社会难题。

第二节　辩证视域下 NBIC 会聚技术的属性

NBIC 会聚技术自产生以来，备受学术界的关注，这不仅是因为其自身具有重大的研究价值与光明的发展前景，也是因为其本身具有的多重属性。因而，就辩证的角度对其加以分析与研究，会发现 NBIC 会聚技术所具有的显著双重性。

一、技术从分散走向整合

作为现代技术发展的必然趋势，NBIC 会聚技术的综合与协同发生于纳米尺度，在这个尺度上物质材料的基础被建立起来。自技术革命以来，科学技术专门化推动着人类社会、历史进程的飞速发展。而今，通过跨多种尺度、维度和数据形态的分级结构整合自然科学与社会科学将是一种进化的必然。

这四门技术本身其实已经是交叉学科，以认知科学为例，它是研究人类感知和思维信息处理过程的科学，包括从感觉的输入到复杂问题求解、从人类个体到人类社会的智能活动，以及人类智能和机器智能的性质。研究内容包括知觉、学习、记忆、推理、语言理解、注意、情感和统称为意识的高级心理现象。它涉及生物学、心理学、细胞学、脑科学、遗传学、神经科学、语言学、逻辑学、信息科学、人工智能、数学、人类学等多个领域，是多学科交叉研究发展的领域，也是当今最活跃的研究领域之一。

NBIC 会聚技术不仅体现出技术在学科、专业上的整合，而且也体现出社会上不同资源、要素的整合。这主要体现在五大合作体上：其一是 NBIC 会聚技术涉及四门学科的科学家之间的密切合作；其二是为技术进行监管而进行的预测与规约，技术专家、伦理学家、政策分析家以及政策制定者的密切合作；其三是 NBIC 会聚技术要造福于人类，因而密切关注 NBIC 会聚技术可能给人类、社会、经济带来影响冲击的各种组织的密切合作；其四是技术终归要推动生产力，提高经济与社会、文化等事业的发展，由此产业界、学术界、政府三者的密切合作；其五是 NBIC 会聚技术的影响与波及范围将会扩展至全人类，所以国家和地区之间在科技领域、学术专业、人才交流等方面将展开的密切合作。

由此，从技术所涉及的学科、专业、社会上诸多要素、资源等方面来看，NBIC 会聚技术是一个由分散走向整合的技术群体，也可以称其为一个技术系统，内部是协同作用，相互影响。

二、技术具有正负双效用

NBIC 会聚技术为人类未来发展勾画出一幅美好愿景画卷的同时，也在挑战着人类的道德、社会、法律、文化底线，这也就说明了 NBIC 会聚技术自身所具有的正负双效用。

从正面效用讲，NBIC 会聚技术的出发点即目的是好的，它通过聚合四大科技提高人类能力，包括人类的认知、交际能力，健康和机体功能，并巩固群体发展与社会成果，保障国家安全。这样的初衷确实是正面效用，而在实际应用中，科学家与工程师也会恪守职业操守和伦理道德，为人类的发展提供保障。例如，NBIC 会聚技术中的基因工程。基因工程制品是对进化过程的人工干预，是对进化物的非自然修饰，或自然进化的人工化、设计化、工程化等。因此，在基因工程中，人工建构充当了自然生成的角色，使得"每一个变异都不必再由自然来细查，人类将亲自动手选择，'兴利除弊'"①。

基于基因技术"兴利除弊"的特点，科学家开始把基因技术应用在植物嫁接上。这样既可以抵御虫害，也可以人为干预使某些植物具有耐寒、耐旱等基因属性，从而为人类农产品增收带来福音。

然而，基因技术还在不断地发展。在 NBIC 会聚技术领域中，科学家可以掌握进化过程部分，使物种发生合乎我们需要的变异或"进化"。在 NBIC 会聚技术提高人类能力上，就有科学家通过基因工程的修饰，在一个物种的基因组上"拼接"其他物种的功能基因，在一定程度上实现远缘物种之间的人工组合。这样的"修饰"也逐渐应用到人类基因上。通过对人类基因图谱的解读，找到人类基因的缺陷，从而重新移植其他优质基因进行修复，这样一个身体、精神或心理出现某些基因变异而带来的疾病等将能被治愈。理论上，这样的基因修复或许真的能对人类机体产生积极影响，提升人类的总体素质。但我们不得不要考虑到这样的基因修复在人类道德上是否真的可行。NBIC 会聚技术将会撼动传统道德谱系，引发道德秩序混乱，并列举智慧、勇敢等"优秀基因"的修补术从而颠覆传统道德品质②。

这便是 NBIC 会聚技术应用的负面效应之一。它不仅在伦理上向人类提出挑战，对社会、文化与法律也给予了沉重一击。这些都再次表明，针对技术上负载的正负效用，人类正通过法律制度、伦理道德等手段对 NBIC 会聚技术加以监管，以谋求发展技术的同时能兴利除弊，为人类的未来带来有利影响，减少技术弊端，消减技术异化。

三、技术承载的美学价值

在美学的视域中，技术同样也是一个主要的研究对象，它同样承载着美学价值，NBIC 会聚技术也不例外。那么，在深入研究 NBIC 会聚技术所承载的美学价值之前，对技术美的定义与内涵的考察就显得尤为重要。广义地说，技术美属于社会美的范围，是社会美的一个特殊的领域，各种工

---

① 大卫·布林尼. 进化论. 李阳译. 上海：生活·读书·新知三联书店，2003：189.
② 陈万球，贺冰心. 会聚技术的发展及其伦理规约机制. 伦理学研究，2013，(4)：74-77.

业产品以及人的整个生存环境的美。而狭义地说,技术美,就是在大工业的时代条件下,在产品生产中,把实用的要求和审美的要求统一起来①。

而 NBIC 会聚技术会承载哪些美学价值呢?

首先,NBIC 会聚技术具有真的价值。拉丁格言有这么一句话,"美是真理的光辉"。因此,科学技术的真是美的,或者换言之,对美的追求可以引导科学家不断地探求真理。正如英国科学家詹姆斯·W. 麦卡里斯特(James W. McAllister)所言:"现代科学最引人注目的特征之一就是许多科学家都相信他们的审美感觉能够引导他们达到真理。"[2]NBIC 会聚技术无论是在应用前对科学世界的探索,还是在应用过程中求得最终答案,都能体现出科学家不断完善科学研究,以求得真理的科学精神。

其次,NBIC 会聚技术富有理智美的价值。可以说技术发展是依据人的需求,因而带有选择性,并更多体现在人类的主观能动性上。它根据人的自身需要,依照自然规律为人类服务。NBIC 会聚技术的最终目的就是"提高人类能力",这使得 NBIC 会聚技术本身诉诸理智,因而它体现出一种理智美。同时,NBIC 会聚技术在应用前,会接受来自科学家、工程师的严格"把关",法律制定者、监管者的"监督",以及民众伦理道德的"反馈",这样的技术应用将会更为理智,并为人类未来所用。

最后,NBIC 会聚技术具有功能美的价值。自工业时代苏利约倡导"功能主义"起,实用与美的融合就成为技术的一个主要特征。NBIC 会聚技术虽是四大主要科技的会聚,但归根到底它仍是技术,是技术就有着技术美。但技术美与艺术美不同,相比于艺术美,它不能撇开产品的实用功能去追求纯粹的精神享受,它必须把物质与精神、功能与审美有机地统一起来③。同时,对于功能美而言,NBIC 会聚技术给人的愉悦是一种复合体,其中有生理快感、有美感,还有某种精神快感。一般说来,NBIC 会聚技术所生产的产品具有的技术含量越高,其形式美的要求也就越高。

综上,NBIC 会聚技术与众多技术一样,也承载着美学价值,并在美学价值的基础上综合而全面地体现出高新技术群的魅力所在。

---

① 叶朗. 美学原理. 北京:北京大学出版社,2009:304.
② 詹姆斯·W. 麦卡里斯特. 美与科学革命. 李为译. 长春:吉林人民出版社,2000:108.
③ 叶朗. 美学原理. 北京:北京大学出版社,2009:308.

第三节　NBIC 会聚技术与认识主体

作为一门新兴的高科技，NBIC 会聚技术对认识论的发展有着举足轻重的影响力。而同时技术认识论研究又是技术哲学历史发展的必然诉求。因而，对 NBIC 会聚技术进行认识论的研究既是我们科学研究的一项重要课题，也是我们深入了解 NBIC 会聚技术及其哲学的主要研究视域。本节将从 NBIC 会聚技术与认识主体关系展开深入探析。

一、NBIC 会聚技术是一种新型的认识技术

在 NBIC 会聚技术中，认知科学占有一席之地，它的主要目标就是要创造人工神经网络并破解人类心智奥秘。研究者也在《聚合四大科技，提高人类能力：纳米技术、生物技术、信息技术和认知科学》中提出，对"人类认知组计划"给予特别优先地位，以便理解人类心智结构、功能，并增进人类心智[①]。因而，通过对 NBIC 会聚技术所涵盖的主要研究目标及其主要专业领域推断，NBIC 会聚技术也可称为一种新型的认识技术。

1. 技术的进步与人类的认识发展

技术的进步同人类认识的发展相辅相成、密不可分，二者的关系体现了人与世界、精神与物质之间的一种辩证的关系。一方面，技术是人类认识的产物。为人类认识世界提供了主要工具，开拓了认识世界的视野，丰富了认识资源。技术的发明与发展，都灌注了人的意图，并具有人类自己的思想。人类之所以不断改进技术，也是因为让技术更适合于人类自身的发展，达到人类的目的。因为制造和使用工具灌注了人的意图（目的性），表明人具有自己的思想。由此，技术的发明，体现了人类的思维特征，这不仅帮助人类认识世界，而且有利于人类改造世界。技术进步和人类认识

---

① Roco M C, Bainbridge W S. Converging Technologies for Improving Human Performance. Dordrecht: Springer, 2003.

的发展呈正相关，技术伴随人类的认知能力的发展得以进步，同时，人类认知水平越高，对事物的认识越深入，技术的水平就越高，功能就越全面和强大。例如，伽利略的天文望远镜，就成为后来人们观察天体，得出"日心说"等结论的有效工具，进一步为人类了解宇宙这一宏观世界创设了条件。相比于宏观世界的宇宙，在微观世界中，显微镜的发明将人类带入微观领域，促进了医疗事业，更促使人类深入了解自己。

另一方面，技术的进步促进认识的发展。人对技术可能世界的设计是人的认识能力的一种展示，人的认识能力的至上性使得人对未来技术发展的设想可以是无限深远的，人对技术能为自己做些什么难以找到具体的限度，任何具体的技术可能世界都不可能是技术发展的终极状态[1]。正因为此，技术与人的认知水平是相辅相成的关系，技术的发展推动了人类认识水平与能力的提升，同时也正是由人类认知水平能力的提升而不断改进技术，以适应人类的认知水平与能力。技术作为人类认识的中介，在认识活动中如果没有认识中介，或者在认识的过程中无法转化它的话，物质世界对于人来说，可能还是毫无意义的。因此，通过技术，我们可以将思想得以体现，并就此延伸思维理念，将自己的思想投射到客观世界，把我们的理论扩展至宏观世界的任意地方，波及微观世界的每一个角落。在技术的帮助下，我们可以按照自己的思维认识改造世界。

因此，技术是人类认知的产物，也是提升人类认识水平的工具，同时，人类的认知和人类本身也是技术不断进化的结果。技术发展变革着人类的认识方式与手段。人类从最初的眼、耳、鼻、口、皮肤、手等基本的身体感觉器官认识世界，在技术的发展背景下，技术逐渐发生改变，并变革着人类的认识方式与手段。例如，人工大脑——将成为发现的工具，特别是当电脑能够更接近地模拟实际的大脑时。人类为更好地影响和服务自身，其意识面貌将可能转移到机器上。对此，科学家认为，这将是革命性的。

2. 认识技术的发展

认识技术是指向人类的内在心灵与思想的技术，其目的在于提升我们的认识能力，提高我们的认识水平，从而增长我们的知识，为人类改造世界提供理论基础。一般说来，认识技术的发展往往还与一般技术的增长紧密地结合在一起，而且在一定程度上，一般技术的发展都归功于认识技术，归功于

---

[1] 肖峰. 哲学视域中的技术. 北京：人民出版社，2007：290-291.

认识技术所引起的人类认知水平和能力的增长而引起的知识的不断扩展[①]。

提高认知能力的技术，可划分两类。第一类是感知技术，这类技术以显微镜、望远镜，以及现今的影像技术（如摄影、摄像等）等为代表。其主要作用是可以拓展人类的感知经验区域，这也是我们获得认识的初步经验。在科技史中，以望远镜、显微镜等为代表的认识技术的产生与发展，促使近代科学革命取得重大成功。哥白尼"日心说"的确立得益于望远镜的发明。望远镜将人类与天体的认识距离不断拉近，并可以对天体进行全面、细致的观察，开展建设性的研究。同时，从某种程度上看，望远镜也变革了人类看待事物的主要方式，它将人类放大至宇宙的尺度，使人类能充分发挥眼、脑等认知器官的作用，全面认识宇宙。因而，作为认识技术的望远镜，其发明不仅给亚里士多德有关天生感官得到知识与人造工具得到知识冲突的论证带来了强有力的冲击，而且也协助伽利略打破了"无中介观察"优越性的理论。由此，望远镜这一重要的认识技术推动了近代科学革命的发展，也极大地拓宽了人的认知范围，更增强了人的认知能力。

第二类是智能技术，有关于如何将人类大脑的内在功能外化的认识技术。人类希冀利用某种技术方法促使人类大脑在精神劳动中得以解放。计算机的发明成为人类历史上的重要工具，它就是一种将人类大脑功能外化的技术。它不仅可以协助人类进行思维运算，而且在信息技术普及的今天，计算机还为人类勘探海底世界、探索宇宙空间、揭秘微观生物与人类基因技术做出了重要贡献。不同于感知技术为人类带来的自然经验，智能技术为人类认识活动创造的是人工经验，这不仅将放大我们内在的智能本身，而且将推动人类知识的增长。目前，人类已经开发出一些会思考的机器，并让它们掌握了一些特定的技巧，如下国际象棋。但是，广义上的人工智能还远没有实现，未来植入体内的电子器件，有可能替代失去的或受损的神经细胞，从而实现同样的神经功能。例如，让失忆症患者重新恢复记忆，让盲人重见光明，让残疾人重新恢复行动能力等[②]。

3. NBIC 会聚技术的认识特点

NBIC 会聚技术与以往的单一技术群体有所不同，无论是从概念、内涵还是从其表现的基本特征上都明显有别于单一的技术。那么，在 NBIC

[①] 胡小安. 虚拟技术若干哲学问题研究. 武汉：武汉大学博士学位论文，2006：107.
[②] National Academy of Engineering. Introduction to the Grand Challenges for Engineering. http://www.engineering challenges.org/cms/8996/9221.aspx[2011-04-20].

会聚技术中扮演着重要角色的"认知科学",将会给 NBIC 会聚技术带来哪些不同的认识特点呢?

首先是交互性。NBIC 会聚技术作为新型认识工具,其认识特点是交互性。所谓交互性,指参与者对外界环境(包括虚拟环境)下的物体可操作程度以及从外界环境中获取反馈的自然程度。它冲破了传统的技术障碍,以互动的形式实现人脑功能的外在化。NBIC 会聚技术将在人-机交互、人工大脑等技术应用中推动主客体间的交互程度达到空前的水平。

其次是体验性。NBIC 会聚技术是综合集成技术群体,在技术层面上为认识主体创造了人工信息环境,从而给认识主体一种身临其境的体验,同时这种体验将成为认识主体在虚拟环境中认识客体的先决条件,这样主客体之间的界限不再泾渭分明,而是模糊不清。大多数哲学家认为,通过必然失真的透镜,如符号等的产品和装备,人们能更全面地认识世界。

最后是会聚性。由于 NBIC 会聚技术能将四大主要科技手段进行集成与融合,在技术层面上更突显出技术的综合功能与多重特性,这也将发挥各类技术的主要优势,在 NBIC 会聚技术的综合运用下,认识能力体现得淋漓尽致,更利于达成最终的预期目标。E. 加西亚-里尔认为,纳米技术会推进认知科学的发展;纳米技术的应用能帮助人们提高注意力和判断力,使得人类能力的空前发展成为可能[1]。

二、NBIC 会聚技术与主体认识能力的提高

时代更新与 NBIC 会聚技术的发展为认识主体提供了一个提升认识能力与创新能力的良机。作为主体认识的新型工具,NBIC 会聚技术汇集了行为中介与语言符号中介系统的优点,可谓在人类认识中介史上树立了新的里程碑。NBIC 会聚技术极大地提高了主体认识的能力,其中包括增强主体感知能力、变革主体认识结构、提高认识主体的调节与控制认识活动能力、改变主体信息获取方式以及增强主体认识能动性与创造性。

1. NBIC 会聚技术与主体感知能力的增强

早期,人类通过自身的感觉器官,借助视觉、听觉、味觉、触觉对客

---

[1] 罗科, 班布里奇. 聚合四大科技, 提高人类能力: 纳米技术、生物技术、信息技术和认知科学. 蔡曙山, 王志栋, 周允程等译. 北京: 清华大学出版社, 2010: 266.

观事物进行感知，感知到的信息经由神经系统反馈至大脑皮层，使人类真切感知到客观世界。然而，今天在 NBIC 会聚技术的帮助下，特别是在增强个体的心智和互动能力的技术突破下，人类的感知能力提升到新的高度。

对于认识主体感知能力的提升大体有这样两类方式。

其一，针对原有在主体感知能力上存在的缺陷，或者在主体上根本不具有某一类感知能力而加以改善。即对盲人、聋哑人等的感知能力的恢复与提高。例如，罗科与班布里奇就设想通过与人类神经系统的连接，扩充脑-脑、脑-机交互，为视力和听力障碍人群提供多模式平台，提供为训练设计和造型设计的、不受距离和物理尺度限制的、虚拟的工作环境[1]。在卢密斯的《感知复位和感知替代：对未来的总览和预见》中还介绍了"感知复位"和"感知替代"。感知替代的目标是用新技术替代部分受损或者完全受损的感觉器官发生作用[2]。感知替代甚至适用于脑皮层损害而失去感知的患者。NBIC 会聚技术还将快速发展人类基因组计划，并在未来成功解释人类心智的结构和功能，揭开它的内在奥秘，创造出增强人类感觉能力的技术设备。

其二，针对原有在主体感知能力上不存在缺陷而继续提升。感官可以帮助我们提取世界上的信息，与其他人交换信息，在大脑中编码相关信息。有时一个物种的物理的、认知的、社会的进化使得一个旧的感受器以新的方式进行使用。像嵌入分布式系统和传感器将会因为我们对人类感知和分析行为以及技巧的根本理解得到增强，这些方面的理解包括：听觉与可视化场景分析[3]；对行为的视觉控制[4]；多模态性，包括视觉、听觉、姿势以及触觉等感觉与操作[5]；空间认知[6]；语言分析，包括基于统计自然语言处

---

[1] 罗科，班布里奇. 聚合四大科技，提高人类能力：纳米技术、生物技术、信息技术和认知科学. 蔡曙山，王志栋，周允程等译. 北京：清华大学出版社，2010：23.

[2] 罗科，班布里奇. 聚合四大科技，提高人类能力：纳米技术、生物技术、信息技术和认知科学. 蔡曙山，王志栋，周允程等译. 北京：清华大学出版社，2010：249.

[3] Bregman A S. Auditory Scene Analysis. Cambridge: MIT Press, 1994.

[4] Loomis J M, Beall A C. Visually controlled locomotion: Its dependence on optic flow three-dimensional space perception, and cognition. Ecological Psychology, 1998, 10: 271-285.

[5] Cassel J, Sullivan J, Prevost S, et al. Embodied Conversational Agents. Cambridge: MIT Press, 2000.

[6] Golledge R G, Ivry R B, Mangun G R. Cognitive Mapping and Other Spatial Processes. Baltimore: John Hopkins University Press, 1998.

理和分析[1]；语言的使用[2]。同时，人-机模式、人工大脑等都会将主体的感知能力提升到新的高度。

2. NBIC 会聚技术变革了主体认识结构

认识是主体对客体的反映。但认识并非表现为客观世界是什么模样，它就是什么模样。认识是对客观世界及外在环境的摹写和改造，由于最终的认识渗透了主体认识结构，因而主体认识结构将对相同认识对象有着差异性表现。人的认识结构涉及人的不同认知方式、理性的思维模式，同时也包括对其情感、价值观、意志、审美等多重精神要素[3]。因此，主体认识结构的差异性将会逐渐拉大。NBIC 会聚技术关于结构和功能的知识以及对人类心智官能障碍的认知将为人类提供新的增强方式[4]，并变革主体认识结构。

起初,主体的认识结构仅仅是单纯的人,抑或称之为有机的认知结构。但是随着 NBIC 会聚技术的产生与发展，人工大脑、人-机交互等技术的出现将变革主体认知结构，即有机的认知主体结构向无机的认知主体结构转变。NBIC 会聚技术下的人工大脑、人-机交互等技术将逻辑、程序、规则替代了原有的主体认知结构。通过编定、设置好程序对客观事物做出感知、判断与处理，其主要的运算、传感及做出的反应都是预先设置好的程序规则，而非人的感知。而人工大脑、人-机交互等 NBIC 会聚技术的功能相异也会产生不同的主体认知结构，并得出相异的认知结果。可以这样推断，NBIC 会聚技术的产生与发展创造出综合的主体认知结构，变革了原有有机的主体认知结构，无机主体结构的出现将会使人类认识发展推向新高度。

3. NBIC 会聚技术提高了主体调节与控制认识活动的能力

NBIC 会聚技术能够使认识主体的调节与控制认识活动的能力得以强化。2011 年 12 月，美国国际商业机器公司（IBM）发布年度报告说，五大创新

---

[1] Manning C D, Schutze H. Foundations of Statistical Natural Language Processing. Cambridge: MIT Press, 1999.
[2] Clark H H. Using Language. Cambridge: Cambridge University Press, 1996.
[3] 胡心智. 论信息技术对认识主体和客体的影响. 科学技术与辩证法, 2003, 20(1): 62-64.
[4] Smye S, Orpwood R, Malot H A, et al. Mimicking the brain. Physics World, 2002, 15(2): 27-31.

可望在未来 5 年内为人类生活带来较大改变，其中包括神奇读心术[①]。IBM 的科学家通过信息技术、生物技术与认知科学的融合，将研究出连接人类大脑与电子设备的"连接器"。而生物信息领域科学家早已设计出一种具备更为先进传感器的耳机，以接收脑电波，"解读"其行动指令，从而识别出人类呈现出的面部表情以及精神集中程度，甚至在人们还未采取物理行动前就已经洞悉其想法，这一"预言家"的技术发明将会在未来应用在娱乐产业中。

而在同一年，美国加利福尼亚大学伯克利分校的肯德里克·凯伊大胆地预测了在 2030 年之前读心术的出现时间。类似读心术的技术，将有效应用于中风和瘫痪患者[②]。该技术将在患者大脑中植入芯片，并将芯片与电脑终端连接，使患者可以借助芯片，利用意念编辑各类信息，从而表达出个人意愿与思想。肯德里克·凯伊认为，在患者头脑中的众多图像中，识别并判断有效图像信息将会提升对大脑活动检测的程度，并使得还原建构有效图像成为可能[③]。当我们还原了人类大脑的思维活动时，对于主体的调节与控制认知活动的能力将会有着更大的发展。同时，还有学者预测通过 NBIC 会聚技术扩充我们对主体的调节与控制能力，利用个体的遗传天性在论断学和治疗学上掀开革命性的一页[④]。

4. NBIC 会聚技术改变了主体信息获取方式

在人-机交互、智能人工、多网融合与个性化需求等多元化手段的推动下，NBIC 会聚技术在改变人类信息获取方式以及获取信息的来源。

Y. 巴-亚姆认为，人类大脑常常被看作是典范的复杂系统。这意味着认知功能是分布在大脑各处的，而机制则因人而异。完全且准确解释认识功能本身非常复杂。目前，认知科学上的重大进展因为需要结合各方的努力，一方面需要解释直接来自个体分子和细胞成分的行为的认知功能，另一方面还要总计或平均不同人类的认知机制。由此揭开人类主体认知信息

---

① 冯中豪. IBM 展示 5 大创新科技：读心术不再是幻想. 新京报，2011-12-15.
② 何传启. 第六次科技革命的"核心专利争夺"已悄然展开——2011 年以来第六次科技革命的十种前兆. 世界科技研究与发展，2012.34（4）：356.
③ 何传启. 第六次科技革命的战略机遇（第 2 版）. 北京：清华大学出版社，2012：90-91.
④ 罗科，班布里奇. 聚合四大科技，提高人类能力：纳米技术、生物技术、信息技术和认知科学. 蔡曙山，王志栋，周允程等译. 北京：清华大学出版社，2010：274.

的路径后，将改变原有的信息获取方式，以便提高综合认识能力。

随着NBIC会聚技术的不断发展，人-机交互形态将以人作为此形态的核心：首先，实现人、机和物的三元世界交互；其次，实现"脑-机连接"并得到普及；最后，人的精神世界将可停留在网络的世界[①]。NBIC会聚技术不仅改良人-机交互形态，还进一步改变主体信息获取的方式，在人工智能上也体现了这样的优势。计算机在未来角色有着重大的转变，它不仅拘泥于传统的运算等功能，而且将拥有人类的思维与推理功能，并帮助人类思考，成为人类的主要帮手。这样，人类可以借助于各类形式将需要完成的研究的主要思想传输到计算机内，它将自动寻找相应的研究资料，并根据人类需求筛选资料内容，择取主要研究观点提供给人类。此外，在NBIC会聚技术的推动下，"用意念写微博"[②]"思维读取软件"[③]等新颖的主体信息获取形式也将成为现实。而NBIC会聚技术研究人员正思考引导着人和人工大脑之间下一级别的互联，这将为认知能力的提高提供一条潜在的途径。

5. NBIC会聚技术增强了主体认识的创造性

NBIC会聚技术会增强主体认识的创造性。在未来，以计算机为主的高级运算机器将可能作为认识主体的一部分，并具有人的部分思维能力，甚至在某种条件设定下，机器思维或将超过人类，由此将强化主体认识的能动性与创造性。

然而，很多学者却认定由于人制造了机器，那么机器将完全处于被动状态，没有任何主观能动性。因而无论应用NBIC会聚技术还是其他相应技术手段，都不能增强主体认识的创造性。针对这一形而上学的绝对化错误，从辩证的角度予以分析，不难发现，就机器的制造情况看，确实是人在先，机器在后，机器是人的思维意识的物化产物，那么它是处于被动状态的。而机器创造后，形成如人-机交互、"电子人"、人工大脑等技术后，它就成为认识主体的一部分，其能动性与创造性就自然而然地发挥出来了。正如马克思所言，科学通过机器的构造驱使那些没有生命的机器肢体有目的地作为自动机来运转。NBIC会聚技术将机器制造与人认识主体进行交

[①] 中国科学空间领域战略研究组. 中国至2050年空间科技发展战略路线图. 北京：科学出版社，2009.
[②] 阿景. 意念写微博传输能瞬间. 信息时报，2009-11-14.
[③] 石剑峰.《时代》评今年50大发明. 东方早报，2011-11-21.

互，协助人进行推理及计算，并依据认识主体思维模式进行思维与处理各类问题。智能机器人还将根据周围环境、突发状况及时反馈，经全面而缜密的分析后选定最佳方案，从而开展准确无误的措施。这样，NBIC 会聚技术所制造的机器不仅可以增强主体认识的能动性与创造性，而且还可以利用这一主要特点，将机器投放于多重高危领域中完成特殊任务。而随着 NBIC 会聚技术的进一步发展与完善，人类将制造更多生物元件的机器人，这些机器人的思维能力将更加强大，对增强主体认识创造性的程度也将无法估量。

综上所述，概述 NBIC 会聚技术的认识特征及其对认识主体的影响，即增强主体感知能力、变革主体认识结构、提高认识主体的调节与控制认识活动的能力、改变主体信息获取方式以及增强主体认识的能动性与创造性。可以推断，NBIC 会聚技术在未来将逐渐提升人类认识主体的综合能力，并有利于其达成人类在日常生产生活中的重要目标。

第四节　NBIC 会聚技术与认识客体

NBIC 会聚技术在影响与改变着认识主体的同时，也在促进着认识客体的重大转变。然而 NBIC 会聚技术对认识主体、认识客体的改变并非存在着一定的先后次序或者轻重缓急，它们二者往往是相互促进、相辅相成的。

一、NBIC 会聚技术使认识客体发生转变

NBIC 会聚技术的应用正逐步改变着认识客体，它在与主体的交互过程中，通过认识的活动逐步消解了认识客体的实在性，并推动了认识客体迈向主体化的进程。

1. 消解了认识客体的实在性

依据传统的认识理念，认识客体是具有客观实在性的，即通常称为真实的客观存在。在认识背景世界中，认识客体是真实存在的，并能够量化为多个个体或整合为一个组织。然而，NBIC 会聚技术却在很大程度上逐

渐消解了认识客体的实在性。它通过利用信息技术与纳米技术等科技的聚合手段，在认识世界的过程中，创造出一个具有虚拟性的认识世界，而所认识的事物就在其中。面对虚拟世界，尽管主体通过沉浸在虚拟世界加深了对认识客体的理解与认识，感知到较为真实而全面的认识世界，并获得了形象生动的客体感知，但是，此时的认识客体却正在被技术消解其客观实在性，而以一种虚拟的数字情境来展示。

不仅如此，认识客体的虚拟性也将不断增加其比例，在未来的认识世界中可能完全替代认识客体的实在性。那么有学者不禁要问，是不是如此虚拟化、不可量化的认识客体在新的认识活动中将不再存在了。其实，虽然它在 NBIC 会聚技术的聚合下消解了部分的实在性，但它却始终存在，只不过在表达认识客体的时候它转变了自己部分属性。有人认为，在认识客体所体现的虚拟并非虚无，也可认为是"虚在"，它只是无形的存在。其所呈现的虚拟空间，是以图像、符号等作为其主要的信息基础的。这些虽然已突破了物质的领域范畴，并消解了其实在性，但是这种转化不会使其属性变革为意识[1]。因此它在信息化的虚拟世界中仍能展现出真实可感的情境，也仍然可以为人所感知、所认识，只不过认识客体所承载的客观实在性被消解了，转变为虚拟性。

2. 推动了认识客体的主体化

NBIC 会聚技术还可以促进认识客体内化为主体的一部分，使其能参与到主体对外在事物的决策，同时也能借此为主体增加对外界及自身的相关认识。国内学者林慧岳教授等就曾通过对人-技术-世界的关系探讨，阐述了技术与人的替代关系[2]。NBIC 会聚技术创造的多种认识技术作为认识中介手段，使认识客体在主体中发挥其认识作用。

NBIC 会聚技术会创设出具有新功能的计算机，情感电脑就是其未来新颖的认识客体。利用情感电脑，人类不仅可以与之交换信息，还可以与之交流情感。其认识客体就具有了与主体类似的功能——情感，同时在交流中，情感电脑还会针对人类目前的情感感受进行变化，例如，它会抚慰悲伤，分享快乐，排解忧虑。NBIC 会聚技术还会将电子芯片植入人体，

---

[1] 胡心智. 论信息技术对认识主体和客体的影响. 科学技术与辩证法, 2003, 20(1): 62-64.
[2] 林慧岳, 夏凡, 陈万球. 现象学视阈下"人-技术-世界"多重关系解析. 东北大学学报（社会科学版）, 2011, 13（5）: 383-387.

将计算机高度的运算能力、丰富的记忆存储与强大的数据处理等能力在人脑中进行应用。使人类面临各种问题时能准确进行初步判断，通过人脑与电脑的合作推理、运算并选择最优的解决方案。尽管认识客体的存在感渐渐被遗忘[①]，但其客体主体化却在不断得以凸显。

其他技术团队也正致力于此方面的研究与发明，"里纳斯和马卡罗夫提出了一个新颖的办法，该办法利用非干预性心血管治疗检测神经元和神经元组的活动，并在此基础上开展双向直接的人人交流与人机远程监控"[②]。这样所达到的目的，不仅便于缓解某些因疾病而导致的交流障碍，而且机器也有效参与到了主体决策，能够将所获取的主体信息向外界发布与交流。这些如情感电脑、人工大脑、人-机交互等手段都会参与到认识主体中，并在相应的条件下协助其进行运算、推理、分析，并可以指导认识主体做出最后的判断与决策。认识客体也在其推动下不断向主体化的趋势演变。

二、NBIC 会聚技术与主体认识领域的拓展

NBIC 会聚技术在四大科技的聚合下，极大地拓展了主体认识的领域。它不仅拓展了主体的认识空间，拓展了人类认识的可能性空间，扩充了人类的认识领域，而且丰富了主体认识的来源。

1. 拓展了主体的认识空间

NBIC 会聚技术创造了人类可以超越现实空间与客观世界，进行创造性的思维活动的认识中介，它是人类对自然和社会生活进行人工仿制和再造的技术手段与方式。

从认识论的视角来看，NBIC 会聚技术所创设的新型信息化中介是人类继运用语言文字符号之后的又一次中介革命，它作为人类认识与思维的工具系统，在信息技术层面上是符号化与数字化方式的中介系统。从性能角度看，NBIC 会聚技术具有可感性与抽象性双重特性。归于技术本身而言，NBIC 会聚技术所创设的是一种由信息化方式构成的人工环境或人工

---

① 肖峰. 哲学视域中的技术. 北京：人民出版社，2007：32.
② 罗科，班布里奇. 聚合四大科技，提高人类能力：纳米技术、生物技术、信息技术和认知科学. 蔡曙山，王志栋，周允程等译. 北京：清华大学出版社，2010：211.

实在，也称为虚拟空间。站在文化的角度看，NBIC 会聚技术是能使人类充分发挥其"信息化的想象力"的自然延伸的认识中介。NBIC 会聚技术所聚合的信息技术是以 0 和 1 为组合单位的比特（bit）数据，并通过纳米科技为基础进行人-机交互等新的认识手段，同时，它还借助基础性计算机自动的信息处理系统，利用知识、图像、信息等作为该中介系统的表述形式，创造了一个非物质性的人工环境。由此，未来主体的认识空间将以符号、信息化进行表示，NBIC 会聚技术拓展了主体空间。

在 NBIC 会聚技术中，信息技术在其他技术的聚合下出现了新的信息元素，这也被学者们形象地称为"信息的 DNA"，它是由传统运算的二进制以及原有处理 0 和 1 的字符转化而来的。在新的信息元素中，NBIC 会聚技术创设了多维的信息环境，并在此环境下，出现了更高层次上的符号化、信息化形式，因而，在这样的多维的信息环境中，人作为认识主体也具有了信息化的本质特性。所以，NBIC 会聚技术创设的多维信息环境，不仅是对客观自然的超越，也是对人自身的思维空间与传统的符号空间的突破和超越。这也将极大扩展或超越现实世界的界限，从而不断拓展人类的思维与认识领域，并在此基础上提高人类的认识能力与水平，以此增强人的实践能力。

2. 拓展了人类认识的可能性空间

作为潜在、尚未实现的东西，可能性的现实化须经历一个复杂的变化发展过程，因而认为它低于现实性，是理所当然的[①]。人类认识自单纯的可能性逐渐转变到广阔的可能性空间，这突显出人类认识活动真正从线性领域步入了多维世界。过去，人类的认识活动紧跟历史步伐，因而人类的认识突出了现实性和必然性。而到了今天，在可能性空间中，人类认识充满了偶然性，使得人类能在认识的王国中得以自由。可能性空间集合了诸多可能性，可以充分表达事物前后相继的关系，也可预测、推断出可能事物的前后相继关系，以此说明其未来发展趋向。

NBIC 会聚技术俨然成为人类认识事物的重要工具，它的出现将再一次为人类认识活动拓展可能性空间。

首先，NBIC 会聚技术能借助纳米科技为其物质基础，通过创设以符号为中介的认识手段，使人们面对虚拟性世界时，发挥丰富的想象力和无

---

① 王天恩. "可能性空间"及其认识和实践意义. 江西社会科学, 1989, (4): 48-52.

穷的智慧来认识世界。将多样性的潜在转化为丰富多样的"现实"，从而把现实性与可能性统一起来。高列吉在《空间认知和聚合技术》中提出，NBIC 会聚技术可以使我们在学习领域获得很多我们现在不能获得的东西：①增加大脑功能和能力的知识；②新的学习域，如浸入式的虚拟环境；③为了可解决空间问题而广泛使用的非视觉经验；④作为增加一种强化学习的方式考察感受器替补方案[①]。

其次，NBIC 会聚技术创设的虚拟世界是可能性与现实性、潜态与显态统一的集中表现。由于 NBIC 会聚技术以纳米技术作为其物质基础，在认知科学、信息技术、生物技术的聚合下，纳米构成的客观世界就包含了事物发展的多种可能性。由此，NBIC 会聚技术将促使潜在性转变为真实性。换句话说，NBIC 会聚技术创设的虚拟世界不一定是现实的，但它确实"真正的存在"。这种"真在"意味着人类认识的可能性空间的拓展，这也大大开阔了人类活动的认识视野。

最后，NBIC 会聚技术创设的多维空间更为真实、生动，这将为人类预测未来及发现真理的认识成果发挥积极作用。人类在活灵活现的多维空间，对客观事物的潜在现实进行预测和判断，使之能提出更接近事实、靠近真理的科学假设。正像卡尔·波普尔所言，能提出一种"真正的猜测"，一种"致力于发现真理的严肃尝试"[②]。

3. 扩充了人类的认识领域

NBIC 会聚技术创造的虚拟空间在人类认识领域的扩充上是空前的。人类的认识将不再单纯受限于一定的时空条件，当人类具备某些现实的经验基础，认识将可以在虚拟条件下进行。即通过 NBIC 会聚技术的虚拟空间，将可复制人类的各种感觉，并创设出"感觉性的存在"（虚拟实在）。人类就可以脱离现实世界进行认识活动，而这样将会有利于人类的认识理解。这样，人类将易于理解在以前被认为是难以理解的事，也能够认识以前被认为是不可能认识的事。从 NBIC 会聚技术发展来看，在以下三方面扩充了人类的认知领域。

其一，人类思维将通过二元数理逻辑进行认识，并可无限放大人类的

---

① 罗科，班布里奇. 聚合四大科技，提高人类能力：纳米技术、生物技术、信息技术和认知科学. 蔡曙山，王志栋，周允程等译. 北京：清华大学出版社，2010：144.
② 卡尔·波普尔. 猜想与反驳——科学知识的增长. 傅季重，纪树立，周昌忠等译. 上海：上海译文出版社，1986：62.

思维方式与能力，突显其认识功能。在 NBIC 会聚技术发展下，人类将可"看到"过去看不见的，"听到"过去听不见的。微观视域中，人类借助纳米、信息技术可观察到人类大脑的基因图谱。斯特朗和班布里奇在《媒母学：一门潜在的新科学》中提出，在 NBIC 会聚技术的帮助下，人类将绘制称为"人类认知遗传计划"的蓝图，从而揭开人类认知基因的秘密[①]。

其二，NBIC 会聚技术正演化为人类认识自然与自身的重要工具。NBIC 会聚技术将纳米作为基础材料，创造出新的纳米世界，它将成为人类新的知识源，扩展了人类认识领域，同时也扩充了人类探索领域。在人类的大脑中想要了解其中的具体构造与机能奥秘并非易事。科学家借助认知过程的实验观测与那些基因表达模式的生化过程的比较，揭示出这些研究大脑的复杂功能的观测技术仍然存在限制。而事实上，NBIC 会聚技术的人-机交互，以及纳米世界的构想将有可能成为揭示这一奥秘的可能。

其三，在 NBIC 会聚技术的虚拟空间与纳米世界中，各知识要素如数据、符号等将得以精确地储存与控制，并能使任何认识主体任意排列组合知识要素，构成其所需的信息。因而，NBIC 会聚技术可以多维地、全面地、动态地、仿真地呈现出现实世界，并对其进行合理的修正与强化，以利于人类在认识现实世界中提取需要的信息。正是由于 NBIC 会聚技术可以创造形象、逼真的立体虚拟世界，同时较于现实有更为活泼、生动、便利的特点，因而人类将把 NBIC 会聚技术作为未来认识世界的主要工具，并运用到认识活动的整个过程中，使认识主体能充分、全面、彻底地认识客体。这也将克服以往认识活动中认识客体的不全面性、不彻底性，对人类认识活动具有重要意义。

4. 丰富了主体认识的来源

NBIC 会聚技术为人类认识世界提供了多重方法与手段，它使人类的感官功能得以延伸，从而使人类获得前所未有的经验方式，为获取经验知识和检验理论提供更为有效的方法。这集中体现在它能使人经历前所未有的体验形式。

人的认识源自两种经验，即现实经验与虚拟经验，通常而言，认识主体是借助主体内在的精神活动（也称为体验活动）获取经验的。这种体验

---

① 罗科，班布里奇. 聚合四大科技，提高人类能力：纳米技术、生物技术、信息技术和认知科学. 蔡曙山，王志栋，周允程等译. 北京：清华大学出版社，2010：383.

活动通常可分为现实体验和虚拟体验。虚拟体验是在 NBIC 会聚技术的技术融合过程中突出其经验作用的结果的。这主要表现在它能利用多重途径创设出虚拟的信息世界。

当认识主体置身于这个虚拟空间时,其会经历一个具体可感、生动形象且富有想象力的体验活动。在 NBIC 会聚技术创设的空间中,认识主体可以在虚拟世界中感受各种体验,既可以让平民百姓在现实与平常中体验非同寻常的经历,也能让年轻人通过其特定的条件进行自我教育,以"试错"的方式得到经验教训,来减少不必要的伤害与危险。

NBIC 会聚技术的发展甚至要使人忘掉自己的真实存在,当然同时也要忘掉技术装置的存在,从而沉浸于虚拟的存在场景之中。这是一种双重的超越,也是真正实现诸如"忘我"之类境界的一种技术方式,而人有时也需要进入这种境界以达到想象中的自由[1]。在虚拟体验中,认识主体的存在将逐渐弱化,并使技术与认识主体相互交融,真正达到认识主体在虚拟环境下的"身临其境"。通过这样的虚拟体验,势必将强化人类对陌生境遇的适应能力,丰富人类的认识,提高人类对外在事物的感知能力。

概言之,NBIC 会聚技术将极大地变革认识客体,并在认识论领域中开创新革命。有学者预测,NBIC 会聚技术以生命科学为基础,融合信息技术和纳米技术,提供解决和满足人类精神生活需要和提高生活质量的最新科技[2],将再一次改写人类在认识论领域的历史篇章。

第五节 NBIC 会聚技术与认识中介

认识中介在整个认识过程中扮演着重要角色,它维系着认识主体与客体。作为一种认识手段,认识中介表现出多种形式,同时在技术的演变下也能促使认识中介不断发展,使之将认识主体与认识客体维系得更为紧密。

---

[1] 肖峰. 哲学视域中的技术. 北京:人民出版社,2007:33.
[2] 何传启. 第六次科技革命的战略机遇. 北京:科学出版社,2011:21.

一、NBIC 会聚技术对认识中介的自身强化

可以这样认为，技术与人的认识具有与生俱来的关联，它不仅成为人类思维认识水平的标志，而且是认识发展的内在助推器。人类通过不断变革和更新技术，加深了对认识客体的认识，并反过来利用认识指导其发明新的认识技术。因此，人类认识水平是在技术发展的内在要求的推动下不断提升的。此外，当新技术出现并应用后，技术自身提高了变革客体、获取信息的能力，使人类的思维认识能力水平得以普遍提升，同时也为使用技术的人类提出了新的要求。一般的技术况且如此，对于与人的认识更具发展潜力的 NBIC 会聚技术而言，极大发展人的认识能力将更加显著[①]。

NBIC 会聚技术极大地改善了人类认识活动的主要工具，而形式多样的工具则成为人类参与认识活动、了解认识客体、获取有效信息的重要途径。它一方面促使认识中介多样化，另一方面也推动认识中介深度化。

1. 促使认识中介多样化

难以想象，站在技术发达的今天，丰富多样的认识中介在人类认识活动中，为全面认识客体提供着各种便利。而随着认识中介的不断丰富，人类的认识活动也有着多种选择，同时在各种中介影响下，也帮助人类在认识活动中获取认识客体不同维度的信息。

NBIC 会聚技术带来了新的"认识革命"，也为认识中介的族群增加了新的中介成员。不同于以往的单一技术下的认识中介，NBIC 会聚技术影响下的认识中介手段则体现出跨域广、应用多、层次深的特征。对于纳米与信息技术的聚合，一个很诱人的方向是将纳米技术研究应用在人-机整合上，开发出"植入式"的设备（相对于"外围"设备而言），用以优化感知、理解和反应能力，或者用以增加运算能力或者记忆力[②]。通过认知科学与神经科学的聚合，人类将可以从一个人的头脑向另外一个人头脑传达一种习惯、一种技艺、一段情感或对外物的一种感觉，甚至将其运用至基因工程。这样，我们一方面可以把一个人头脑中的思想复制到另外一个人的头脑中，另一方面可以将一个细胞上的分子复制到另外一个细胞中。

[①] 肖峰. 信息技术与认识方式——兼论认知科学中的认识论信息主义. 山东科技大学学报（社会科学版），2009，11（6）：1-7.

[②] 罗科，班布里奇. 聚合四大科技，提高人类能力：纳米技术、生物技术、信息技术和认知科学. 蔡曙山，王志栋，周允程等译. 北京：清华大学出版社，2010：267.

这种新型的认识中介也被著名的作家和动物学家理查德·道金斯冠以了 Meme（媒母）一词，用来说明认知科学与神经科学对人类信息加工系统的理解及对我们大脑的工作过程的理解。

此外，NBIC 会聚技术还将创造出众多的技术认识中介，例如，信息在人脑、神经元等进行编辑、交换，创设新颖的认知空间等，这样丰富多样的认识中介也将为人类认识活动提供前所未有的认识途径，并使人类在多种认识中介的帮助下，获得不同方面的认识客体信息，从而真正达到全面认识客体的目的。

2. 推进认识中介深度化

一个总的趋势：技术手段的作用会随着技术水平的提高而增强[1]。NBIC 会聚技术不仅促使认识中介多样化，而且也推进认识中介向深度化发展，使认识中介在认识客体上得到质的飞跃。可以说，认识中介的发展与人类认识水平呈正相关。先进的认识中介，将不断拓宽人类的认识视域，带来新的问题，并为人类解决问题提供新的解决方案；而为了对事物进行深入、全面认识，进一步研究，也促使着人类对认识中介的不断完善。这样的相互推动、相互影响使二者都能得到充分的发展。

在原有的教学环境与传统的教学手段中，很多残障人士因为身体原因仅能获得有限的学习资源。但是正如 P. 罗宾的观点，NBIC 技术的聚合将能够根本地改变教与学的过程，通过革命性创新认识中介，使残障人士借助技术手段，完善原有缺失的器官感受，并最大化学的感觉和认知能力。同时利用人-机交互等人工智能手段，为其在脑海中进行空间想象，同步正常人的思维与合作反馈，以促使残障人士在未来也能获得丰富的教育资源。而作用于医疗卫生的认识中介，则将在纳米世界中对基因的编辑、交换与反馈中发挥积极作用。并在未知领域深入认识的同时，人类也将继续对认识中介加以改良，使其进一步深化利于人类认识活动的开拓。

NBIC 会聚技术对认识中介自身革命性的强化体现在质与量这两个维度上，既有量的多样性，又有质的深度化。而认识中介的自身发展更推动着人类认识能力的不断提升、认识领域的不断拓展、认识程度的不断深入，这也将极大影响着人类未来对自然界、社会生活以及未知领域的探索与开拓。

---

[1] 肖峰. 技术、人文与幸福感. 中国人民大学学报，2007，21（1）：133-140.

二、NBIC 会聚技术与主客体认识关系的发展

NBIC 会聚技术所创设的虚拟世界，不仅能使认识主体有一种体验性存在，而且能通过多重科技的聚合使认识主客体之间的界限模糊，缩短二者在认识上的距离。NBIC 会聚技术会导致认识活动中主客体关系发生巨大变化，其中包括：主客体交互作用方式、主客体中介的信息化以及主客体认知模型的情景化。

1. NBIC 会聚技术导致了主客体交互作用方式的改变

千百年来人类依旧习惯于人与人、人与环境这样简易且单纯的交互形式。其形象、直观、自然的沟通交流方式，能使人类在多重感官的帮助下收发信息，但是这些事实却建立在空间与时间相对不变的条件上。后期在计算机出现之后，人-机交互成为新的主客体交互形式，但这种交互作用受制于人通过精确的信息在一维和二维的空间中完成人-机交互，因而，它实质上仍是静态的、单通道的人-机交互方式，难以突破自然、直接、三维操作的交互特点。

而 NBIC 会聚技术作为新型的认识工具，将逐步改变主客体交互作用方式，促使交互形式从以机器为主体转变为以人为主体，从"人围着机器转"转变为"让机器围着人转"。考勒和彭茨在《人工大脑和天然智能》中阐述，"创造人脑和机器无缝连接的最佳方法同样需要基于这些神经交互的理论。再一次的，纳米技术，例如最微创的纳米神经收发器，就提供了在人脑和机器间的鸿沟中架设桥梁的潜在解决方案。当然这种通信方式应当是基于与设计人工大脑同样的神经基础上的"[①]。先进的人-机交互手段突破了传统主体交互形式,使人能像在自然环境中直接同外界对象交互，没有阻力与障碍。NBIC 会聚技术利用独特的技术手段，将原本复杂的数据空间表现得形象，使主体具有身临其境的感觉。同时主体能借助人-机交互的接口，接收来自计算机的数据，从而真正做到人-机感性、自然的交互效果。

NBIC 会聚技术改变的主客体交互方式有着新的特性。其一是自然交互性。人-机交互形式将抽象复杂的计算机数据空间转换为形象、熟悉的环

[①] 罗科，班布里奇. 聚合四大科技，提高人类能力：纳米技术、生物技术、信息技术和认知科学. 蔡曙山，王志栋，周允程等译. 北京：清华大学出版社，2010：306.

境，在交互过程中也不再是单调而乏味的，而使主体自身浸入更为自然的空间环境中去，顺畅地接发信息。其二是非精准性。以往的交互形式表现在键盘、鼠标等精确的交互手段，主体利用这些交互手段，准确输入自己的信息，表达思想与情感。而现代的人-机交互，计算机往往要直接根据人的思想与行为进行判断，这不仅需要读取其主要的信息，而且要判定信息的正误，甚至要纠正人的错误。因此，NBIC 会聚技术改变了传统交互方式的限制而适应人的行为或思想的非精确性特点。

2. NBIC 会聚技术导致了主体认识中介的信息化

NBIC 会聚技术导致了主体认识中介的信息化，这也标志着新一轮的中介革命。所谓认识活动，就是认识主体通过借助一定方式等中介系统获取信息，并相应地对信息予以加工、处理，以及传输与表达的整个过程。可以这样认为，主体认识水平与能力的高低程度主要取决于认识中介系统发展的状况，所以，认识中介系统成为人类认识能力与水平的主要评判维度和测量尺度，更成为人类本质的一种确证。纵观人类历史发展进程，截至目前，人类的认识中介系统主要经历三大阶段，即行为中介、语言符号中介、信息化中介。

语言符号主要注重认识对象的抽象性和逻辑性，也正是由于此，它渐渐忽视了对行为思维的具象性的关注，所以其出现与发展都严重阻碍着人类认识和思维的发展，也让主体忽视了行为中介系统。期待新的认识中介是继续发展人类认识和思维的重要保证，信息化中介就是在这样的背景下产生发展的。

NBIC 会聚技术在信息化中介系统中扮演着无可替代的角色。在其出现后，概念开始摆脱语言等中介框架的束缚与管控，逐步被转换为丰富多样的信息元素。同时，复杂的哲学范畴自身也随着这一变革发生了转变。思想、意识等概念也能在技术新形式之下全面呈现或得到充分表达。所以，NBIC 会聚技术所创设的信息化中介是能从认识主体的大脑与思维空间中使思维得以解放的认识中介方式，即一种将思维行为化的中介工具。信息化中介是对前两大中介系统的超越与扬弃。而 NBIC 会聚技术就是这一变革的主动力。NBIC 会聚技术可以重构出人脑认知和创造性思维的机理，并不断探究人脑内部加工储存、提取、再现等信息处理手段，将以信息作为新的人类中介系统，改善人类的智慧，扩展人类与信息技术的有机结合，以开拓新的空间模式和认知形式，从而推动人类文明的革命性发展。

3. NBIC 会聚技术导致了主体认知模型的情景化

主体认知模型是人类对客观世界、外在环境认识的重要方式，模型的创建与构造是对客观对象全面认识的有效途径。模型化方法往往出于人类认识的特定目的，以实物的相似性原理来创设出一个同客观认识对象相似的人工认识对象，再借助这个人工认识对象获得对客观事物的表象与本质认识，从而最终掌握此客观事物的综合认识。而模型性思维方法利用的前提就是事物的相似性。从事物表面的外观相似到内部的构造与功能相似，从事物的某一方面相似到多角度的相似，从简单事物的相似到复杂系统的相似，可以肯定地说，人类对认识事物的相似性历经了漫长的历程。而到了今天，模型方法仍被科学工作者认为是科学研究方法、认识事物主要途径的核心。

NBIC 会聚技术实际上就为主体创设了一种新颖、独特的模型化方法。它创造了虚拟环境和虚拟对象，使得主体认知模型趋于情景化。在情景化的认知模型中最为主要的特点就是逼真性与虚拟性共存、复杂性与体验性共存。其一，NBIC 会聚技术创设出的情景模型逼真度极高。NBIC 会聚技术创设的主体认知模型包含了感知性、交互性与沉浸性等主要特点，这些特点却是传统模型方法与认识技术所不具备的。而 NBIC 会聚技术甚至可以创设较原有事物更显真实的情景模型，其逼真程度以至于可达到"以假乱真"的地步。其二，认知模型还可以借助 NBIC 会聚技术再一次进行加工与想象，并能将抽象想象转变成具体而可感知的客观对象，由此，人们既可以通过情景模型认识客观事物并感知世界，还能沉浸于抽象的世界中，成为"景中人"。其三，由于 NBIC 会聚技术具有交互性，所以主体认知模型就更为灵活，并可以不断重复，从而为人们在认知模型中认识客观事物提供更大便利。NBIC 会聚技术创设主体认知模型，能最大限度地保留原有认识对象的相似特点，并能在多重复杂的外在条件制约下探索、认识对象规律。NBIC 会聚技术创设的开放动态、形象逼真、情景化的主体认知模型，是对客观世界的复杂性实行的全面关注和考察。

由此，NBIC 会聚技术对认识中介的影响，不仅体现在从质和量两个维度上对其自身的发展，而且也推动着其主客体认识关系的变革。同时，认识中介的不断演变，更促进着人类向未知领域不断提出挑战，不断开拓创新。

第六节 NBIC 会聚技术的认识辩证法

作为一项最新的认识技术，NBIC 会聚技术不仅在认识论方面具有重要的学术研究价值，而且对其展开相应的认识辩证法上的研究也将会厘清人类在其发展下主要的认识演变规律，更透彻地反映出 NBIC 会聚技术的重要影响以及所带来的积极作用。

一、从认识单一技术到认识整体技术

回顾人类的发展史，不难发现技术在人类文明、社会进步中发挥了重要作用，以致人类常常以某个时期的代表性技术产物来界定人类的演化历史，如原始石器时代、旧石器时代、新石器时代、青铜器时代、铁器时代、蒸汽机时代、电动机时代、原子能和电子计算机时代[1]。尽管随着技术的进步，人类在认识程度上存在着滞后性，但人类的认识仍从认识单一技术发展至认识整体技术。

1. 单一技术、技术体系与技术集群

作为人文主义技术哲学的开山鼻祖，芒福德（Mumford）从人类学的视域上将历史上的技术分为两类：多元技术和单一技术。同时认为，"机械化工业的各种因素联合起来打破了传统的价值意识和人性目标。这种目标一向控制着经济，并使其追求权力以外的其他目标。股份主权、资本积累、管理组织、军事纪律，都是从一开始即为大规模机械化的社会性副产品。这样也就使早期的多元技术逐渐化为乌有，取而代之的即为以无限权力为基础的单一技术"[2]。而芒福德所谓的单一技术，是以科学知识和规模生产为基础，以指导经济扩张、物料充盈和军事优势为主要特征的。随着科技发展，以单一技术为特征的现代技术，已渗透至政治、经济、文化

---

[1] 乔瑞金. 技术哲学教程. 北京：科学出版社，2006：210.
[2] Hands D. Reflection Without Rules. Cambridge: Cambridge University Press, 2001: 287.

甚至于人们的价值观念中，并转化为一种机械的世界观，成为一种基本价值观念，从而指导着人类行为。在追求速度、效率、金钱等进步的影响下，单一技术为人类提供了充裕的"闲暇时间"。人类也由此享有了单一技术带来的便利。

而技术发展不能仅追求速度与效率，在资源环境等生态系统及人类健康的需求下，技术体系是人类发展的一个主要趋势，也是人类认识技术发展上的一个主要阶段。技术体系指多重技术间相互联系、相互作用，并依据一定目的、结构方式而组成的技术整体。由于技术生产力是一种具体形式,因而它受限于自然规律与社会因素。尽管技术体系可以有效节约资源，提高能源利用率，减少浪费，但是在社会经济条件不成熟的条件下，技术体系往往受制于某种特定技术要素，造成技术先进性向技术经济性妥协。同时，技术体系还受来自社会整体文化知识水平的制约。

而在 NBIC 会聚技术等技术的集成、聚合下，现代的技术发展呈现出技术集群的新范式。人类对于技术的认识也由单一技术、技术体系转向到了技术集群。技术集群是指在创新过程中由于群体技术的内在关联性和技术势差的存在，各创新因子在流动中造成连锁、协同效应，并与技术相关的社会各种要素反馈互动，形成以集群为特征的集合[①]。其主要模式为顺轨式、衍生式、渗透式和复合脱轨式。在技术集群的复杂系统中，因内部主体的非线性相互作用，技术内部资源得以有效集聚和耦合，通过集聚、整合与互动，最终形成技术集群，这样将有效扩大技术应用范畴，增加技术科技的影响力，从而进一步为人类生产生活带来更大收益。

2. 技术认识的整体观

随着技术的发展，人类对技术认识的整体观在不断深化。在古代，人们由于当时技术发展落后、自然科学不发达、自身思维能力受限，人们仅能凭自己的幻想、直觉来认识世界，通过臆想去弥补缺少的事实依据，借助纯粹的想象去填补现实的空白。因此,古代的技术认识整体观具有直观、机械等性质，也不免被打上形而上学的思维方式的烙印。

到了近代，在应用技术发展、科学理论更新的背景下，技术认识的整体观得到了进一步发展。技术认识的整体观将孤立性、可还原性等作为其

---

① 王永杰，柴剑峰，陈光. 基于创新域构建的技术集群和产业集群研究. 中国科技论坛，2003，（4）：28-31.

存在的基础，并主要解决学科交叉所产生的复杂性问题。在近代自然科学与技术的发展推动下，我们可以对物质世界的不同层次的各类系统进行生动阐释，但是仍无法全面、客观地对其系统内部的复杂多样、变化过程及发展趋势进行真实描述。

直至当代，随着 NBIC 会聚技术的出现，由纳米技术、生物技术、信息技术、认知科学聚合的应用技术更新周期日益缩短，社会环境及人的能力得到有效改善，促使人类在经济发展、社会治理、政治外交等领域中遇到各类亟须解决的难题。技术认识的整体观也就此应运而生，并逐渐在人类认识、解决困境中发挥了其主要作用。人们在技术认识的整体观指导下，对技术的应用、管理及监督有了更全面的理解，也逐渐深入微观世界、拓展宏观世界的研究，将有利于人们获取对复杂性问题的解决路径。与此同时，受人类技术认识整体观发展的影响，技术群体呈现出更新速度快、发展势头好、科技含量高等特点，这也说明，二者相辅相成，互相影响。由此，当代的技术认识整体观就兼具复杂性、全面性等新颖特征，与古、近代有着明显的差异，这也是 NBIC 会聚技术的出现、发展对人认识产生的重大影响。

二、从线性认识到非线性认识

技术的演变不仅拓展了人类认识客观世界的视野与领域，从某种程度上也逐渐改变了人类认识事物的思维方式。从线性认识到非线性认识这一主要思维方式的发展轨迹就是一个最佳的佐证。

1. 技术认识思维的沿革

面对纷繁复杂的自然世界，人类很早就掌握了认识自然对象的技巧与方法，并在其指导下，逐渐加深了对自然事物的认识，掌握了客观事物的规律，也在自然科学中取得了巨大成就。到了近代，一方面，自工业革命起，技术发展加速，人类社会与自然界的生态循环结合得越来越紧密。但原有的线性思维模式，无法维持复杂多样的自然平衡。人们总幻想自己拥有着自然界中无穷的能源、水源和空气等资源，并通过它们为工业制造出大量商品，无须计较自然生态与人类社会的代价。然而，这样的线性思维却让人类陷入了生态失衡的困境中。另一方面，人类对自然现象的分类与研究愈加细致，从宏观至微观，从单方面到多维度，都对自然展开了全方位的综合分析与探究，因而技术认识的思维也在逐渐改变，这也就要求人类告别以单一、均匀、不变、一切都随着初始条件的给定而给定等为特征的线性思维，慢慢转变至复杂、发散、不均衡等特征的非线性思维。

正如克劳斯·迈因策尔（Klaus Mainzer）所说的那样："在自然科学中，从激光物理学、量子混沌和气象学直到化学中的分子建模和生物学中对细胞生长的计算机辅助模拟，非线性复杂系统已经成为一种成功的求解问题方式。另一方面，社会科学也认识到，人类面临的主要问题也是全球性的、复杂的和非线性的。生态、经济或政治系统中的局部性变化，都可能引起一场全球性危机。线性的思维方式以及把整体仅仅看做其部分之和的观点，显然已经过时了。"[1]作为20世纪中叶以来理论自然科学进步和发展的主要标志，非线性思维成为这一新时期的时代特征。而从线性思维至非线性思维则是技术认识思维的主要轨迹。人类也在非线性思维的指导下，对自然的认识愈加深入、细致，并将各类技巧发挥得淋漓尽致。

纵观历史的演变，对于线性思维与非线性思维并无明确的定义表述，而通过《不列颠百科全书》与普利高津（I. Prigogine）等的看法做比较，就不难发现，无论线性与非线性思维从辩证角度看都属于系统思维、科学思维，并在应用适当的情况下，都可以成为人类技术认识的主要方法。

但到了今天，NBIC 会聚技术以其存在的多样性和关联的复杂性出现，这就需要人类突破传统的线性思维，换句话讲，传统的线性思维将无法全面、深入地揭开存在类型的多样性与不确定性统一的面纱，更无法解决当下技术发展所产生的困惑与难题。因而，在技术飞跃发展的背景下，人类对如 NBIC 会聚技术等高新技术认识思维的主要方式就是以非线性思维为主。它不仅可以促使人们突破技术内非线性复杂世界的混沌，揭示其内部要素的相互联系、主体构造与协同效应，而且将有利于启发人们认识技术的系统模型，全面把握技术的影响。

2. NBIC 会聚技术的非线性特征及复杂性认识方法

NBIC 会聚技术的非线性特征首先是复杂性，这是由于 NBIC 会聚技术内部包含大量技术与非技术要素，它们彼此关联，互相制约，构成了复杂的系统。在这一复杂系统中，其内部不仅包含着技术自身特定的结构与功能，而且它置身于一个特定的外部环境下，技术结构和功能还随环境的变

---

[1] 乔瑞金. 非线性科学思维的后现代诠解. 太原：山西科学技术出版社，2003：1.

化而变化。因此，这一复杂系统中的要素可能是杂乱无序的。当外部环境下的系统发生突变，内部的要素会由一个结构稳定状态转变为不稳定状态，由无序到有序，而系统本身也可能不断进行"解构—建构—解构"等无限循环的过程。而结构仅仅是系统中的一个变化量，作为完整的系统，其中能量、物质以及信息也在进行着相应的变化，其质量变化速率极快，当到达其变化的临界点时，一个极其微妙、微乎其微的变量发生变化，则整个系统都将会出现"重新洗牌"的大巨变。因而，复杂性是其首要的特征。

其次，NBIC 会聚技术的非线性特征是整体协同。相对于传统的思维，在整体上把握 NBIC 会聚技术的非线性特征也有着明显区别，在这里，整体协同发挥着重要作用，这要求从整体把握全局事态及框架结构。根据整个 NBIC 会聚技术在应用领域及范畴的动态作用，把握其整体协同后所发挥的重要功用是否得当，效果能否达成，全面判定其作用的自组织功能。并将各个微观要素间的相互作用整合为一个整体，以此为根据发觉技术改变的主要方向，从而制定相应预案。

再次，NBIC 会聚技术中存在着对称破缺的非线性思想的特征。对称破缺是指非线性系统在自组织的过程中所产生的相变[1]。其主要表现在实物结构的根本改变上，并着眼于事物在外部环境下的形态变化过程，通过全过程地观察 NBIC 会聚技术生成、发展、转变以及灭亡，都将可以对形态发生变化进行有效预测，从而能趋利避害。同时也利用此进行横纵向对比，将更为客观、形象地传达出事物变化过程，有利于把握技术发展的本质。

最后，NBIC 会聚技术的非线性特征是多重选择与选择进化。其中，本质表现是选择进化，多重选择为其基本特征。即在一个非线性系统中，由于控制参量的不断演化，其系统越来越远离平衡态，在某一个特定的节点上即出现分叉的点上，控制参量极其微小的变化，也能导致系统状态的突变。

由于 NBIC 会聚技术内部的技术要素不仅是统一性与多样性的统一，而且是有序性和无序性的统一，因而对其加以探析，就可以应用复杂性认识方法。也正是因为复杂性与 NBIC 会聚技术的多维度、多样性、多因素

---

[1] 乔瑞金. 非线性科学思维的后现代诠解. 太原：山西科学技术出版社，2003：22.

有关，它就能引起在认识方法上的多视角、多原理、多观点[①]。基于此，对 NBIC 会聚技术所展开的复杂认识方法主要有以下两个：其一，针对不同学科的原理局部地互为基础。以纳米技术为例，既要能看到纳米技术组织中已经存在能动组织（自组织）的原型构成了以后所萌发的其他社会组织、生物组织胚芽，还要能看到通过以纳米技术为局部基础，建立起进入会聚技术整个系统的领域入口。另外，需要人们通过将纳米技术的最新成果、理论等与特定的历史时代即人类生活所处的社会文化条件产物相互联系，从而以社会学为研究基础，搭建起社会学与 NBIC 会聚技术相互之间的联系。其二，应用"宏大概念"（macro-concept）。"宏大概念"是埃德加·莫兰（Edgar Morin）提出的认识复杂对象的方法，它由不同的基本观念或原理组成了概念网络，其中每一个基本观念或原理揭示对象的一种本质，而这些不同的观念或原理在说明对象的具体本质中相互补充[②]。就可以利于对 NBIC 会聚技术这样跨学科技术的综合认识。

三、从单纯自然的认识到自然、人与社会的认识

技术是人征服和改造自然的主要手段，它是自然的认识，认识技术也即认识自然。然而，NBIC 会聚技术发展到今天，其技术聚合群体与主要技术要素构成的系统已经涉及人与自然、社会的诸多方面，因而 NBIC 会聚技术将人类从单纯自然的认识转变为对自然、人与社会的综合性认识。

1. 单项技术的认识是自然界某一方面的规律认识

在马克思看来，技术是人的本质力量对象化的产物，是人类征服和改造自然的劳动手段，是一种生产力[③]。它直接根植于人与自然的能动的关系中，并发挥出了重要作用。而在早期，人类所发明的单项技术在认识层面上多是对自然界某一方面规律的认识。

早期的单项技术主要以工具的形式出现，并为人类的日常生产与生活提供着便利。以早期农耕工具为例，每一样工具都仅限于简单的几个用途，对于自然的认识也仅仅是利于人类耕种与收获。恩斯特·卡普（Ernst Kapp）

---

① 埃德加·莫兰. 复杂性思想导论. 陈一壮译. 上海：华东师范大学出版社，2008：5.
② 埃德加·莫兰. 复杂性思想导论. 陈一壮译. 上海：华东师范大学出版社，2008：4.
③ 乔瑞金. 技术哲学教程. 北京：科学出版社，2006：16.

对技术的"器官投影"学说也有力论证了这一方面,卡普不仅通过斧子造型与人的手臂进行比较,而且对许多器物与工具做了解释,"人们从刀、矛、桨、铲、耙、犁和锹等,看到了臂、手和手指的各种各样的姿势,很显然,它们适合于打猎、捕鱼、从事园艺,以及耕作"[①]。卡普的"器官投影"既论证了工具是从人的器官演变发展而来的,也说明整个技术文化是人类自然属性的发展。

不仅在农耕工具上体现出单项技术的认识是自然某一方面的规律认识,在早期的其他认识技术上也有所体现。早期的认识技术如伽利略的天文望远镜,其主要的功用就在于观察宇宙中遥不可及的天体,在对自然的探索中促进人类对宇宙的认识。而显微镜则主要通过对微观世界中细胞组织的细微观察,寻找自然界微观世界的奥秘。当然,不可否认的是,早期的单项技术对推动人类社会进步,促进经济发展发挥着重要作用,但这种作用是间接的,并非单项技术本身起初所要达到的主要目的,其主要作用仍表现在人类对自然单方面的探索和认识上。

2. NBIC 会聚技术的认识是自然、人与社会互动规律的综合认识

今天,NBIC 会聚技术将人类对自然的干预延伸到其基础层面,即物质与物种的"始基",因而 NBIC 会聚技术的认识是人类对自然、人与社会互动规律的综合认识。

首先,NBIC 会聚技术对自然物质的"始基"研究,将有利于自然科学理论的发展向无限性延伸,NBIC 会聚技术几乎可以将自然的万事万物、人的认知,以及人的情感与行为控制在其中,尽管目前多数仍然是局部的、不完全的或者是理论上的。然而这些都无法阻止 NBIC 会聚技术不断前行以及人类对万物的无限探知。

其次,因为 NBIC 会聚技术欲将改造的对象从自然世界转向生命乃至人类自身,不同于以往以机器为主要代表的技术,人的身体是其技术的出发点,或者说是"器官的延伸"。在当今的 NBIC 会聚技术引领下,人类的身体将可以作为技术重新塑造的材料。这既可以改变生物体自身的构造与功能,提高人类的能力,也可以通过人类的构想对人类的身体构造进行重新设计,以便符合现代社会发展的需要。罗宾耐特在《完全理解大脑的

[①] Mitcham C. Thinking Through Technology. Chicago: The University of Chicago Press, 1994: 24.

后果》中设想电子技术可以提供人造感觉器官，这样的感觉器官很小、很轻，而且是自动驱动的。理解感觉系统和神经管道能够使新的高分辨率的电子眼球和光神经联系在一起。只要完全理解所有人类感觉系统，我们就可以有办法进行必要的微型手术把电子信号和神经联系在一起[①]。这将成为人类的感觉器官能力革命性的提升。

最后，NBIC 会聚技术及其产业将把技术与资本的关系发展至下一个新阶段。技术已经被人们认定是目前最为重要的资源之一，其主要的产品与相应的科学理论也被打上了商品化的烙印。这是由于其创造与应用的产品在市场中得到了相应的流通与运作，经过消费者的使用与市场的检验与认可，将有利于 NBIC 会聚技术的应用与普及，从而促进该技术的全面发展。NBIC 会聚技术将会逐步改变原有的生产方式，并致使新一轮的不平等问题的产生。因而，在当下全球市场经济与利益冲突的环境下，怎样处理好知识公共性和商品化之间的关系，怎样合理分配科技的发展和应用的好处，怎样应对其产生的技术风险和不良后果，都将成为人类未来发展继续探讨的主要课题。

通过对 NBIC 会聚技术认识辩证法的探析，可以初步断定在 NBIC 会聚技术飞速发展下，人类对技术的认识从认识单一技术转向到整体技术，对认识技术的主要思维方式从线性认识转向到非线性认识，对技术在认识客观世界的综合因素从单纯自然的认识转向到自然、人与社会的认识。这再次充分验证了 NBIC 会聚技术是人类认识发展的重大变革的主要"推动器"与"催化剂"。

综上，NBIC 会聚技术深远影响着人们的日常生活、社会变革及生态环境，对其进行认识论研究显得尤为重要。尽管它不能直接给出 NBIC 会聚技术发展所应解决问题的答案，但是却可以积极参与到 NBIC 会聚技术的设计、开发、应用环节之中，指导 NBIC 会聚技术今后的发展。对 NBIC 会聚技术的认识论研究或可视为 NBIC 会聚技术发展领域研究的新途径、新范式、新视域。此外，也是对其未来发展动向的把握，从而促使 NBIC 会聚技术提高人类能力、改善生活环境、促进社会进步。同时，也是对解决 NBIC 会聚技术产生社会问题的一种新尝试。然而，NBIC 会聚技术还在依据人类与社会的需要而日新月异地发展，在其认识论领域的研究也将继

[①] 罗科，班布里奇. 聚合四大科技，提高人类能力：纳米技术、生物技术、信息技术和认知科学. 蔡曙山，王志栋，周允程等译. 北京：清华大学出版社，2010：196.

续，这还需要众多学者与我们一道进一步探析，以求更深入地厘清 NBIC 会聚技术认识论，建构其哲学框架。因此，我们还将继续对 NBIC 会聚技术的本体论、方法论、实践论、价值论等哲学研究视域予以关注和探究，并展开更为细致且全面的研究工作。

第五章

面向技术会聚时代人的主体性

主体性是"主体将本身的本质力量外化或释放在客体身上而表现出的一种能动的属性"[1]。主体性是指人在实践过程中表现出来的能力、作用、地位，即人的自主、主动、能动、自由、有目的地活动的地位和特性。主体性表达的是人与世界的能动关系，自为的独立性、自觉的创造性、自由的超越性是人的主体性的基本内涵，其中，自由的超越性是人的主体性的最高表现形式。正如马克思指出的，"在我们这个时代，每一种事物好像都包含有自己的反面"[2]。NBIC会聚技术是当今世界科技发展中的一个十分引人注目的现象。NBIC会聚技术以其巨大的社会影响力把人类推向了一个新的时代——技术会聚时代。面向这个时代的人的主体性不断受到影响和挑战。

第一节 信息技术与人的发展

在信息技术条件下，人的发展存在着两种相反的可能性：一方面，人在信息文明技术中找到了发展可以稳定依靠的技术支持；另一方面，信息技术在一定意义上又阻滞了人的发展。

---

[1] 张澍军.马克思主义哲学若干重大问题讲解.北京：高等教育出版社，2006：76.
[2] 马克思，恩格斯.马克思恩格斯选集.第一卷.中共中央马克思恩格斯列宁斯大林著作编译局编译.北京：人民出版社，2012：776.

一、技术及其与人的互动关系

技术是一个历史的范畴。在西方思想史中，技术概念经历了一个不断演变发展的历史过程。古希腊的亚里士多德是西方思想史上第一个对知识和人类活动进行分类的哲学家，他最早对科学和技术做了区分，把技术称作"制作的智慧"，这代表了西方古代哲人对技术的看法和观念。这里的技术，是指同农业经济相伴随的手工工具和人们制造、使用这些简单工具的经验和知识等技能。从最初的技术定义中，可看到在技术结构中的两大要素：技术是人类的创造性智力活动，这是技术的本质特征；技术存在于人类使用工具改造世界的活动之中，这是技术存在的外部形态。可见技术是人类使用工具创造性地改造世界的客观物质世界的活动。

"技术"一词在当代社会被广泛使用，人们对技术范畴有着多层次、多方面的理解和解释，大体可划分为三个不同的层次。一是从自然科学角度对技术的认识。这一层次的观点把技术看作人类改造自然的工具和物质手段。这种观点自工业革命以来一直占统治地位，但近年来受到严重的冲击和挑战，其影响渐小。二是从生态学、社会学角度对技术和"技术社会"的批判。这是对物理、化学技术主导下急剧发展起来的西方工业文明及其"社会病"的反思与批判，其思想发端于空想社会主义，批判最激烈的时期是 20 世纪。三是从哲学角度对技术本质的透视。这种观点在本体论上把技术看作人的本质力量的外化，在价值论上把技术看作"双刃剑"，在未来观上既反对盲目乐观，又反对一味悲观，而主张在辩证思维指导下把握人与技术的内在矛盾和人类征服自然与服从自然的外在矛盾，在矛盾的不断解决和不断深化中，自信地走向充满更加复杂矛盾运动的技术社会的未来。这种技术观的创始人正是马克思。100 多年以来，这种带有鲜明时代特色的技术观在飞速发展的现代技术和纷繁复杂的技术社会中得到了验证，并从多学科、多层面、多角度获得了丰富和发展。这些极其重要的观念和思维方式，应该成为我们研究信息技术与人的发展的哲学立场。

人类创造自己的文明，不断提升和发展自己的历史，在很大程度上就是不断创造、改进技术的历史。人与技术交互联系有两方面内容。一方面，人创造了技术，技术伴随着人的出现而出现，人赋予了技术历史的、时代的和人性的特征。在人-技术-自然的关系中，技术作为工具理性，从一开始就服膺于人类改造与控制自然的权力意志，反映人利用自然、改造自然的目的要求。另一方面，人创造技术的同时，技术又反过来塑造了人：技术推动或延缓社会的发展，改善、提高个体的自然性，模塑其社会性。技术的发展涉及人类存在的一切领域，给人与自然、人的意识、人与人之间的相互关系打下了深刻的烙印。

信息技术是当今技术世界的重要代表之一。在信息技术的牵动下，社会政治、经济、文化等领域发生了深刻的变革。与此相适应，信息技术对人的发展的双重效应也日益突显出来。

二、信息时代人的发展的可能性

信息技术的应用使人从体力劳动和脑力劳动中更大程度地解放出来，获得了更多的自由。以信息技术为核心的新的劳动体系，正改变人们屈从机器的状况。"劳动表现为不再象（像——笔者注）以前那样被包括在生产过程中，相反地，表现为人以生产过程的监督者和调节者的身分（份——笔者注）同生产过程本身发生关系。"[1]劳动者离开生产活动的现场，通过数字化、智能化的生产工具同劳动对象打交道，始终以生产过程的监督者和调节者身份发挥作用，显然是人的理性、智慧高度发展和人的主体性自主自觉的确证和表现。在传统的大工业生产中，大规模、成批量生产构成其现实基础，在管理上要求集中化、标准化，整个社会随着机器的节奏而跳动。在此种状态下，个体被淹没在群体中，其主体性、创造性难以发挥。而信息技术一改集中化、大型化、标准化的劳动方式，向分散化、小型化、多样化、个性化劳动方式转变。它在劳动方式上实现从共性到个性，从集中到分散的转变，有利于主体创造性的发挥，无疑有利于人的素质的发展。马克思曾说：人"既和他们生产什么一致，又和他们怎样生产一致。因而，个人是什么样的，这取决于他们进行生产的物质条件"[2]。"生产力和社会关系——这二者是社会的个人发展的不同方面。"[3]马克思之所以特别看重生产力对个人发展的作用，就是因为他认为人的生产活动不仅生产客体对象，也同时生产（塑造）主体本身，他说："生产不仅为主体生

---

[1] 马克思，恩格斯. 马克思恩格斯全集. 第四十六卷下册. 中共中央马克思恩格斯列宁斯大林著作编译局译. 北京：人民出版社，1980：218.

[2] 马克思，恩格斯. 马克思恩格斯选集. 第一卷. 中共中央马克思恩格斯列宁斯大林著作编译局编译. 北京：人民出版社，2012：147.

[3] 马克思，恩格斯. 马克思恩格斯全集. 第四十六卷下册. 中共中央马克思恩格斯列宁斯大林著作编译局译. 北京：人民出版社，1980：219.

产对象，而且也为对象生产主体。"①这里，马克思从不同角度论述了物质生产过程对人本身的塑造，从而揭示了生产力与人的发展的内在联系。可见，由于信息技术的发展，人的素质会获得前所未有的提高。

信息技术改变着人们的生存方式是指闲暇时间的增多带来的就业、工作、生活和思维方式的全面变化。信息技术从根本上说是运用计算机及其系统减轻人类的劳动强度，增加人的闲暇时间。技术的本质就是化繁为简，以尽量少的资源取得尽量大的效能。而信息技术不同凡响之处在于，它以非常集约的脑力最大限度地支配和改造人与自然的关系，在整体上缩短了人类的劳动时间，从而也改变了人类劳动与闲暇的对比关系。换言之，由于信息化，人们赢得的闲暇时间从未有如此之多。而"时间实际上是人的积极存在，它不仅是人的生命的尺度，而且是人的发展的空间"②。人类赢得了时间也就赢得了自身的发展，获得了闲暇也就获得了自身生存方式的改变。马克思当年的美好憧憬，即"随我自己的心愿今天干这事，明天干那事，上午打猎，下午捕鱼，傍晚从事畜牧，晚饭后从事批判"③，在信息社会第一次具备了实现的现实可能性。所以，闲暇时间的增多对人的素质的提高有着极其重要的意义。

信息化给教育带来根本性变革，信息技术为教育提供了迄今为止最先进、最有效的方式和手段，从而为人的发展提供了最有效的途径。首先，教育领域发生新的变化，受教育者年龄范围的拓宽、终身教育的概念被接受、"开放大学"的广泛出现，使得理论上人人都有机会平等地接受良好的教育，从而为人们平等自由地发展提供了机会。其次，教育途径发生了变化。远程教育的出现，使受教育者不必按传统的方式到固定教室上课，可以在任何一个设有终端的地方随时随地地开展学习活动。最后，多媒体的交互性、图形显示及音频和视频功能，使教育方式多样化，教育环境富有人性，学习变得十分必要、实用，而且充满乐趣。总之，网络教育方式和教育观念的变化，强化了教育手段，丰富了教育内容，拓宽了教育范围，为培养具有个性、善于思考、有创造力的人格提供了广阔的前景。

---

① 马克思，恩格斯. 马克思恩格斯全集. 第二卷. 中共中央马克思恩格斯列宁斯大林著作编译局译. 北京：人民出版社，1972：742.
② 马克思，恩格斯. 马克思恩格斯全集. 第四十七卷. 中共中央马克思恩格斯列宁斯大林著作编译局译. 北京：人民出版社，1979.
③ 马克思，恩格斯. 马克思恩格斯全集. 第三卷. 中共中央马克思恩格斯列宁斯大林著作编译局译. 北京：人民出版社，1960.

"社会——不管其形式如何——究竟是什么呢？是人们交往的产物。"[①]建立在某种经济关系和一定生产发展水平之上的交往方式对人的发展起重要作用。在科学技术不发达、交通工具和传播技术不完善的条件下，出现封闭的社会关系，极大地制约着人的发展。科学技术的发展，特别是信息技术的出现，加强了人们之间多方面的交往，促进了人们丰富的社会关系的形成，从而有利于人的发展。首先，信息技术消除了人们交往的时空障碍，使"面对面"的异地交流成为现实。其次，信息技术创造的虚拟现实（VR）环境，有助于培养能胜任各种角色的社会成员。虚拟现实为人们实践提供了绝好场所，人们可以在其中进行"角色换位"，把自己"假定成"不同的角色，经过多次实践和验证，把握自己在现实生活中扮演各种角色的尺度，从而有助于人们形成丰富的人格。最后，信息技术在一定程度上清除了人们交流的人际障碍。传统社会人际交往的最大障碍在于人的自然属性和社会属性的差异。信息化在一定程度上减小了人们社会地位、性别、文化层次的差异，也即减小了人们的一切自然的、社会的等外在因素的干扰，使人们之间建立起普遍的交往，从而为人们开阔视野，更新观念，提高并展示自己的聪明才智开辟了广阔的前景。

三、信息技术对人的负面影响分析

信息技术的出现和信息化趋势的扩张，使得人的素质得到了空前的伸延和发展，但又给人的发展带来了许多消极的影响。

技术基础的缺陷。首先，在一定意义上说，计算机普及以及多媒体技术所具有尽可能包括人类所需的任何知识和信息的倾向，对人类智力提出了前所未有的挑战。正如叶启政所说的，当人们高度地被网络自衍之理路结构所制约安排后，人们就愈来愈不需要智慧了，因为他不必跨过既有体系的自衍理路结构的温室，寻找意外、偶发、创新的灵感来为自己解决问题。在这样的前提下，人们在网络上行走，并不迫切地需要智慧，而且甚至是排斥它，连让它迸发一点仅存的意外火花的机会，都可能要被剥夺掉[②]。其次，计算机信息处理系统使劳动过程化繁为简，化重为轻，化多为一，越来越多的

---

① 马克思，恩格斯. 马克思恩格斯全集. 第四卷. 中共中央马克思恩格斯列宁斯大林著作编译局译. 北京：人民出版社，1972：320.
② 叶启政. 虚拟与真实的浑沌化——网路世界的实作理路. 社会学研究, 1998, (3)：48-58.

工作转化为数字化、符号化的选择与圈点。人们生活的世界越来越为这些物化的数字符号所制约、消融，势必造成主体的语言文字能力、思维创造能力乃至道德判断与选择能力、自主自觉能力等都有不同程度的减弱和退化。可见，信息技术基础的某些缺陷，使人们无论从身体还是从心灵，都存在可能被替换的危险性，久而久之，主体有丧失道德智慧、创新意识和能力的可能。

人性异化在信息化条件下，同时存在着信息技术掌控人的存在本质的可能性。首先，信息作为信息时代的战略资源，使人们对信息的需求骤然增大。信息量的增大和无限膨胀，"信息饥渴症"的出现，很容易把人的大脑降格成为信息网络本身，使之成为信息流推动下的水轮机，"别人的跑马场"。恰如罗斯扎克所说："信息，到处是信息，唯独没有思考的头脑……信息太多，反而会排挤思想，使人在空洞零散的一堆事实面前眼花缭乱、六神无主、无所适从。"[①]这时信息"拜物教"、计算机"拜物教"产生了，信息作为主体异己力量与主体对立起来，信息控制着人的感觉、思想，甚至行动，最后造就一群异化和迷失方向的"电子人"。计算机时代人类对自然界的对象化能力大大增强，但人的自我异化超过了任何一个历史时代。

在全球性的计算机网络中，亿万个节点就像无数个茧，里面是一个个兴高采烈的作茧自缚者，这些人的自我感觉良好，但此时的这些人也如同被蜘蛛网控制住的小虫，丧失了自己的文化自觉。此外，信息化使人们过于依赖技术器具，沉迷于随心所欲的"网络空间"，回避人在生活世界的感受，混淆了"人-机关系"和"人际关系"的概念，丧失了在人性化世界的生活能力，现实的人际关系可能会变得冷漠而缺乏人性。

人格的分裂和趋同。首先，信息化营造了自由电子网络空间。在电子网络空间中，主体身份具有虚拟性、想象性、多样性、随意性的特点。在现实社会中，主体的身份是真实的、超想象的、单一的、确定的。在此种环境下，人们能自我确证，主体感很强。然而在自由的电子网络空间中，主体摆脱了现实社会中人的各种自然的、社会的因素，根据自己的爱好与需要任意创造自己喜欢的"角色"，任意"更换"主体的身份和从事"理直气壮的撒谎"，以至于人们分不清到底哪个是真，哪个是假，从而造成

[①] 西奥多·罗斯扎克. 信息崇拜——计算机神话与真正的思维艺术. 苗华健，陈体仁译. 北京：中国对外翻译出版公司，1994.

电子网络空间中的人格与现实生活中的人格不一致，换言之，人格的"自我同一性"被打破、被分裂、被扭曲，从而导致"多面人"即多重人格和人格分裂的出现。其次，电子网络空间的"全球化"环境导致"人格趋同性"，最终会形成人格品质特征的相似性，消融人的个性。信息网络承受和容纳了多元化的经济、技术、政治、文化、价值，使传统意义上的带有地域局部文化色彩的现实环境被虚拟空间的网络全球化所超越，形成全球"大文化圈"，有可能把千千万万的信息网民纳入同一思想轨道，使他们的思维丧失自我而趋向单一，变成彻头彻尾的"单面人"。

第二节 技术会聚提高人的主体性的正效应

历史上，科学技术的每一次进步必定会提高人类认识世界和改造世界的能力，从而逐步提升人的主体性地位。随着 NBIC 会聚技术及其成果的广泛应用，人类对自然界的了解越来越多地取代迷惘和无知，越来越能够依靠自己的力量去支配、驾驭外界事物，人的主体性得到空前强化。

一、技术会聚为人的主体性的提高提供生理、心理基础

NBIC 会聚技术为人的主体性的提高提供了生理基础，表现在以下两方面。第一，NBIC 会聚技术可以改善、修复人们在认识世界和改造世界的时候先天或后天的生理缺陷，使生命机能有缺陷的人去除缺陷，并且使生命机能完善的人更加完美。卡尔·德尔里卡说："某些遗传歧视问题将可通过添加、替换、去活化或激活某些特定基因而得到解决——将某些特定基因带入人体，以使失去的功能得以修复。基因治疗还将使那些没有明显缺陷的人，在健康和行为方面处于最佳状态。"[①]第二，通过基因重组改善人的身体素质（如体力），改善人的脑力器官，延长人的寿命。

同时，NBIC 会聚技术为人的主体性的提高提供了心理前提和智力支

[①] 卡尔·德尔里卡. 双刃剑——遗传革命的前景与风险. 陈建华译. 长沙：湖南科学技术出版社，2000.

持。表现在：NBIC 会聚技术的进步和发展，丰富了人的感觉器官和思维器官的功能，同时也大大丰富了人的情感世界，满足了人类精神上、情感上的追求；NBIC 会聚技术强化了人的艺术知觉能力，扩展了人的情感体验的方式、范围和质量；NBIC 会聚技术的进步还改变人们原有的思维定式，促使人们建立崭新的、与现代科技相适应的新的思维方式和心理定式；NBIC 会聚技术打破了人的"生""死"的心理定式；等等。

二、技术会聚以劳动工具的变革为中介提高人的主体性

一般说来，人类的生产过程是以劳动者为主体，劳动工具为中介，劳动对象为客体的几个生产要素相互作用的过程。正如马克思所说："劳动过程的简单要素是：有目的的活动或劳动本身，劳动对象和劳动资料。"[①]在以往或传统的生产过程中，劳动主体总是与劳动工具、劳动对象直接结合在一起，而且生产力水平越低，所付出的体力劳动越繁重。从历史上看，劳动工具经历了简单工具、复合工具、天然动力工具体系、蒸汽机器体系、电气机器系统和自控机器系统等几个阶段，显现了人体劳动器官的功能由低级到高级逐步转移给劳动工具的过程。简单工具的发明，部分地替代了手的劳动功能；复合工具的诞生，部分地替代了人体骨骼的功能；畜力、风力和水力的开发利用，部分地替代了人体肌肉的功能；蒸汽机的发明应用，取代了人体运动系统的劳动功能；电子计算机的发明应用，部分地替代了人脑的劳动功能。可见，工具的发展史是人体劳动器官工具化的历史，也是"工具人格化"的历史。然而，NBIC 会聚技术正悄悄地改变着这一切。随着核技术的发明和运用、空间技术的发展、电子计算机和自动化在生产中的发明和运用，尤其是随着 NBIC 会聚技术的兴起，劳动工具发生了巨大的变革。今天，科学技术已经把人类的生产工具、工艺流程推向了一个全新的时代——技术会聚时代。NBIC 会聚技术用于生产中显著的特点如下所述。一是独立性。农业时代代表性的生产工具是铁犁，工业时代是大机器，技术会聚时代是人工智能。人工智能通过与其他生产工具结合，不断对其进行渗透、改良而发挥作用，更为重要的是，它通过四大科技的交叉和融合，凸现人工智能的神奇魅力，为人类展示了一个新的科

---

① 马克思，恩格斯. 马克思恩格斯全集. 第二十三卷. 中共中央马克思恩格斯列宁斯大林著作编译局译. 北京：人民出版社，1972：202.

技发展图景，最终能够达到"如果认知科学家能够想到它，纳米科学家就能够制造它，生物科学家就能够使用它，信息科学家就能够监视和控制它"的境界[1]。二是广泛性。它应用的领域非常广泛，尤其对农业、食品加工、药品、教育、国家安全将会产生深远的影响。三是技术含量高，前景看好。如果说工业时代机器工具延伸了人的劳动器官，把人从繁重的体力劳动中解放出来，那么，在技术会聚时代，NBIC 会聚技术这种"物化的智力"的广泛使用带给人类的就是脑力的延伸、智慧的释放。这显然是人的理性、智慧高度发展和主体自主自觉的确认和表现。NBIC 会聚技术在生产中的使用表现为生产力的提高，而生产力的提高会充实主体的现实本质力量，必然会促进人的主体性的发展。总之，NBIC 会聚技术为我们提供了一个在纳米物质层面从全新的尺度和高度、在一个外围的视角来发现和改造人类自身的机会和境遇，将从根本上变革劳动工具。NBIC 会聚技术的劳动过程是全新的：运用认知科学进行劳动创意，利用纳米技术变革生产材料，利用生物技术来实现产品制造，运用信息技术来实现控制。质言之，技术会聚时代的劳动将是以"人-机"交互（human-computer interaction，HCI）的方式进行。NBIC 会聚技术实现了"世界是我们的延伸，我们也是世界的延伸"[2]。如果说 NBIC 会聚技术时代来临之前，劳动工具的使用延伸了人的劳动器官，解放了人的体力，那么，在技术会聚时代，NBIC 会聚技术这种"物化的智力"的广泛使用带给人类的就是脑力的延伸、智慧的释放。这显然是人的理性、智慧高度发展和人格主体自主自觉的确认和表现。NBIC 会聚技术充实主体现实的本质力量，促进主体性的发展。可见，随着 NBIC 会聚技术的使用和生产力的发展，人的主体性获得了前所未有的提高。

三、技术会聚通过改变劳动对象拓展人的主体性

劳动对象是人们在劳动过程中所能加工的一切对象。它分为两大类：一类是自然物，这是没有经过人类加工的，是自然界纳入生产过程的一部分；另一类是经过人类加工的物体，是人工创造纳入生产过程的一部分。

---

[1] 罗科，班布里奇.聚合四大科技，提高人类能力：纳米技术、生物技术、信息技术和认知科学.蔡曙山，王志栋，周允程等译.北京：清华大学出版社，2010：20.
[2] 保罗·莱文森.数字麦克卢汉.何道宽译.北京：社会科学文献出版社，2001：7.

NBIC 会聚技术对劳动对象的改善首先表现在，纳入生产过程的劳动对象的范围随着 NBIC 会聚技术的逐步应用必将不断扩大。这是由 NBIC 会聚技术运用中巨大的生产效率决定的。达尔文在《物种起源》里反复说的，物种的进化是漫长的，可能经过几亿年、几千万年、几百万年才能有一个质的变化。在他生活的时代，他的这个论断是可以理解的。达尔文没有想到的是，决定进化的关键科技——NBIC 会聚技术中的基因工程技术，已经在他离世后的不长时间里方兴未艾。传统的工业运用物理和化学的方法生产所需要的产品效率低。利用 NBIC 会聚技术可以大幅度地提高产量。例如，利用生物技术可以改变农作物的基因，培育出大量抗病、抗虫、抗盐碱的新品种，从而提高农作物的产量，扩大农作物的生态适应区域；培养动物的优良种系，如产奶量高的乳牛；纳米机器人可以在 1 秒内完成 10 亿次操作，劳动方式将被彻底改写。NBIC 会聚技术对劳动对象的改善还表现在，随着四大带头技术的使用，劳动对象的质量得到了极大的改善和提高。纳米技术能够在原子水平上直接生产出自己需要的任何东西，通过"细胞修复机器人"修复冷冻和解冻受损的人体细胞；分子大小的"万能制造机"或"原子装配机"能够运用任何材料去合成一切生存和享用的必需品，如用天然碳制造完美无瑕的钻石，用草屑制造面包；运用 DNA 重组技术，通过对目的基因的剪裁、组合、拼接改造和加工，使遗传物质得以重新组合，产生产量和质量远超过去的转基因产品（transgenics）[1]。正因为如此，基因产业的前景被人们普遍看好。"劳动对象是人类征服自然的程度、生产力发展状况的标志之一。"[2]可见，随着 NBIC 会聚技术的发展，作为劳动对象的产品范围不断扩大，质量不断提高，这意味着人类在纳米层次上认识和把握自然，标志着人类生产力水平的提高，人类的创造性得到空前的发挥。这正是人类本质力量的体现，是人的主体性的充分展现。

四、技术会聚通过改善劳动产品质量提升人的主体性

人通过实践创造对象世界。人作为主体主动地、有选择地、创造性地

---

[1] 朱凤青，张帆. 纳米技术应用引发的伦理问题及其规约机制. 学术交流，2008，166（1）：28-31.

[2] 李秀林，王于，李淮春. 辩证唯物主义和历史唯物主义原理（第 5 版）. 北京：中国人民大学出版社，2004：356.

改造客体，在主体的对象化活动中自觉实现人的目的，在客体的改变的形态中确证主体的力量，同时也使主体本身得到全面、自由的发展。远古时代，自然的淫威使人类匍匐前进，诚惶诚恐，人类敬畏大自然。近代以降，在"人类中心主义"理念指导下，人类全面地向自然"宣战"，人类借助科学技术的推力，身披战甲，手握利器，自然在人类面前不断地"祛魅"：人类逐步从各种神秘力量的压迫中解放出来开始征服和统治自然，而经过现代科学的洗礼，自然不再是一个神奇的充满灵性和魅力的世界，而是海德格尔笔下所谓的"摆置"——人类科学技术改造的物质资料来源。"从前圣经上神的特有的东西，已成为人的行动的标志。"进入21世纪，在"技术是万能的"狂妄口号下，人类借助于纳米技术、生物技术、信息技术和认知科学的结合，其造物的速度将会更快、程度会更高、技巧会更精妙娴熟。利用3D打印技术，可以打印出汽车、比基尼、巧克力、飞机模型、人造肝脏、人造心脏（均以人体细胞为材料）、复杂的艺术品、金属手枪、牙齿、人体头盖骨、人体手掌、乐器、喷气式引擎、火车车厢等诸多产品。利用基因技术，人类可以通过生物遗传信息的转移改变植物、动物和微生物的生物学特性。纳米技术常常被视为通过分子或原子操作创造生物的或者进化过程的一种方式[1]。无论是通过"自上而下"的方式，还是通过"自下而上"的方式，纳米技术都可以创造出人类历史上从未出现过的材料、结构和设备。"现代生物技术更是打破了生物亿万年长期进化所形成的物种之间的屏障，甚至可能将人和动物的基因进行任意转移、拼装和重组。"[2]聚合通信和机器人技术可能会产生全新的修复范畴或辅助设备，它们能够弥补认知和情感因素的缺失。在社会生活中，能够使人变漂亮或更高贵。用聚合材料制造的衣服可以自动适应变化的温度和天气条件。在人类掌握和使用NBIC会聚技术以前，人类对物种进化的影响在很大程度上受制于自然界。现在看来，NBIC会聚技术使由自然界创造物种的一元模式改写成为由自然界和人类共同创造物种的二元模式。有人把它称为"人类充当了造物主"。质言之，人类创造新物种能力即创造"人化自然"的能力不再完全受制于自然界，人类自如地操纵基因创造万物，包括人类自身。这是人类认识自然和改造自然的历史性的飞跃，是人类创造性在更高层次上的充

---

[1] 刘松涛,李建会. 普雷斯顿对纳米技术的环境伦理审视. 科学技术哲学研究, 2010, 27（2）：94-98.
[2] 王巍. 人类中心主义与技术化生存. 燕山大学学报（哲学社会科学版）, 2007, 8（3）：16-19.

分发挥。

五、技术会聚增强劳动者自身的能力，提升人的主体性

自人类诞生以来，人类一直在努力扩展和提升自己的生活空间和生存能力。这不仅表现在人类生活的空间和社会环境的扩大上，而且体现为劳动者自身身体功能的增强。以往的技术往往注重对外部世界的改造，而如今 NBIC 会聚技术的出现则聚焦于劳动者自身能力的提升上。今天，信息技术、生物技术、纳米技术、认知科学等的发展使我们对自然的干预深入它的基础层次，技术的对象也由改造自然转向生命乃至人自身。美国 2001 年 NBIC 会聚技术会议对"聚合四大科技，提高人类能力"进行了研讨。研究报告确定了 NBIC 会聚技术发展的目的就是"提高人类能力"。在以往的以机器为代表的技术中，我们的身体是出发点或"操纵的基点"，而在今天的高技术中，身体成为技术塑造的对象和材料。我们不仅在改造生物体的结构和功能，而且已经在重新设计我们自己的身体，甚至重塑人的本性。从历史上看，技术增强人类能力经历了以下几个阶段：技术作为人类体力延伸拓展的阶段、技术作为人类感观延伸拓展的阶段、技术作为人类智力延伸拓展的阶段、技术作为人类进化的最新阶段。NBIC 会聚技术在三个领域增强劳动者的能力：一是医学治疗范围，这个领域的许多技术手段已经出现，NBIC 会聚技术将进一步加速技术进步；二是增加劳动者的功能或机能，把普通人变成具有某种特别能力的"超人劳动者"；三是有计划的进化，即可以有选择地"设计"人的某些机能，对劳动者的遗传基因进行操作。NBIC 会聚技术将劳动者的体力、感官能力、认知能力拓展到一个新的阶段——人类进化的新阶段，最终将可能产生有别于现今的新人类，进入所谓的"后人类"时代。

六、技术会聚促进了"主体的意志自律"

现代生命科学的发展赋予了人类责任。生命伦理学是更自觉的价值理论[①]。在科学技术的发展过程中，特别是在愈来愈广泛、愈来愈普遍、愈

---

① 邱仁宗. 生命伦理学. 上海：上海人民出版社，1987：76.

来愈尖锐的社会冲突中，人类的社会责任问题日益突出。正如有的学者所指出的，"在当代新技术革命的条件下，人的社会责任的问题变得比以往任何时候都突出、尖锐了。这是因为：过去历史阶段上科学技术的进步及其带来的社会经济的发展所包含的一些消极后果，在当代正以极其尖锐的形式表现出来；新技术革命又为我们消除这些消极的后果、迈向更高的发展阶段提供了新的选择机会；而当代社会生活的急速发展的节奏，则使这种选择变得非常紧迫"①。现代技术的工具性决定了其应用的不确定性。NBIC 会聚技术本来是人们基于一定的利益与需要产生的，它在给人类带来巨大利益的同时，对传统社会、法律和伦理提出了严重的挑战。在这些挑战面前，人们必然认真地思考，从而人们的权利、责任与义务意识必然被唤醒，并促使人们积极行动起来，为主体地位的确立提供了条件。NBIC 会聚技术起源于 21 世纪初，但是，在 20 世纪 NBIC 会聚技术的相关技术领域已取得了长足的进步，发现、发展和应用这些技术，且处在前沿的科学家自觉或不自觉地看到了在实验室通过基因重组技术产生新细菌或病毒等病原体的可能。于是，科学家们采取了负责的行动，呼吁在合适的管理规则出来之前，暂停实验。特别是 1997 年克隆羊"多莉"问世，在全世界范围内展开了一场关于克隆人的自然、社会和伦理大讨论。在这种情况下，国际组织、各国政府纷纷制定法规，禁止克隆人的实验。全球从事生物科学的组织在论争中达成共识，制定了自律规范。1997 年 5 月 13 日，在世界卫生组织年会上，191 个成员国一致通过反对克隆人的决议，"使用克隆进行人类个体复制从伦理上讲是不能接受的，而且也违背人类的诚实与道德"②。可见，随着 NBIC 会聚技术的发展，人类凭借价值理性控制着科学理性，客观上促进了人类"主体的意志自律"。

第三节　技术会聚抑制人的主体性的负效应

技术会聚在使人类日益获得主体能力的同时，却也悄无声息地在某种

---

① 唐凯麟. 当代新技术革命的伦理意蕴. 道德与文明，1998，(5)：10-12.
② 朱广苓. 第五十届世界卫生大会简介.《国外医学》医院管理分册，1999，(2)：87-88.

程度上使人类失却主体性地位,使人的主体性正经历着双重效应:一方面,它展现给主体空前的发展空间和机遇,使人的主体性得到前所未有的确证和增强;另一方面,又意味着难以释怀的困惑和问题,在某种程度上使人类削弱甚至失却主体性地位。

一、失却主体性的"后人类"

弗朗西斯·福山在《我们的后人类的未来》中说:"现代生物技术生产的最大危险在于它有可能改变人类的本性,从而把我们引入'后人类的'历史时代。"在《科学也疯狂》中,埃德·里吉斯认为,"后人类"将实现人和机器连体,扬弃人的肉体和易变的情绪而达到不朽的超人状态。总之,技术将纯粹的自然人("原人")改造、升级后,产生一种有别于"原人"的"新型人类"。这样的"新型人类"可以是机器人,可以是软件,也可以是信息状态或其他人工智能(artificial intelligence)。"后人类"被认为代表了人类的演变方向。"后人类"进化有两种途径:在人的物质改造方面,借助于人类完成的基因图谱、基因工程和生物克隆技术,对人种进行改良。例如,通过技术的会聚融合,人们可以选择子女的身高、性别、肤色等自然特征,创设完美的后代。甚至可以从动物的基因中剪切一些自己需要的基因片段,与人类基因进行重组,以改良后代身体功能。在人的精神改造方面,通过神经学界面和计算机接口的接入,实现人-机互联,人的认知模块和心理状态可以上传到网络上,从而拥有超级智能[1]。正如海德格尔所说的:"技术越来越把人从地球上脱离开来而且连根拔起……当我而今看过从月球向地球的照片之后,我是惊惶失措了。我们根本不需要原子弹,现在人已经被连根拔起。"[2]如果海德格尔仍然在世,技术导致"后人类"的崛起也许会更令他不寒而栗。

"后人类"是否可以被当作"人"?是否具有人的权利?是否具有主体地位?如果人类的繁殖完全可以在实验室进行,按照社会需要生产不同类型的人,我们可以发现:"后人类"是一群丧失自我、丧失人性,从而丧失人的主体性的"怪物"。

---

[1] 余正荣. 后人类主义技术价值观探究. 自然辩证法通讯, 2008, 30(1): 95-100, 49.
[2] 海德格尔. 海德格尔选集. 下卷. 孙周兴选编. 上海:上海三联书店, 1996.

丧失自我。"人是什么"的疑问使人类跟自然界相揖别;"我是谁"的思索使个体的自我意识产生。"我"的意识使一个人真正意识到自己是一个有别于外物、有别于他人的富有个性的主体性的人。"我就是我"的意识使得人的个性得以张扬。可是,若我们设身处地想一想"后人类",他会怎样思索这个问题?他不禁会发出疑问:"我是谁"。不管"后人类"在后天环境中如何被塑造,但他的心里永远无法摆脱"被塑造"的巨大阴影,他将被本来尚未彻底解决的"我是谁"的人生疑问愈益困扰,痛苦不堪。

丧失人性。"你一定要这样作:无论对自己或对别人,你始终都要把人看成是目的,而不要把他作为一种工具或手段。"[①]康德的"人的尊严原理"同样适用于"后人类"。如果"后人类"是目的,"后人类"就应该有人类的思想、情感,就有人的尊严,也就是说,他应该被当作一个完全的、真正的人。事实上,人们会按照现有的价值观来设计"后人类"的自然特征,诸如体形、头发、肤色、智力等。这样,"后人类"的自然选择权利被剥夺,人的尊严被肢解。这样,"后人类"的思想、情感、尊严即他的人性丧失殆尽。"后人类"仅仅作为满足人类欲望膨胀的一种工具而已。

迄今为止,人是生物进化谱系中进化程度最高的生物,即人类是站在生物进化谱系金字塔最高处的生物。"后人类"的主体性的丧失,从本质上讲是人类主体性的丧失。

二、主体"物化""对象化"的可能性在增加

NBIC 会聚技术将为人类和生物界造福:解决温饱、营养问题的植物基因工程,保护和抢救濒危动物的动物基因工程,保护和抢救濒危人种的人的生殖性克隆,自体器官移植和防止衰老的干细胞克隆,根治癌症、心脑血管疾病、艾滋病的基因治疗等。但同时,人类生老病死的人工安排将在更大程度上代替自然安排,人体结构、心理、行为将在更大的程度上受人工改变[②]。在这种情况下利用 NBIC 会聚技术的发展侵犯人权的可能性和机会也就更大、更多:个人隐私被侵犯,个人的自主权或自主决定权受到侵犯,人被当作"客体""东西"对待的可能性增加,即人易被"客

[①] 周辅成. 西方伦理学名著选辑. 下卷. 北京:商务印书馆,1996:372.
[②] 李辉智. 人类基因组计划带来的伦理与法律问题. 西南政法大学学报,2003:4
   (2):45-51.

体化"。

尤其是挑战人的主体性的生物技术违背了自然的本质,把神圣的人降格为物,从而使人成为技术操纵的对象,以及成为可以在流水线上大量复制的产品。人仅被看作是一种纯粹的物质存在,只是被利用和被操纵的对象。正如有的学者指出:人们"按照不同的需要'生产'不同类型的人,除了复制天才和复制自己外,也可能复制作为商品的克隆人,如作为输血或供给器官的机器,或者作为性奴隶与役使奴隶,等等"[①]。生物基因技术"是工业社会企图将雌性控制的繁殖变成由科学专家双手控制的变态思潮的最新发展,这一趋势正在加速进行,最后无耻的公司会将繁殖变成服务手段和商品"。"所以,胚胎甚至人的胚胎,都可以直接转化为商品,或者变成提供蛋白质、细胞以及器官的动物场的货源,只要你有钱,就可以买到。"[②]

三、人的异化的可能性在增加

马克思是最早对人类异化现象做过深刻批判的思想家。马克思指出,资本主义社会是一个全面异化的社会。人和物的对立、人和人的异化,普遍存在。"科学对于劳动来说,表现为异己的、敌对的和统治的权力。"[③]异化劳动使"人的类本质——无论是自然界,还是人的精神的、类的能力——变成人的异己的本质……他的人的本质同人相异化"[④]。"人同自己的劳动产品、自己的生命活动、自己的类本质相异化这一事实所造成的直接结果就是人同人相异化。当人同自身相对立的时候,他也同他人相对立。"[⑤]20世纪西方的许多思想家,对人与机器关系中人被异化的现象更是关注。他们指出,现代社会不是人控制技术,而是技术控制人。在技术会聚时代,同时存在着技术掌握人存在的本质的可能性,如第二

---

① 余谋昌. 高科技挑战道德. 天津:天津科学技术出版社,2001:46.
② Mae-Wan Ho. 美梦还是噩梦. 魏荣瑄译. 长沙:湖南科学技术出版社,2001:192.
③ 马克思,恩格斯. 马克思恩格斯全集. 第四十七卷. 中共中央马克思恩格斯列宁斯大林著作编译局译. 北京:人民出版社,1979:47.
④ 马克思,恩格斯. 马克思恩格斯全集. 第四十二卷. 中共中央马克思恩格斯列宁斯大林著作编译局译. 北京:人民出版社,1979:97.
⑤ 马克思,恩格斯. 马克思恩格斯全集. 第四十七卷. 中共中央马克思恩格斯列宁斯大林著作编译局译. 北京:人民出版社,1979:98.

章第二节中所述的七大社会与伦理问题。在此，我们仅就基因技术导致人的异化进行分析。

一是基因武器的安全性问题。随着科学技术的发展，人类的武器经历了冷兵器（以铜铁兵器为特征）、热兵器（以火药为特征）、化学武器、物理武器、核武器等时代，与此相对应，人类的灾难和恐惧与日俱增。而今，克隆技术催生的新武器——基因武器，将给人类的生存和健康蒙上一层新的阴影。诺贝尔和平奖得主、英国物理学家约瑟夫·罗特布拉特（Joseph Rotblat）说："我担心其他科学领域的发展，会衍生出其他形式的大规模杀伤性武器，而遗传工程就最有可能，遗传工程的疯狂发展正在取代原子能的位置。"[①]

二是转基因产品的安全性问题。这是指转基因产品的生产、处置、使用不当，而对人类健康或自然生态环境造成危害。科学研究表明，转基因产品可能对人体健康产生不利影响，严重的可以致癌或导致某些遗传病。例如，"将抗毒、抗虫、抗寒等非食用性基因或抗生素抗性的标记基因植入，使转基因食品有可能产生毒素富集或者含有过敏源，或有可能产生抗药性、营养成分降低，如耐除草转基因大豆降低传统大豆的防癌成分，平均营养成分比普通大豆低 12%—14%"[②]。由于转基因产品是经过科学技术产生的新物种，转基因产品释放到环境中，可能对生态环境造成新的污染，即所谓的遗传基因污染，而这种新的污染源很难消除。目前，转基因农作物的安全性问题在欧美地区已经成为一个社会问题，消费者团体掀起了相当规模的反对转基因农作物和食品的运动。

三是基因技术崇拜问题。即把基因及其技术的作用神化、扩大化。认为，基因决定生物的性状，通过对相应基因做适当改变，就可以设计和制造满足人类一切需要的生物。通过对基因的操作，世界上所有的主要问题都会迎刃而解。DNA 双螺旋结构的发现者之一弗朗西斯·克里克（Francis Crick）1996 年就在美国国会发表过以下著名的言论："我们以前认为命运掌握在星象之间。现在我们知道，我们的命运主要是掌握在基因里。"[③] 人类基因组创始人杜贝克也曾表示："DNA 就是真理，世界上发生的一切都

[①] Mae-Wan Ho. 美梦还是噩梦. 魏荣瑄译. 长沙：湖南科学技术出版社，2001：18.
[②] 陈莹莹. 中国转基因食品安全风险规制研究. 华南师范大学学报（社会科学版），2018，（4）：121-127.
[③] 约翰·奈斯比特，娜娜·奈斯比特，道格拉斯·菲利普. 高科技·高思维——科技与人性意义的追寻. 尹萍译. 北京：新华出版社，2000：154.

与 DNA 序列有关。"基因决定论认为,人的性状、疾病、智力、行为、性格由基因决定,基因决定一切[①]。

基因武器的安全性问题、转基因产品的安全性问题、基因技术崇拜问题等负面影响,实质上都反映了人自身的一种危机,这种危机是人的文化的危机,是人存在方式和实践方式的危机。这种危机客观上消融着人的主体性。

第四节　NBIC 会聚技术图谱下主体的多重境遇

在当代,主体在经历了近代以来的确立与高扬之后,陷入了前所未有的危机之中。进入 21 世纪,随着 NBIC 会聚技术的发展,人类科技发展对象从人类周围世界急遽转向人类自身,对人的主体性带来深刻的影响,使这种危机和矛盾加剧。NBIC 会聚技术导致主体的独立性与依赖性交融、创造性与毁灭性交汇、自由性与异化性交织,共同构筑一幅主体性多重境遇的时代画卷。

一、主体的独立性与依赖性交融

人类在多大程度上摆脱自然的束缚?人类的理性代表着一种善的力量,构成人的本性,不但丰富了生命主体性的内容,而且使人对主体性的理解日益向关系、过程和历史发展的方向转化。

在人与自然的关系上,"物我二分"是整个西方文化突出的特征。古希腊哲学家普罗泰戈拉(Protagoras)发现了人在认识活动中的独特作用,提出"人是万物的尺度"。希腊哲人努力寻找"自我",以便使主体从万物殊象中分离出来。赫拉克利特(Heraclitus)说"我寻找过我自己",苏格拉底(Socrates)告诫人们要"认识你自己",希腊人朦胧的自我意识企盼着清晰的界定,不管他们努力的结果如何,后来西方哲学沿着他们的思路把主体与客体的分离作为人类知性活动理所当然的逻辑前提。主客体二分理论确证了人作为宇宙中心的地位,促进了理性的进步和技术的发展。

---

① 邱仁宗. 人类基因组研究和伦理学. 自然辩证法通讯,1999,21(1):72.

而理性和技术的进步又进一步确证了主体的自觉独立性。

在 NBIC 会聚技术条件下，主体逐渐摆脱自然的束缚显示出前所未有的独立性品格。NBIC 会聚技术把技术发展的目标转向人类自身，所要增强的不仅仅是人类的能力，它要达到的目的是"超越人类的生物限制"，这是一种将人独立于自然，崇尚利用科学技术将人从自然中"解放出来"的技术发展思想。发展 NBIC 会聚技术的实质是"大跨度地超越自然和物种的限制"，其预设前提是"人独立于自然"。利用 NBIC 会聚技术增强人类突破自然限制的能力，不局限于"只比动物强一点点"的认识，通过"人-机界面、脑体芯片、智能化机器人"等将人大跨度地"解放"和"独立"起来，会从根本上打破人类史与生态史遗留的"一连串精微的平衡"。

NBIC 会聚技术在提升主体的独立性的同时又走向了问题的反面：主体的依赖性逐步增加——人对技术的依赖性前所未有地增加。埃吕尔宣称，技术从根本上"引申出用机器取代人"的话题。"人的思维成为无必要的。技术就是一个摒弃人类能力的过程。"[1]马尔库塞认为，在工业文明社会里，"人似乎仍处于一种身心贫困的状态"[2]。技术强加在我们之上的理性化、机械化、标准化、程序化特征如此深刻地影响了人的整个社会生活，以至于使"潜在自由和现实压抑之间的脱节日趋严重，它已渗透到了整个世间生活的各个方面"[3]。"在这个世界上，人类生存不过是一种材料、物品和原料而已，全然没有其自身的运动原则。"[4]NBIC 会聚技术深入人与社会生活的方方面面，技术与人纠缠在一起，即"人-机合一"，技术嵌入人的物质身体，嵌入人的精神灵魂，人再也无法逃离技术的控制，个人完全陷入被物支配、被技术控制的状态，"表现为这个创造物的奴隶"[5]，使每个人都处于一种不能自治的状态中。NBIC 会聚技术的进步为人类提供了前所未有的物质财富和高质量的生活条件，技术对人的物质和精神需求的满足以及技术在社会生活中的决定作用，使得 NBIC 会聚技术"进步"的神圣感和人类对技术的依赖感日益加强，这样一来，技术理性便取代了

---

[1] Ellul J. The Technological System. New York: Continuum, 1980: 95.
[2] 郝伯特·马尔库塞. 爱欲与文明. 黄勇, 薛民译. 上海：上海译文出版社, 1987: 70.
[3] 郝伯特·马尔库塞. 爱欲与文明. 黄勇, 薛民译. 上海：上海译文出版社, 1987: 70.
[4] 郝伯特·马尔库塞. 爱欲与文明. 黄勇, 薛民译. 上海：上海译文出版社, 1987: 73.
[5] 马克思, 恩格斯. 马克思恩格斯全集. 第四十二卷. 中共中央马克思恩格斯列宁斯大林著作编译局译. 北京：人民出版社，1995: 25.

宗教神学的"上帝"而成为人类新的崇拜对象。

主体的独立性与依赖性交融始终贯穿在 NBIC 会聚技术发展过程中。

二、主体的创造性与毁灭性交汇

技术乃是人的某种精神力量或观念的对象化，是打开了的人的本质力量的书。利用 NBIC 会聚技术的力量，人呈现出前所未有的创造性。NBIC 会聚技术对主体的创造性体现在两方面：第一，从趋势看，NBIC 会聚技术创造了新的劳动产品、新的存在方式、新的交往方式、新的中介、新的空间，从而使人的创造性大为增加；第二，NBIC 会聚技术进步所带来的闲暇时间，使人们有机会从事如科学、艺术等更富有创造性的活动。

第一，新的劳动产品。传统的工业运用物理和化学的方法生产所需要的产品，效率低。利用 NBIC 会聚技术可以大幅度地提高产量。在四大科学聚合的基础上，NBIC 会聚技术将会产生许多新的产品，如物质、设备和系统，农业与食品。农牧业工作者、食品经营者和消费者将在聚合科技的发展中获益良多。纳米遗传学将使人们更好地保护和控制食物的生产；纳米传感器可实时监控农牧场中农作物与牲畜的生长情况、食品店或超市中货物的新鲜程度；与信息技术结合，纳米传感器还可将数据传输给管理者，向他们提出合理建议，从而避免浪费，提高效率，增加收益。聚合科技可能提供一种更加便捷的方法，使消费者能够全面了解食物的营养成分和有效日期。

第二，新的存在方式。例如，"人-机共生"将会成为一种新的生存方式。虚拟生存是人类有史以来最具革命性的生存方式的变革。虚拟生存创造崭新的生产与生活方式，这一切都将极大地改变人类当前的行为格局。NBIC 会聚技术的发展，有可能使纳米尺度的机器人成为医疗干预中比较普通的工具。许多聚合科技的研究者都强烈地预见到，把个体的人格特征载入计算机或机器人的远景。在这一远景中，加载了人类个体的目标和意识的个性化机器人或智能软件，将可能按照人类个体的意识调节它们自身的行动，使人类经验和行动得以扩展和延长。人们交流的方式正在从"单向度"向交互式和非中心化转变。

第三，新的交往方式。NBIC 会聚技术将极大地提高人类感知和交流的能力。通信技术已经取得重大突破，使得人们能够进行远距离交流。人与人之间将会通过脑-脑交流的高效通信手段进行有效的沟通、协作，大大提高团体的效率。

第四，新的中介，如移动工具和人造物。快速宽带界面将会把人脑和机器直接连接起来；人类的自身健康状况、外部环境及社会资源等信息，会反映在可以穿戴的传感器和计算机中；飞行器等交通工具将采用新型材料建造，能够更好地适应变化的环境。

第五，新的空间。通过宇宙飞船、宇宙基地机器人，能够有效探索月球和一些近地小行星上的资源，最终实现人类对外层空间的开发。

技术既是确证人类自身的力量也是人类自我毁灭的力量。NBIC 会聚技术所带来的可能性并不像人们所期待的那样，都是积极的、正面的。在这些可能性中，是"潘多拉魔盒"还是"属灵的恩赐"？是"创造的发动机"还是人类"毁灭的发动机"？NBIC 会聚技术比历史上的任何技术都会更加深入地触及我们的生存基础，对此人们有着发自内心深处的恐惧和忧虑。美国太阳微系统公司的首席科学家比尔·乔伊在《为什么未来不需要我们？》中，表达了 NBIC 会聚技术可能引发人类灭绝的深刻思考："在 21 世纪，我们威力无比的三种科技——机器人、基因工程和纳米技术正在使人类成为濒危物种。"[①]"在基因工程、纳米技术和机器人（GNR）中的毁灭性的自我复制威力极有可能使我们人类发展戛然而止。"[②] 由于纳米粒子的"无孔不入"，生产过程中各个环节都可能进入人体和环境，给人的健康和生态带来危害。ETC 认为：纳米技术在 21 世纪可能会造成类似于 20 世纪由 DDT、石棉纤维或氟利昂引起的环境问题。ETC 声称，纳米技术和生物技术结合而成的纳米机器人可能会失控，大量制造某种物质，如土豆泥，或自我复制，成为"绿色黏质"，对自然环境和人类健康形成威胁。纳米技术的微型化趋势，特别是所谓"蚊子导弹""苍蝇飞机"等的出现，使得这些武器的交易变得更隐蔽，恐怖组织获得这些武器的可能性也增加。正如有学者指出，基因工程"也可能给军国主义者和恐怖主义分子提供新的杀人手段；甚至可能使人拥有支配和控制人类灵魂的力量"。

主体的创造性与毁灭性交汇始终贯穿在 NBIC 会聚技术发展过程中。

---

① Joy B. Why the future doesn't need us? https://www.wired.com/2000/04/joy-2/[2019-05-30].
② Joy B. Why the future doesn't need us? https://www.wired.com/2000/04/joy-2/[2019-05-30].

三、主体的自由性与异化性的交织

主体的人，只有在特殊境遇中，才能进行自由选择。作为时代最先进的生产力，NBIC 会聚技术是对人的自由的体现和确证，是推动人类追求主体自由的强大动力；而在某种程度上，NBIC 会聚技术成为压抑人性、限制人追求自由的异化力量。

自由是对必然的认识和对客观世界的改造。对客观必然性认识的程度意味着人的自由度，人们对客观世界认识的加深意味着主体自由性的提升。这是精神层面上的自由。对客观世界的改造的程度也意味着人的自由度，人们对客观世界改造的广度和深度也意味着主体自由性的提升。这是物质层面上的自由。按照这种逻辑，NBIC 会聚技术在推动主体认识客观世界和改造客观世界中获得了精神和物质上新的自由，主体的自由性获得极大的提升。

首先，NBIC 会聚技术加深了人们对客观物质的理解。科学理解的物质是具体的某物。哲学视野中的物质主要指事物所具有的客观实在性。哲学中的物质概念对我们理解 NBIC 会聚技术很有帮助。技术人工物的化学元素构成以及尺度、结构都是客观存在的。石墨和金刚石的组成元素相同，只是原子排列方式不同，从而形成不同的物理性质。在 NBIC 会聚技术中，纳米技术主要是利用具体物质在纳米尺度上的特殊性能。随着材料技术的发展，人们发现在不同尺度、不同结构以及不同环境下具体物质的性质也不相同。NBIC 会聚技术为人们看待自然提供了新的视角。纳米技术、生物技术、信息技术和认知科学之间的重新组合能产生巨大的效益，在技术会聚之后带来新的系统质。例如，信息技术与生物技术的融合，推进了生物技术的进步。技术会聚后往往涌现出原有技术单独不具有的性质，为 NBIC 会聚技术的进步提供了新的可能。

其次，NBIC 会聚技术使主体改造客观世界的方式由宏观转向微观，由外在世界转向人类自身。在 NBIC 会聚技术中，纳米技术是关键。纳米技术拓展了认知维度，对结构尺寸在 0.1～100 纳米范围内的物质展开研究，视野将大大拓展。NBIC 会聚技术旨在提高人类智力和能力，是人类寄希望实现"通过驾驭物质摆脱自然限制获取自由"美好初衷的载体。

在某种程度上，NBIC 会聚技术成为压抑人性、限制人追求自由的异化力量，NBIC 会聚技术的异化性表现在"反人性""失控性""不确定性"。

NBIC 会聚技术的"反人性"。技术使人物化、机械化和非人化，从而使人丧失作为人的自由和价值，把人等同于技术的一个构件。J. 西蒙顿惊呼："在过去的那些世纪中，异化的重要原因是人们把他生物学上的个体出租给技术设施：他是工具的负载者，不把作为工具负载者的人组合起来，机器系统便不能建立。这种职业的特征是具有使人在心理和生理两方面成为畸形的效果。"[1]马尔库塞则说得更为直白："发达工业文明的奴隶是受到抬举的奴隶，但他们毕竟还是奴隶。因为是否是奴隶'既不是由服从，也不是由工作难度，而是由人作为一种单纯的工具，人沦为物的状况'来决定的。作为一种工具，一种物而存在，是奴役状态的纯粹形式。"[2]在肉体上，人成了"机器的部分"或"工具的部分"；劳动成了纯粹的"辛劳而又辛劳"的体力消耗。在流水线作业中，面对震耳欲聋的噪声和令人目不暇接的机器转动，人们只能盲从地、机械地、毫无创造性地进行紧张的操作。在自动化生产中，"技术也是以神经紧张和（或）精神辛劳来代替肌肉疲乏"[3]。

NBIC 会聚技术的"失控性"。技术侵蚀了人的肉体，那么，心灵世界是不是一方净土呢？马尔库塞告诫说："'内心自由'……这一私人空间也被技术现实侵占和削弱。"[4]这一点，我们只要看看现代工业文明投射在个人性心理和行为上的阴影，就可以领悟到技术把我们的心灵糟践成了什么样子。"在采用半自动化机器不久，研究表明：女技工在劳动时禁不住陷入有关性生活的梦境。她回忆起卧室、床笫、黑夜以及有关跟她独处的那个人的一切。但是，她梦中拥抱的却是她手中的机器。"[5]总之，技术异化论者相信，现代社会中技术的自主性决定了人必须全面地服从于技术，人的身心自由被严格局限在技术的需求之内。技术的进步是以人丧失自由为代价的。

NBIC 会聚技术的"不确定性"。NBIC 会聚技术统摄下的四个科学技术领域均具有发展的不确定性、技术力量的不可控性：在技术与技术对应层面，纳米技术、生物技术、信息技术的不确定性与技术会聚融合的复杂

---

[1] 郝伯特·马尔库塞. 单向度的人. 刘继译. 上海：上海译文出版社，1989：24.
[2] 郝伯特·马尔库塞. 单向度的人. 刘继译. 上海：上海译文出版社，1989：32.
[3] 郝伯特·马尔库塞. 单向度的人. 刘继译. 上海：上海译文出版社，1989：25.
[4] 郝伯特·马尔库塞. 单向度的人. 刘继译. 上海：上海译文出版社，1989：11.
[5] 让-保罗·萨特. 辩证理性批判. 林骧华，徐和瑾，陈伟丰译. 合肥：安徽文艺出版社，1998.

性成为风险的来源,并增加了风险的生成。马尔库塞曾经提醒过我们:"必须提出一个强烈的警告——警惕一切技术崇拜……技术的异化——技术作为一个工具域,可以增强人的力量,同时也增加人的怯懦。在现阶段,人对自己工具的控制较以前更加无力。"[①]言语间透露出技术力量的不可控性,这也从侧面反映出技术是不确定而且复杂的。技术本身的不确定性增加了风险生成。从现实的发展情况来看,纳米、生物、信息这三大技术领域的安全性并不确定。就纳米技术而言,研究表明,纳米技术对人体健康构成威胁;以 DNA 重组、转基因、合成生物、生物大分子间相互作用、基因组计划和基因组测序等技术为研究轨迹的生物技术,其潜在隐患也已经开始显现;信息技术在 NBIC 会聚技术群中扮演着"监视和控制"人类智能的角色,在获取信息、认知信息、控制智能的过程中,不确定性如影随形。

主体的独立性与依赖性交融、创造性与毁灭性交汇、自由性与异化性交织,实质上都反映了人的主体性危机,这种危机是人的文化的危机,是人存在方式和实践方式的危机。这种危机客观上消融着人的主体性。看来,NBIC 会聚技术时代人的主体性构建是逻辑的必然。

第五节　高技术时代人的主体性重塑

一、重温马克思

对人的主体性的重塑必须重温马克思关于科学技术的思想。马克思关于科学技术的思想主要包括以下几个方面。

第一,科学技术是人的本质力量的公开展示。19 世纪以前,技术还处于认知的边缘地带,随着工业革命的纵深推进和持续发展,技术逐渐渗透到了人类生活的方方面面,关于技术的研究也开始系统展开。以芒福德、埃吕尔、海德格尔、鲍德里亚、麦克卢汉等为代表的技术悲观论者认为,

---

① 郝伯特·马尔库塞. 单面人. 左晓斯,张宜生,肖滨译. 长沙:湖南人民出版社,1988:200-201.

技术对人和社会有着决定性的影响。例如，麦克卢汉认为，技术源于人类生存实践，但随着技术的不断发展，它会超越人类最初的预设和掌控，成为人类无法逃脱的漩涡。当然，最具远见的当属马克思。马克思认为人和动物都是大自然的产物，都依靠大自然生存。但动物只能依据"种的尺度"构造产品，而人却懂得按照"任何一种尺度"进行生产。马克思认为科学技术运用于工业，"是一本打开了的关于人的本质力量的书"，"是感性地摆在我们面前的人的心理学"①。马克思在这里强调，科学技术在工业中的运用证明人不仅不弱于自然，而且能够利用自然为人类服务。

第二，科学技术是影响社会发展的重要因素。生产力决定生产关系、经济基础决定上层建筑，但生产关系会反作用于生产力，上层建筑会反作用于经济基础。马克思认为，科学是精神生产力以认识世界，技术则是现实生产力以改造世界。生产力是人类追求自由的工具，技术作为生产力的物质体现，促成了这一过程的现实实现。马克思的确曾指出了"蒸汽、电力和自动走键纺纱机甚至是比巴尔贝斯、拉斯拜尔和布朗基诸位公民更危险万分的革命家"②，"手推磨产生的是封建主的社会，蒸汽磨产生的是工业资本家的社会"③。如果结合这些论述的前后文就很容易发现，马克思在这些地方只是强调科学技术与社会变革具有重要关联，而不是要说明有什么样的科学技术就有什么样的社会形态。

第三，科学技术与资本主义的辩证关系。马克思认为科学技术与资本主义之间存在着双向关系。一方面，资本主义既推动了科学技术的发展又将成为科学技术进步的桎梏；另一方面，科学技术促进了资本主义的发展也为埋葬资本主义准备了条件。马克思认为，只有超越了资本主义，将"财产的政治经济学"转变为"劳动的经济学"，建立起"劳动共和国"，科学技术才会从"统治阶级的力量"转变为"人民的力量"；科学家才能从"资本同盟者"转变为"自由的思想家"④。

---

① 马克思，恩格斯. 马克思恩格斯全集. 第一卷. 中共中央马克思恩格斯列宁斯大林著作编译局译. 北京：人民出版社，2009：192.
② 马克思，恩格斯. 马克思恩格斯全集. 第二卷. 中共中央马克思恩格斯列宁斯大林著作编译局译. 北京：人民出版社，2009：579.
③ 马克思，恩格斯. 马克思恩格斯全集. 第一卷. 中共中央马克思恩格斯列宁斯大林著作编译局译. 北京：人民出版社，2009：602.
④ 马克思，恩格斯. 马克思恩格斯全集. 第三卷. 中共中央马克思恩格斯列宁斯大林著作编译局译. 北京：人民出版社，2009：204.

"文明若是自发地发展,而不是在自觉地发展,则留给自己的是荒漠"①,这是马克思在100多年前对人类突飞猛进的工业文明发出的忠告。重温马克思关于技术的思想,对重塑人的主体性具有重要启示。

NBIC 会聚技术的发展使人类正在经历现代性技术的深刻危机。从哲学视域考察,这种危机主要根源于人自身需要和欲望的恶性膨胀,本质上是人自身的危机。因此,拯救技术危机,从哲学上说就意味着重塑和构建合理的主体性。在人的主体性建构中,正确处理好人与自然的关系、客体理性与主体理性的关系至为重要。

二、正确处理好人与自然的关系

近代以来,人类面临的最大实践课题是走向现代化。所谓现代化,是指人类社会由传统社会向现代社会转型。其技术基础在于,随着科技的迅猛发展,人类社会生产力达到一个新的高度和节点。在技术推动人力所及范围,人为因素开始决定性地压倒自然因素,成为主导力量。相对于过去人处于从属地位的人与自然关系来说,人类开始在总体上成为主体。由此,以往浑然一体的世界被二元化:自然被降格为客体和人的生活环境,人则成为一种超越甚至主宰自然的存在物。这是人类通过技术活动所实现的人与自然关系的根本性逆转。在当下,NBIC 会聚技术使这种逆转不仅没有停止或终结,而是继续加剧和不断异化。走向人与自然的和谐,必须消除技术的僭越,正确处理好人与自然关系,清除人类中心主义的谬论②。

三、正确处理好客体理性与主体理性的关系

人与动物相区别的一个重要标志就是人的理性,人是"理性的动物"。一般说来,理性是相对于感性、知性而言的,是一种高级的思维方式和思维状态,它可以分为客体理性和主体理性。客体理性又叫作科学理性或技术理性。主体理性又叫作价值理性、道德理性。客体理性表现为人们对知识的追求、对工具的追求、对效率的追求和对各种行动方案的正确抉择。

---

① 马克思,恩格斯. 马克思恩格斯全集. 第十二卷. 中共中央马克思恩格斯列宁斯大林著作编译局译. 北京:人民出版社,1972:4.
② 侯才. 构建当代哲学主体性. 人民日报,2015-11-02.

客体理性的特点是它的工具性和手段性，关心手段的适用性和有效性。相反，客体理性不关心以至于忽视目的及其合理性。所以，客体理性尊重的是人的活动的规律性。主体理性表现为人们对世界的意义、道德的价值、人格尊严的追求，具有明确的目的性和终极关怀性。主体理性的本质是生命理性，即主体的价值理性。主体理性尊重的是人本身的价值性，寻求的是主体意识的自由展现。它关心目的及其合理性，而不是只限于手段及其有效性。客体理性与主体理性，在人的主体性建构中都具有不可替代的作用。客体理性使人能够冷静地对待客体对象并选择有效的手段和工具。没有客体理性，人改造世界的能力就失去了依据，显然就不能建构人的主体性。但是，主体理性在人的主体性的建构中更为重要。这是因为，若没有主体理性，人就失去了活动的内驱力，失去了目的和意义，人的主体性就会出现削弱：重视手段而轻视目的，重视物性而轻视人性。

现代文化本质上是一种科学技术文化，是一种十分重视技术、工具和手段的文化。NBIC 会聚技术就是这种文化发展的必然产物。但是，在 NBIC 会聚技术带给人们福祉的同时，出现了人的物化、异化甚至丧失人性的现象，究其原因就在于忽视了主体理性的建构。所以，人类在重视 NBIC 会聚技术的同时，也要重视主体理性的作用及其建构，使人们始终保持积极向上的精神状态，始终追求生命的意义、人的价值、人格尊严，保持一个火热的主体状态而不是冷冰冰的自然状态。

总之，以 NBIC 会聚技术为代表的高新技术，带给了我们"何为人"以及人与技术关系的新思考。首先，技术通过对"身体"的部分或全部"入侵"，颠覆了传统意义上对"人"的界定。其次，技术通过对"思想"的"驾驭"，实现了对人的操纵。由高新技术武装的机器人和人工智能拥有记忆、思想和情感，能根据社会情境需要，进行有意义的"劳动"，难道这还不能称得上是"人"吗？技术创造的机器人领导着人类，改变着世界，成为宇宙的主宰。一旦"人-机"一体的时代来临，我们生活的社会便不再是传统意义上的"人类社会"。传统的一个头、两只胳膊、两条腿的人的形象可能会成为历史。正如多诺万所说的那样：

当我向窗外望去时，
你猜我看见了什么，
……
许多各式各样的人。

第六章

"后人类主义"批判与实践伦理学

当代高技术的发展使人与技术的关系发生了重要转折：技术的对象转向了生命和人本身，而人类对自然的干预也进一步深入它的基础层次。技术、经济与人的需求三者是相互纠缠的，一方面，技术与经济相互内生，科学知识被商品化、市场化；另一方面，技术的发展是为了满足人类需求。"后人类"问题讨论的核心是关于人的进化问题。"后人类主义"过于乐观，因此发展新技术需要一种审慎的和负责任的态度。应对 NBIC 会聚技术带来的复杂伦理问题，需要新的思路、新的行动原则，需要一种实践的伦理学。实践伦理强调情境和具体性，要求技术增强的研究与应用在人类普遍认同的伦理框架内有序发展。

第一节 NBIC 会聚技术的"后人类"议题

NBIC 会聚技术是主导 21 世纪技术革命的新兴技术群，将在世界范围内掀起一场波澜壮阔的技术革命，产生比以往任何一次技术革命都更为广泛深远的影响，由此必将引发极其严峻的各种社会问题，"后人类"议题就是其一。人工智能、赛博格、网络空间、虚拟身份等越来越密集地在公众话题中出现，而"后人类主义"恰是在此现实基础上生长起来的一种新的讨论场域。

一、NBIC 会聚技术引发"后人类"热议

20 世纪 60 年代开始，随着生物工程与人工智能的应用，"后人类"

思潮萌芽。马克斯·莫尔、雷·库尔兹韦尔、克温·凯利、彼特·斯诺德戴克和凯思·安塞尔·皮尔森等学者以科技为基础，通过理性的思考后提出"后人类"思想。随着旨在提升人类能力的 NBIC 会聚技术的兴起，在欧美乃至于国内学界引发了当代极其重要的社会问题和哲学问题——NBIC 会聚技术的"后人类"议题的大讨论。正如弗朗西斯·福山在《我们的后人类的未来》中所说的："现代生物技术生产的最大危险在于它有可能改变人类的本性，从而把我们引入'后人类的'历史时代。"[①]关于学界的热议，归结起来大致有以下几个问题：什么是"后人类"？"后人类"具有什么特征？"后人类"进化的方式是怎样的？"后人类"的价值是怎样的？"后人类"离我们有多远？

埃德·里吉斯在《科学也疯狂》中把"后人类"称作"后生物人"。埃德·里吉斯认为，利用技术使人和计算机连体，"后生物人"将扬弃人的肉体和易变的情绪而达到不朽的超人状态。这种"后生物人"为了防止被干扰而消亡，还可以拥有自己备用的拷贝以达到永生。尼克·博斯托罗姆认为，"词语'后人类'和'后人类文明'被用来指示某个我们在将来某一天可能达到的、技术上被高度武装的人类社会（这种人具有更高的智力和体力以及更长的生命周期）"[②]。国内学者佘正荣提出："后人类指的则是已经完成了从自然进化到技术的人为进化过渡的人类，他们虽然是人类的后代，但是已经进化到了这样的程度，以至于他们不再是人。这些后人类的存在物在体能、智能、力量、记忆、健康、幸福和寿命等所有方面，必将远远超过目前的人类。"[③]宋秋水也认为，"'后人类'被设想成为人体和机器、人脑与电脑的结合体，它可以是机器人，可以是软件，也可以是信息状态"[④]。总之，所谓"后人类"，是指人类以当代高新科技为基础，凭借大尺度想象，将纯粹的自然人进行设计、改造、升级后，产生的一种智力高度发达的"新型人类"。这样的"新型人类"可以不再需要食物、掩蔽处和性，他们在机器和网络中实现身体的不朽。"后人类"

[①] 伊诺泽姆采夫 В Л. 从《历史的终结》到《后人类的未来》——评 F. 福山新著《我们的后人类的未来》. 文华摘译. 国外社会科学, 2003, (6): 77-80.
[②] 尼克·博斯托罗姆. 生存的风险——人类灭绝的场景及灾难之分析//曹荣湘. 后人类文化. 上海: 上海三联书店, 2004: 236.
[③] 佘正荣. 后人类主义技术价值观探究. 自然辩证法通讯, 2008, 30 (1): 95-100, 49.
[④] 宋秋水. 关于"后人类"若干问题的思考. 中国矿业大学学报(社会科学版), 2005, (4): 31-34.

被认为代表了人类的演变方向。

"后人类"超越现今人类的、根本不同于现今人类的特征有两个方面。第一，人的自然进化被人工进化所取代。人类不再以自然生育作为繁衍后代的唯一方式，而开始用技术手段制造新人，是"后人类"的首要特征。"后人类可能完全是人造的"[1]。这种"后人类存在"会聚人工智能技术、神经科学、纳米技术、基因工程等多重科学技术，其本体特质已经发生了根本的改变，"已从物理和机械的本体，到生物的和有机的本体——从被制造的实体，到生长的实体"[2]。第二，"后人类"在肉体和精神上将全面地超越现今人类。在"后人类"社会，人类的肉体不再是原先纯粹的自然肉体，它被镶嵌许多高科技物质产品，诸如人造器官、人造血液、人造皮肤、人造肢体、人造基因；精神也不是原先纯粹的人类精神，而是镶嵌进许多后天的人造精神、人造记忆、人造思维，比如"后人类"的眼睛可以同时是一架照相机或摄像机，"后人类"的耳朵可以同时是一台收录机，"后人类"的大脑可以同时是一部快速和大容量的记忆与储存装置。总之，"后人类"的人将成为一个用后现代科学技术全副武装的人[3]。

迈文·伯德（Mervyn F. Bendle）在《远距传物、电子人和后人类的意识形态》中提出了"后人类"进化的两种途径：在物理上，通过我们已经拥有的科学来获得；在精神上，通过操纵文化的记忆导致心理结构的根本改变来获得[4]。这两种途径的实现方式为：在物质的改造方面，可以借助人类完成的基因图谱，利用人类基因工程和生物克隆技术，对人种进行改良。在人的精神改造方面，利用认知科学和人工智能及信息技术来提高人的生物智力。通过神经学界面和计算机接口的接入，人的认知模块和心理状态可以上传到网络上，从而实现与其他大脑的整合。

二、"后人类"技术的价值分析

"后人类"技术的价值是怎样的？"后人类"技术也可以称为"超人

---

[1] 迈文·伯德. 远距传物、电子人和后人类的意识形态//曹荣湘. 后人类文化. 上海：上海三联书店，2004：124.
[2] 迈文·伯德. 远距传物、电子人和后人类的意识形态//曹荣湘. 后人类文化. 上海：上海三联书店，2004：137.
[3] 张之沧. "后人类"进化. 江海学刊，2004，（6）：5-10.
[4] 迈文·伯德. 远距传物、电子人和后人类的意识形态//曹荣湘. 后人类文化. 上海：上海三联书店，2004：124.

类"技术，是指创造"后人类"所运用的高新技术体系，在此，我们特指创造"后人类"的 NBIC 会聚技术，包括纳米技术、生物技术、信息技术、认知科学。从技术的发生学角度看，任何技术总是渗透着人的期望，体现着人的需要、目的，都荷载着价值。NBIC 会聚技术对于人类来说意味着什么？换言之，采用 NBIC 会聚技术制造"后人类"荷载何种价值？NBIC 会聚技术对人类社会的价值将远远超过任何一种技术群，必将为人类历史的发展添上浓墨重彩的印记，对此诸多研究者都有创见。国内研究认为，NBIC 会聚技术的社会影响已初见端倪，其价值效应有正负之分：提高整个社会的创新能力、缔造全新经济增长模式、维护国土安全、提升人类自身素质分享其积极效应；而导致国防安全的潜在威胁、引起人类认知系统的混乱无序等诠释了其消极效应[①]。亚里士多德认为："一切技术、一切研究以及一切实践和选择，都以某种善为目标。"[②]笔者认为，"后人类"技术的"善"的价值是毋庸置疑的，而且随着 NBIC 会聚技术的发展，其潜在"善"的价值会逐步显现和放大。但是其"恶"的效应必须引起我们更高的警惕！因为 NBIC 会聚技术的高风险性提供了人类更多价值选择的可能性。那么，"后人类"技术的负面影响主要体现在哪里？一是主体——类的消解。比尔·乔伊在《为什么未来不需要我们？》开篇就提出："在 21 世纪，我们威力无比的三种科技——机器人、基因工程和纳米技术正在使人类成为濒危物种。"比尔·乔伊所说的"人类成为濒危物种"实际上就是 NBIC 会聚技术将可能导致技术主体——"类"的消解或"类"的灭绝，换言之，NBIC 会聚技术衍生的最大价值难题是"类"的难题或"种属"难题。二是客体——技术异化。按照雅斯贝尔斯的观点，在现实世界里，技术的异化成为最主要的异化现象。人们使用 NBIC 会聚技术的目的是提升人的能力，但 NBIC 会聚技术在提升人的能力的同时，也可能给人类带来灾难，甚至成为一种异己的、敌对的力量，危害社会、反制人类。尤其是 NBIC 会聚技术提升人类能力，出现"后人类"，一方面一部分人可能借助科学控制另一部分人，另一方面人类本身越来越受科学的奴役。海德格尔认为，在技术社会中，"人变成了用于高级目的的材料"，技术中的艺术性消失了，思维能力衰退了，人的本质失落了。NBIC 会聚

---

① 赵红蕾. NBIC 会聚技术的社会影响与发展对策研究. 天津：天津大学硕士学位论文，2007：13-22.
② 亚里士多德. 尼各马可伦理学. 王旭凤，陈晓旭译. 北京：中国社会科学出版社，2007：1.

技术会导致人本层面的技术异化。也就是 NBIC 会聚技术在人的认识能力、伦理观念、审美意识、身心健康等精神领域的负面效应。面对技术的负面性，海德格尔告诫我们要有所准备："真正莫测高深的不是世界变成彻头彻尾的技术世界。更为可怕的是人对这场世界变化毫无准备。"[①] 倘若像技术自由主义那样，放任技术的自由发展，不仅是对世界的不负责，而且是对人类自身的不负责。因此，对 NBIC 会聚技术加以调控就显得十分必要了。

"后人类"离我们有多远？库兹韦尔提出的时间表是在 2020 年。他预测，"后人类"分为三个时期。第一个时期：充分享受技术和智能的时期（2020～2070 年），这个时期大约有半个世纪，技术和智能得到充分的发展。这个时期，计算机的能力与人脑的能力相当，并逐步超过人脑；计算机（机器人）开始与人类讨论"人"的定义（范围），机器人争取"人"的权利的运动越演越烈。第二个时期："人-机"共存，抗衡时期。这个时期可能要持续比较长的一段时间，大约到 22 世纪中叶。这个时期技术和智能更是以指数模式发展。纳米机器人被用于制造人类的视觉、听觉、味觉、触觉和虚拟现实中的目标。人与机器的"统治权"之争越演越烈，人类逐渐由主动地位变成从属地位。第三个时期：新型的智能实体（智能生物与其开发的更先进的技术智能合二为一的实体）统治时期。这个时期大约在 22 世纪中期以后，逐渐由人-机共存、抗衡时期过渡而成。随着"原人"（没有经过任何改造升级的以碳基细胞为主体的人）数量减少，更主要是智能实体，其智力层次高于"原人"一两个数量级，"原人"社会地位必然越来越低，从人类精英的智能模型扩展延伸出来的智能实体的大脑已经不再是基于碳元素的细胞，而是基于电子、光子的计算单元（或者是复合体）。就是那些仍然在使用以碳元素为基础的神经细胞的人类，大多数都采用神经植入技术进行"升级"，升级后的"碳基人"极大地扩大了感觉、记忆和认知能力，有能力与智能实体进行交流，共同活跃在社会舞台。那些没有经过升级的"原人"就无法在社会上立足。库兹韦尔分析"原人"的结果有四种情况：第一种，人类的精英。他们成为他们自己发展的技术-智能新实体的"母型"，这些精英会受到智能实体的崇拜，一如我们崇拜爱因斯坦、牛顿一样，可能还会分成各种类型，如科学型、技术型、艺术型、文化型等。第二种，被升级（植入神经芯片）为"人-机"复合体，这

---

① 海德格尔. 海德格尔选集. 下卷. 孙周兴选编. 上海：上海三联书店，1996：1238.

些人成为那个时代的主体。第三种，顽固不进行升级的人，由于智能低下，可能沦为乞丐乃至于成为新型"宠物"（类似于今天看到动物表演中的猴子、海豚等）。第四种，顽固不进行"升级"的人，并对技术-智能抱有敌意，是那个时代的"卢德分子"。他们起初进行反抗、破坏，但智能低下的他们是不可能取得胜利的，最后将归隐森林，成为新型的"类人动物"。

"技术越来越把人从地球上脱离开来而且连根拔起。我不知道您是不是惊惶失措了，总之，当我而今看过从月球向地球的照片之后，我是惊惶失措了。我们根本不需要原子弹，现在人已经被连根拔起。我们现在只还有纯粹的技术关系。这已经不再是人今天生活于其上的地球了。"[1]如果海德格尔再高寿些，那么，当今时代NBIC会聚技术的崛起可能导致的"后人类"存在也许会更令他不寒而栗。从而，受到挑战的我们，对这种可能产生新兴人种的高新技术就不得不进行深入的分析了。

第二节 "后人类主义"批判

一、人与技术关系的重要转折

自从人猿揖别，人类就在不断地认识客观世界中能动地改造外部世界，也在不断地认识主观世界中能动地改造自我世界。这两种活动的交互作用，使得人类不仅极大地提升了对外部世界的认识与改造能力，也增强了自身的体力与智力。而生物技术、神经科学、计算机技术和纳米技术的进展及其结合，则赋予了人类增强技术全新的意义。它们不仅提供了全新的增强技术，而且引起了增强概念质的变化，乃至有人提出，人类进化进入了新阶段，可能会再一次改变我们的物种[2]。

科学家预言：NBIC会聚技术预示技术会聚的趋势将有可能进入一个"奇点"，在这个"奇点"上技术的力量将大规模地爆发，自然、社会和

---

[1] 海德格尔. 海德格尔选集. 下卷. 孙周兴选编. 上海：上海三联书店，1996：1305.
[2] 胡明艳，曹南燕. 人类进化的新阶段——浅述关于NBIC会聚技术增强人类的争论. 自然辩证法研究，2009，25（6）：106-112.

人类会出现一个质的跃升。而在我们看来，它也体现了技术发展，或人与技术关系的一个重要转折。

首先，NBIC 会聚技术（以及增强）反映出的一个最重要的变化，就是技术的对象转向了生命和人本身。在以往的以机器为代表的技术中，我们的身体是出发点或"操纵的基点"，我们把工具（技术）称为人体器官的"投射"或"延伸"。例如，锤子是拳头的延伸，汽车轮子是两条腿的延伸，等等。而在今天以 NBIC 会聚技术为代表的高技术中，生命和人的身体成为技术改造和重新设计的对象，乃至提出了用人工进化取代人的自然进化。形象地说，以往好像是人类拿着工具去改造外部对象——自然事物，而今天这把刀子反过来对着人类自身了。

其次，纳米技术、生物技术、信息技术和认知科学的发展使人类对自然的干预进一步深入到了它的基础层次。众所周知，地球上所有物质的宏观性质、结构和功能都是原子和分子运动的结果，所有生物的性状也都是基因组合的结果。所以，当科学研究揭示了原子和基因（哲学家赫费称之为"两基"，即基本粒子和基因）的秘密，并把它们付诸技术应用时，我们在原则上已经可以对整个世界进行重新设计、重组或再造。事实上，这一转折在 20 世纪下半叶随着生命科学技术、信息科学技术的发展已经开启，NBIC 会聚技术可以看作其实现的标志，它为人类的发展展示了新的前景，也向我们提出了新的问题，带来了新的风险和挑战。有人为此欢欣鼓舞，认为我们从此可以彻底摆脱自然的限制及其偶然性的摆布了。但这也不禁令人想起海德格尔所说的"技术越来越把人从地球上脱离开来而且连根拔起"[①]。把自然的力量和人的进化完全掌握在人类自己手中，是否全然是一件好事？人类是否已经具备了这样的能力？这些都是需要我们进一步思考的。

要深入讨论高技术发展可能引起的经济社会变化以及对人本身的影响，以及从伦理规范到政策管理做出合理的应对，还必须考察技术发展与经济和社会、与人的欲求之间的相互作用关系。技术、经济与人的需求三者本来就是相互纠缠的。

（1）技术与经济是相互内生的：技术活动的目标和本质即是追求效能。正是这一特征使得技术服务于商业和其他利益，服务于人的需要。由此，技术也就被看作是经济发展的"内生变量"。技术的发展，不仅是由

---

① 海德格尔. 海德格尔选集. 下卷. 孙周兴选编. 上海：上海三联书店，1996：1305.

其"内在的"规律、力量所驱动的,而且是由市场、利润等经济的力量所驱动、所导引的。而正是后者现实地导引和"塑造"了技术朝向什么方向发展,以何种面貌呈现,以何种方式起作用。特别是随着高技术的发展,技术与经济之间的相互内生关系变得更为明显和直接了,而且把科学也"拖"了进来——科学知识也被商品化、市场化了。"它的创造和使用(分配)则被纳入市场运作中,其资源的投入和成功评价也要受到市场规律的支配和检验。"[1]

(2)一般说来,技术的发展是为了满足人类需求。"人类需求"是经济、军事、文化以及日常生活的具体的需求,在现代社会中,这些需求满足的物质方面,主要是通过技术发明和创造实现,并且大量地通过市场活动表现出来。技术产品在满足人的需要的同时,又可以刺激起人的新的、更多的欲望。在这背后,不难看到资本的作用。

二、"后人类主义"批判性反思

让我们围绕着"后人类"问题来讨论。因为在关于人类增强的问题上,关于"后人类"的争论集中地凸显了其中的哲学问题。

"后人类主义"是20世纪后半叶,尤其是最后10年,伴随着生命科学、纳米技术等的进展,在西方国家出现的一种社会思潮乃至实验性探索。一些科学家和学者,希望借助大脑科学、纳米技术、生物技术等的新发展中显示出的巨大潜力,来改造人类的遗传物质和精神世界,最终变人类的"自然进化"为完全的"人工进化"。这个思潮一出现,便立即引起了热烈的争论。

第一,"后人类主义"问题的核心是关于人的进化。NBIC会聚技术引发人们格外关注的重要原因,是它把生命和人类变成了技术改造的对象。乃至一些人主张用"后人类"来取代当今的人类。纳米技术带来的困惑与不安,主要也是它会在多大程度上改变人类的自然本性问题。

"后人类主义"者宣称,当前,"在知识、自由、寿命和智慧上,人类正处于爆炸性扩展的早期阶段"。自然进化只是人类进化的一个初级阶段,将让位于通过生物技术、计算机技术、纳米技术、脑科学技术和其他

---

[1] 朱葆伟.高技术的发展与社会公正.天津社会科学,2007,(1):35-39.

先进技术实现的"人为进化"阶段①。

这里首先涉及一个核心问题：关于"人"与"人性"，或者说人及其身体的本体论和道德地位的问题。关于"人"或"人性"，人们耳熟能详的是："人"是一个自然物种，又是超越自然的存在物，是自然存在和超自然存在的统一。人类以其具有社会性、精神性（具有自我意识、自由自觉，是自我完成、自我创造的）而区别于其他动物。人类是自然进化的结果，更是社会、历史、文化的产物。没有不变的"人性"或"人的本质"，它们总是要随着文明的发展（包括技术的发展）而改变。人类发展科学技术，在一定的意义上说，就是要弥补人自身的"先天不足"。斯蒂格勒用爱比米修斯的神话，做了生动的论述，与动物获得的各种性能相对比，人生来没有性能，而是依靠技术发明、创造实现自己的性能②。也就是说，自然的进化——智人的出现——并非是人类进化的终结，甚至也不是人类自身的完成。

但毕竟，"人"首先是一个自然物种，人之为人的基础首先是这个生物身份。人的社会性、精神性特质，都是在这个基础上发展起来的。当代科学的研究进一步表明，在自然-社会和物-心的关系中，物包括生命的自然结构、功能，对于人的意识、情感、行为、能力等，其作用、影响比以往我们认识的要大得多。人是一个整体、有机统一体，不能机械地划分为物-心或自然-社会两个部分，更不能简单地执其一端。而且，这个界限也不那么确定——或者说，界限划在哪里，如何划分，还需要科学和哲学的更进一步研究才能获得更为清晰的认识。把人（人的本质）归结为一堆基因的组合，或者把人的思想、意识、情感和道德判断等统统还原为一定物质的结构和功能，是错误的；但是也不能走向另一极端——它反而使当下这场争论变得无足轻重。

人及其身体本身就具有某种道德地位，这一点不应该受到怀疑——至今，这仍然是人类社会道德和法律的一个前提。但是这一地位并不表示它不是不可以触动的——以为触动了它，就是侵犯了人的尊严或"生命的神圣性"——而是要求在进行任何技术干预时，都必须有充分正当的理由，都必须在审慎的限度内，以及必须充分预计到可能带来的社会影响和风险。

---

① 马克斯·莫尔. 超人类主义——一种走向未来的哲学//曹荣湘. 后人类文化. 上海：上海三联书店, 2004：61.

② 贝尔纳·斯蒂格勒. 技术与时间：爱比米修斯的过失. 裴程译. 南京：译林出版社, 2000：227.

人是目的，不能把人当作手段，包括不应把人的身体当作手段。人类是一个难以被超越的存在。人类生命也不是技术可以随意处置（设计、改造）的对象。但是，在人的身体问题上，坚持自然物与人工物的划分是没有必要（事实上也已经不可能）的；为了自我发展和完善，对人身体、功能的某些部分进行技术性的改造也不等于把生命沦为工具。问题是，这种改造，无论在质上还是量上，有没有一个限度？如果有，那么在哪里？今天改换一个器官，明天增添一种功能……如此持续下去，到什么时候，我们就会不再是"人"。个体失去了自我同一性——如果一个人的身体或心理功能主要部分由技术产品来执行或支持，他仍是完全意义上的人吗？在什么意义上，他们仍是他们自己？

而从主观方面说，人类没有具备随自己的意愿组合、设计生命体和控制自身进化的能力。科学没有提供这样的能力。从上文的分析我们可以看到，部分的、局部的控制是可能的，但是，像人类进化这样的历史过程，是不可能完全由人类自己来控制的。而且，"随自己的意愿"也是大可怀疑的。"后人类"仅仅是幻想而已（而且可能不是一个美好的乌托邦，试想，由"人工人"来统治一个"人工世界"）。

第二，支撑"后人类主义"这一主张的，是所谓的"对没有任何限制的永恒进步的未来的价值追求"。"后人类主义"者宣称，这"是一种启蒙的价值观"，即彻底贯彻启蒙精神，认同以美好生活为目的的理性、和谐、进步的价值观。其要旨是"肯定无限扩张"和"对限制的永恒超越"[1]。马克斯·莫尔说："后人类主义提供一种乐观的、至关重要的和动态的生活哲学。我们以激动和欢快的心情看待无限增长和无限可能的生活。""肯定无限扩张、自我转化、动态的乐观主义、智能技术和天然次序的价值。"[2]

进步是启蒙时期的一个基本理念，是近代社会的驱动力。特别是到了19世纪，科学技术和工业的蓬勃发展、进化论的出现，都使进步成为占统治地位的意识形态。尽管在今天，随着现代性批判的深入，这一意识形态也不免遭到质疑，然而，不争的事实是：对自然力量的认识在增长，自然力为人类利益服务的能力也在增长——日常福利，自由和自我实现的机会，经济、社会文化的繁荣，等等，"相应的进步是如此压倒一切，谁否认它，

---

[1] 马克斯·莫尔. 超人类主义——一种走向未来的哲学//曹荣湘. 后人类文化. 上海：上海三联书店，2004：71.
[2] 马克斯·莫尔. 超人类主义——一种走向未来的哲学//曹荣湘. 后人类文化. 上海：上海三联书店，2004：72.

谁就显得荒唐可笑"[①]。然而，即使是好的，就可以无限、无度吗？

对什么是启蒙精神以及其对今日之意义，人们有各种不同的理解，这里拟不予以评析。但无论如何，理性的批判精神应当是启蒙运动的精华所在。福柯在分析康德论启蒙的名言"要有使用你的理性的勇气和胆量"时指出，批判，就是揭示可能性和限度：哪些是我们能够超越的界限。他说："我不知道今天是否应该说批判的工作包含着对启蒙的信念。我认为，这种批判工作必须对我们的界限作研究，即，它是一种赋予对自由的渴望以形式的耐心的劳作。"[②]批判就是要揭示可能性，打破界限；但同时也是在划定界限——哪些是我们不能逾越的。

"度"是实践活动合理性的最重要的原则之一。古希腊的亚里士多德讲"中道"，中国古代的儒家讲"中庸之道"，强调的都是对"度"的把握。"无限扩张""无限增长""无限可能"宣扬的都是"无度"。它显示出来的至多是热情，而非理智。超出了度，必然会走向自身的反面。

第三，这里也涉及自由问题。一些"后人类主义"者认为，增强的目的是扩展人的自由，即"打破限制，成为自身的主人"。一方面，实现人类的人工进化，也是要把对未来的决定权控制在自己的手里，而"把决定权交给自然就是用运气支配人的自主权"。另一方面，决定是否增强是个体或人类的自由。一些并非赞同"后人类主义"的学者也认为，"个人自由"是最高的价值导向，人类有追求卓越的自由和权利，这是任何理由都不可阻挡的。

确实，自由是人类追求的少数最高价值之一。但自由不是任意，不是打破一切限制、界限，也不是听任欲望的驱动。人作为生物具有感官需求与利益。启蒙精神在高扬自主性时，也充分肯定了争取个人幸福的权利。但自由不是完全置于欲望的支配之下的。人的需求有高级和低级之分，并非所有的欲求都是合理的，也并非所有能够做的都是应当做的。在把价值定义为"对需要的满足"时，人们区分了欲望与需要。被欲念和热情支配的人，恰恰不是自由的人。而且，单纯的感官或欲望的驱动的行为本身是不顾及条件和后果的。柏拉图和亚里士多德认为自由是理性所支配的，康德把实践意义上的自由看作是与他律相对立的意志自律，这些都是有道理

---

① 奥特费利德·赫费. 作为现代化之代价的道德——应用伦理学前沿问题研究. 邓安庆，朱更生译. 上海：上海译文出版社，2005：213.
② 米歇尔·福柯. 福柯集. 杜小真编选. 上海：上海远东出版社，1998：543.

的,尽管他们过分地强调了理性对感性的压制。

何况人的欲望可以是无尽无休的,今天科学技术的发展也为满足人们的欲求提供了越来越多的手段;而且每一次欲望、需求的满足都会带来新的欲求。这一欲求-满足的相互刺激的循环带来了物质文明的进步,同时也造成了一系列现代性危机。

此外,在这里,已经不能单纯地从个体自由的层面来考虑问题了。人工进化涉及的已是人类的存在和发展。很多增强手段的选择都不只是个人自由选择的问题,在它之上,还有人类的繁荣,对社会、他人的影响(如竞争的公平),以及社会的可接受性问题。"追求卓越和自我完善"并非压倒一切的自由和权利。这些都给"无限扩张"以不同程度的限制。放任技术完全自由地发展和放任我们的欲望完全自由地发展,不仅是对世界不负责任的态度,而且更是对人类自身不负责任的态度。

"后人类主义"这种对没有任何限制的永恒进步的追求,是建立在对高技术的片面理解和无限信仰之上的。

确实,今天科学技术的发展使得人类获得空前的能力并展示了更为辉煌的前景——几乎是打开了一个"无所不能"的时代。然而,由掌握自然力而构成的"技术本身的能力"和我们对这种能力的使用是两种不同的能力。不能说,对于高新技术对自然和社会的影响,我们在伦理、法律和政策上,都已经有了足够的准备。特别是,今天我们仍然处于资本和市场起支配作用的时代,而"进行不受任何限制的获取"正是资本主义经济的特征。

高度发达的科学和技术的应用使得我们能够把越来越多的、范围越来越大的,也是越来越复杂的事物、过程和结果置于人类的掌控之下。但是,其条件是分离、分割——把对象从环境中隔离出来,把诸要素分割开来,以及把不确定性限制在一定范围内。或许可以说,"实现完全人工的控制"只可能是局部的、有限的,尽管范围可以越来越广。高新技术嵌入社会和把人工制造的生物产品投入自然循环,其中有很多的相互作用和长远后果是我们不可能预知的。而按照"后人类主义"者和其他一些人的设想,NBIC会聚技术等发展将使人类把整个自然界和人类的进化都控制在自己手中。这显然是不可能的。

这种对技术——实际上也是对人类力量——的过高估计,还表现在总是试图把技术能够带来的好处与风险、副作用完全分开,或是简单地以为"技术带来的问题,总能用技术手段解决"。然而,"创新几乎永远有阴影相随,有后果负担"。从本质上说,这种观念实际上是希望"去除固有的矛盾","超越了一种技术文明的能力……人未把自己带入实存"[①]。

这不意味着我们应该放弃发展高技术,而是需要一种审慎的和负责任的态度。

这里的"审慎"不同于汉斯·尤纳斯(Hans Jonas)的"审慎"。尤纳斯强调的"审慎"是基于对人类所掌握的巨大的科学技术力量的恐惧,它阻碍了技术的发展和创新。而我们所说的审慎,是愿意正确自我估计技术促成的力量,使自己的行为保持在一个合理的"度"的范围内。它赞同自身可能性的界限,抵制那种不受限制的狂热的权力,但不因此放弃自我发展和自我完善的努力和自主地建造家园的权利,鼓励创造,包括科学技术的创新。这也意味着,避免"强迫欲"与"单纯的顺从"两种未经反思的选择,寻求一种新的人与自然、人与技术的关系。"应该发展一种新型的意义能力,那种未来能力是对新的、使其他意义远景保持开放的能力"[②],尤其是和风险一起生活的能力。

这是一种实践的思维方式,它也贯穿在对伦理问题的解决中。

第三节 走向实践伦理学

一、技术增强的伦理争论

人类增强技术的研发和应用在全球范围内的兴起,在给人类带来无限发展可能的同时,也引发了一系列的伦理、法律问题,其中有一些是对人的价值与意义以及人性的一种颠覆性革命,引起了广泛的争议[③]。

在面对技术增强的伦理原则的争论中,明显表现出两种立场:技术进步主义者持乐观主义态度,而技术保守主义者则过于谨慎。科学技术专家

[①] 奥特费利德·赫费. 作为现代化之代价的道德——应用伦理学前沿问题研究. 邓安庆, 朱更生译. 上海: 上海译文出版社, 2005: 134.

[②] 奥特费利德·赫费. 作为现代化之代价的道德——应用伦理学前沿问题研究. 邓安庆, 朱更生译. 上海: 上海译文出版社, 2005: 130.

[③] 陈万球, 沈三博. 会聚技术的道德难题及其伦理对策. 自然辩证法研究, 2013, 29(8): 45-50.

和人文学者也往往表现出各自的局限。科学技术专家主要是从专业角度出发，一方面，为专门化的目的而寻求技术，其所希望的特性虽然以极高效率实现，但却往往有损于其他特性或整体性；另一方面，他们也更多的是从技术的可行性出发考虑问题。而人文学者也会有自己的局限性或偏见，他们往往不是从具体情境出发，而是从不变的、理想化的原则出发，其意见更多地带有抽象的性质。而且，他们的长处在于批判，其意见往往适合于做社会的"清醒剂"，却非"治世良药"。例如，海德格尔关于技术的"座架"思想不可谓不深刻，但是却不能给问题以解决的出路，带有浓厚的悲观主义色彩，其片面性、局限性也是明显的。

这些极端的思维方式都不利于新技术的发展，也不利于控制其对人类生存的潜在威胁。

美国著名生命伦理学家比彻姆（Tom Bcauchamp）和丘卓斯（James Childress）提出生命伦理学的四项基本原则：不伤害、有利、尊重自主和公正。一般说来，这四项原则也适用于人类增强，但不足以应对 NBIC 会聚技术带来的复杂局势。一些传统伦理学理论，如功利主义、义务论等，如何应用于这些全新的情境，也是需要进一步研究的。

二、一种新的实践伦理学

要应对 NBIC 会聚技术带来的复杂伦理问题，需要新的思路、新的行动原则，需要一种实践的伦理学。

这种实践伦理学就是实践的行为方式和思考方式或者说实践判断。实践是"做事"，它面对的是未来，具有很大的不确定性，诸如在实践中各种价值相互抵牾或规范体系不完善的情境，抑或尚不知道应当应用何种技术规则的情境。NBIC 会聚技术的伦理学就是这样：它正在发展中，具有很大的不确定性，蕴藏着潜在的风险。

实践伦理面对的是问题，其目标也是要解决问题。所以，实践伦理不是既有原则的搬用：在实践的类推、选择与权衡中，人们常常往返于对情境的把握和对原则的理解之间。也就是说，一端是理论、规范，以及我们的目的、需要，另一端是情境、条件、结果和可能的后果。已有的价值观念与合理性规范，只是人们行动与思考的出发点而不是其不变的尺度，需要在实践和理性反思中去具象化它们，去应用、检验甚至修正它们。这个不断地反馈到起点的"迭代",是一个综合的、创造性的过程[①]。它不仅能够很好地解决问题,也有效地避免了"科林格里奇困境"("科林格里奇困境"就是技术的社会控制困境。科林格里奇本人试图通过使技术具有可改正性、可控制性和可选择性,通过改变技术决策解决该困境)。

实践伦理强调情境和具体性。亦即从实际出发,从问题出发,从具体情境、后果和可能后果出发,而非从固定不变的原则出发。实践的成效不仅依赖于我们做什么,更为重要的是,它依赖于行为背后的意义及其发生的时机、情境、条件等。对于增强的伦理问题的探讨,不能从抽象的概念出发,而是要针对不同的增强技术类型以及不同的增强对象对具体问题,进行具体分析。这里不仅要求对情境的深刻理解和正确阐释,而且要求伦理原则的具体化。伽达默尔(H.-G. Gadamer)说,对于实践理性来说,它最重要的特点在于,"目的本身、'普适性'的东西是靠独一无二的东西获得其确定性的","任何普遍的、任何规范的意义只有在其具体化中或通过其具体化才能得到判定和决定,这样它才是正确的"[②]。

这里必定要涉及需要处理多种冲突的关系,如义务冲突、价值冲突、利益冲突等的问题,需要权衡,需要寻求适当的"度"。这就要求一种实践的判断力,涵括从现有可能与条件下发展出一种新的行动模式的能力,超越现实的局限而创造新条件的能力。

中国是发展中国家,发展纳米科学技术、生命科学技术、信息科学技术和脑科学技术等高新技术是国家战略和重要任务。这是因为高新技术不仅是中国经济提质增效的根本支撑,不发展就会受制于人,更重要的是,高新技术是提高民族的素质、解除人民痛苦、实现人民幸福和保障人的尊严强有力的需要。然而,这些高技术的研发和应用,潜藏着对人类很大的,其中有许多是我们尚不清楚的危害。

第一,在操作层面上,我们需要的是积极而审慎的态度。这就要把安全问题摆在第一位。事实上,前述"转折点"所要求的伦理原则就是把安全放在最重要的地位。安全问题不仅是一个科学问题,而且是一个价值选择问题。这里所说的安全是指,增强在技术上应该是成熟的、安全可靠的,无论何时、何人、何种理由,都不能利用增强技术给任何人的身体、精神

[①] 朱葆伟. 实践智慧与实践推理. 马克思主义与现实,2013,(3):72-78.
[②] 伽达默尔. 科学时代的理性. 薛华,高地,李河等译. 北京:国际文化出版公司,1988:72.

或者其他方面造成伤害。只有在增强技术的副作用或不良反应降到最低且可以置于严格控制之下时，才可以被应用于人。从安全原则出发，要求科学家必须及时将有关人体增强的研究情况公之于众。在开发过程中，必须本着预防原则，制定切实可行的安全防范措施。在使用过程中，尊重使用者对风险的知情权和选择权。

第二，在对增强技术的研发和应用的管理和控制中，应当实行有差别原则。即完全背离人类道德伦理的增强技术必须禁止研发，例如以纳米技术为基础的、改变人类物种的增强技术应被禁止研发。对于兼具正负价值的增强技术必须限制研发。对于技术上成熟、伦理上能够接受的增强技术应当鼓励研发。差别原则应当是发展增强技术时人类必须把握的基本伦理原则。

第三，在尚未充分发展的相当时期内，增强技术还将属于稀缺医疗资源，不可能人人都享有。因此，需要实行优先原则，即以治疗为目的的增强应当优先应用。优先考虑的不应是为健康人"锦上添花"，增强额外的能力以满足他们的特殊偏好，而应该是为处于疾病折磨中的患者"雪中送炭"，不能与他们争夺医疗资源。

总之，人是理性的物类，必须约束自己，为自己立法。利用技术增强的问题关系到人类的未来，需要充分考量法律的、伦理的和社会的诸要素。维护人类利益，关注人的尊严，使技术增强的研究与应用在人类普遍认同的伦理框架内有序发展，这是增强技术关注的出发点和归宿。

第七章

NBIC会聚技术的伦理原则及治理模式

伦理学以人的行为和道德观念为研究对象。当行为主体、行为对象、行为涉及的范围以及行为的性质发生了变化，尤其是当人们一直以来进行道德判断所依据的道德准则发生冲突的时候，伦理学必须做出相应的回答[1]。从理论上看，伦理学的回答有两种路径：一是用传统的伦理规范原则对技术活动进行评价和规约；二是在对新技术的本质的认识和现有伦理学的局限性深刻反思的基础上动态地构建基于行动的技术伦理学框架，引领技术在人的伦理可接受的范围之内发展[2]。

我国错过了以蒸汽机的应用为代表的第一次技术革命，也错过了以电力和内燃机为代表的第二次技术革命，改革开放使我们幸运地搭上了以信息技术为主要特征的第三次技术革命的末班车。在新一轮全球技术革命中，我们必须抓住机遇，力争主动。如果对NBIC会聚技术的风险和负面效应没有充分的准备，可以想象，人类迎来的不是"伊甸园"，而是打开了的"潘多拉魔盒"。因此，在发展NBIC会聚技术的开端就应当特别关注相应的社会问题，及早开展与研发同步的相关问题研究，显得尤为紧迫与重要。

2015年"香山科学会议"围绕"会聚技术（NBIC）的伦理问题及其治理"这一主题，针对纳米技术与合成生物学所带来的安全与伦理问题及其治理，展开了人文科学、社会科学与自然科学的跨学科对话和深入讨论。专家学者从纳米技术与合成生物学的科学背景、研究路径出发，对纳米技术和合成生物学技术的安全与伦理问题进行了热烈而又深入细致的讨论。这是一次科学家与伦理学家携手，共同应对NBIC会聚技术的安全与伦理问题的实践活动。与会代表认为，NBIC会聚技术已经将对自然的干预转

---

[1] 王国豫，赵宇亮. 敬小慎微——纳米技术的安全与伦理问题研究. 北京：科学出版社，2015：viii.
[2] 王国豫，马诗雯. 会聚技术的伦理挑战与应对. 科学通报，2016，61(15)：1632-1639.

向人自身。在这样的背景下，伦理学不仅要"坐而论道"，更要"起而行之"，即深入科学技术前沿，与科学家一同分析 NBIC 会聚技术发展的可能性及其条件，在科学实践中厘清和辨析 NBIC 会聚技术的伦理问题，探索 NBIC 会聚技术健康发展的伦理框架与治理模式。

第一节　NBIC 会聚技术调控的实践难题

对 NBIC 会聚技术进行调控始终让它沿着有利于人类福祉的轨道方向发展，在实践上存在诸多的难题。

一、技术是一种自主的力量

埃吕尔认为，"技术已经成为一种自主的技术"[①]，不管我们是否喜欢，技术遵循其自身的踪迹走向特定的方向。技术成为一种自律的力量，按照自己的逻辑前进，支配、决定社会、文化的发展。海德格尔发展了技术决定论，认为，技术在本质上是人靠自身力量控制不了的一种东西。这种东西强行将人纳入刻板的"座架"之中。技术就是"意志之意志"，"这种意志，对人和自然发号施令，人与自然沦为听命者，成为被无情、无条件地镶嵌在'座架'内，被'架构'起来的东西"[②]。在海德格尔看来，现代技术的"座架"本质是人类的技术性生存方式，是人类不可逃避的"天命"，人类想要"控制"技术的愿望是不可能达到的。的确，包括 NBIC 会聚技术在内的现代技术发展存在着某种人类所不能改变的走向，不管人们是否喜欢，新技术总是遵循自身的轨迹发展。这就表明，对 NBIC 会聚技术实现调控需要遵循技术发展的自身的逻辑和规律，不能任意地、自由地调控。当然，我们肯定新技术的自主性并不是要否定人的主观能动性。实际上，人并不像海德格尔所说的是"听命者"，被无情地镶嵌在技术"座架"内。在技术的发展创新过程中，人作为一种因素，并不是作为纯粹为完成技术自身发展逻辑所规定的使命的身份而出现的，而是带有自身的主

[①] Ellul J. Technological Society. New York: Alfred A. Knopf, Inc., 1964: 14.
[②] 海德格尔. 海德格尔选集. 下卷. 孙周兴选编. 上海：上海三联书店，1996：1307.

体能动性为实现某些目的而参与其中的。

二、资本逻辑力量的助推

资本的逻辑是追求利润的最大化,这使得资本成为一种创造奇迹的力量,加剧了人类的控制高新技术的困难。在资本拓展的逻辑框架下,任何科学技术进展都可能在短时间内进入工业界或产业化,造就或好或令人担忧的社会现实或后果。我国学界提出了"生物资本主义"观点,认为生物资本主义就是利用先进的生物技术和生物资源谋取巨额利益的新的资本主义形式。NBIC会聚技术显然极有可能成为"生物资本主义"的形式。因为,新技术代表着西方发达国家富裕阶层的利益,富人不仅希望保持财富上的优势地位,而且希望成为"技术富人""基因富翁"来加强其优势地位,这就极有可能在资本利益扩展的逻辑下把生殖性克隆技术、神经药物、人体冷冻、人体芯片植入、基因诊断与组合技术等NBIC会聚技术加以市场化,而当这种努力与西方发达国家企图与发展中国家保持技术领先优势的企图不谋而合时,即使学界从人种保存和人类生存危机的担忧主张对NBIC会聚技术进行调控,在实践中也很难有效地实行。

三、"后人类主义"的狂飙猛进

"后人类主义"是20世纪下半叶以来,尤其是20世纪最后10年,西方发达国家的科学家和学者,希望借助于NBIC会聚技术的巨大潜力,逐步改造人类的遗传物质和精神世界,最终变人类自身的自然进化为完全的人工进化的社会思潮。"后人类主义"者认为,所有技术都有利于经济的发展、人类的健康和生活福祉,即使技术存在一定风险,也不应该设置禁令,而是应当让这些技术在尽可能少的限制下去自由发展。皮克林(A. Pickering)认为,"在后人类主义空间中,人类活动者依旧存在,但他们与非人类力量内在有机地相互缠绕,人类不再是发号施令的主体和行动中心"[①]。"后人类主义"在美国表现明显,许多科学家、工程师、政策制定者以及未来学家等都是其拥护者。博斯特罗姆(N. Bostrom)就是一个"后人类主义"

---

① Pickering A. From science as knowledge to science as practice//Pickering A. Science as Practice and Culture. Chicago: University of Chicago Press, 1992: 2.

的极力倡导者，他认为"后人类生存模式是非常值得的……人类成为后人类是非常好的"①。与此针锋相对的态度是强烈反对人类增强，认为这是一条通向"弗兰肯斯坦怪物"的黑暗之路，最终将导致人类的毁灭。例如，弗朗西斯·福山将"后人类主义"定为"世界上最危险的想法"；生命伦理学家乔治·亚那认为，与酷刑罪和种族灭绝罪一样，对人类进行"可遗传的基因改造"是一种"违反人性的犯罪"②。但是与"后人类主义"的狂飙猛进相比，这些反对的声音显得十分微弱。

此外，NBIC 会聚技术还具有其自身难以控制的复杂特性。2000 年，美国太阳微系统公司的首席科学家比尔·乔伊在《连线》（Wired）杂志发表了《为什么未来不需要我们？》一文，他对 NBIC 会聚技术自身的难以调控性非常担忧。他认为，"基因技术、纳米技术、机器人技术即将打开，但我们看上去还毫无察觉。一旦打开就很难关上盒子。不像铀或钚，它们不需要开采或提炼，它们能自由拷贝。一旦它们逃脱，它们就再无踪影"。从 NBIC 会聚技术运用对象上看，运用于人体治疗康复与人体增强存在着难以区分的界限；从运用的手段和设备看，像纳米技术、纳米机器人，其规模小，难以管理和监控；从技术的结果看，具有长期性和隐蔽性；从技术主体看，开发的动机和目的复杂，有政治的、军事的、经济的、医疗的，很难协调。

综上，我们可以清楚地看到，在资本逻辑推力下，NBIC 会聚技术发展一路高歌猛进，但同时也书写了高新技术调控难题的沉重命题。我们并不是技术进步的反对者，相反，我们主张在我国要大力发展 NBIC 会聚技术。但是，在发展它的同时如何调控好它，将是 21 世纪人类共同面临的长期而艰巨的任务！

第二节　NBIC 会聚技术发展的伦理原则

当前对 NBIC 会聚技术表现出两种相左的立场：支持派和反对派。支

---

① Bostrom N. Why I want to be a posthuman when I grow up//Gordijn B, Chadwick R. Medical Enhancement and Posthumanity. Berlin: Springer Science+Business Media B. V., 2008.
② Bostrom N. A history of transhumanist thought. Journal of Evolution and Technology, 2005, 14: 19.

持派认为发展 NBIC 会聚技术利大于弊，故应该全力支持。技术进步主义者一般表现出强烈支持发展 NBIC 会聚技术的态度，许多科技人员、政府官员以及未来学家等都主张发展 NBIC 会聚技术，尤其是超人类主义者，认为发展 NBIC 会聚技术是实现"超越"人们潜能的途径，并提出了一些通过技术手段改造人体的具体途径。例如，博斯特罗姆认为 NBIC 会聚技术将导致"后人类"生存模式，"后人类生存模式是非常值得的……人类成为后人类是非常好的"。反对派认为发展 NBIC 会聚技术弊大于利，应该全面禁止或管制。技术保守主义强烈反对发展 NBIC 会聚技术，反对利用技术手段对人体进行任何改造，认为这是一条不归路，最终导致人类的毁灭。弗朗西斯·福山将"超人类主义"定为"世界上最危险的想法"，他担心 NBIC 会聚技术的使用可以摧毁作为人类平等尊严和权利基础的 X 因子。另外一些批评者指出，发展 NBIC 会聚技术很可能终结人类的存在，例如能够自我复制的纳米机器人一旦失去控制，会消耗掉整个生态系统，产生"全球生态吞噬"（global ecophagy）现象。

在 NBIC 会聚技术的两种立场中，技术进步主义过于乐观，而技术保守主义过于谨慎，两者都有可能走向新技术发展的极端。美国著名生命伦理学家比彻姆和丘卓斯提出了生命伦理学"四项基本原则"，即不伤害、有利、尊重自主和公正，后成为国际上公认的生命伦理评价的基本原则，亦可以成为 NBIC 会聚技术发展的有益借鉴。

我国最新版的《涉及人的生物医学研究伦理审查办法》自 2016 年 12 月 1 日起施行。该办法第十八条规定，涉及人的生物医学研究应当符合以下伦理原则：①知情同意原则。尊重和保障受试者是否参加研究的自主决定权，严格履行知情同意程序，防止使用欺骗、利诱、胁迫等手段使受试者同意参加研究，允许受试者在任何阶段无条件退出研究。②控制风险原则。首先将受试者人身安全、健康权益放在优先地位，其次才是科学和社会利益，研究风险与受益比例应当合理，力求使受试者尽可能避免伤害。③免费和补偿原则。应当公平、合理地选择受试者，对受试者参加研究不得收取任何费用，对于受试者在受试过程中支出的合理费用还应当给予适当补偿。④保护隐私原则。切实保护受试者的隐私，如实将受试者个人信息的储存、使用及保密措施情况告知受试者，未经授权不得将受试者个人信息向第三方透露。⑤依法赔偿原则。受试者参加研究受到损害时，应当得到及时、免费治疗，并依据法律法规及双方约定得到赔偿。⑥特殊保护原则。对儿童、孕妇、智力低下者、精神障碍患者等特殊人群的受试者，应当予以特别保护。

　　伦理学要改变伦理理论本身仅仅关注一般和理论层面的问题的做法，一方面，要深入科研第一线，发展出一套具有操作性的符合伦理基本原则的规范指南，以提供给科研人员作为行动守则；另一方面，要对特殊情况提供足够的指导，通常对技术评估的成本/利益分析忽视或不能全面衡量其内蕴的道德价值；这就需要我们对此发展更复杂的伦理分析理论与方法[1]。此外，我们还需要根据新的情况制定相应的新的政策、法律、规则和条例，以解决我们所面临的"政策真空"（policy vacuums）问题。在公共领域，必须要加强对 NBIC 会聚技术的科学启蒙教育，加强科学家责任意识的培养，重视科学家与公众沟通平台的建立。研究公众对 NBIC 会聚技术的可接受性及其边界，让公众参与 NBIC 会聚技术发展的讨论。整体来看，我国在 NBIC 会聚技术伦理问题及其治理方面的研究尚处于初级阶段，不论是在哲学反思层面、技术实践操作层面还是管理层面，基本态度是基于行动的审慎，但还缺乏深入细致的研究，特别是跨学科的研究和全球性的国际合作还有待加强。从国家的层面上来看，还有待于构建一个政府主导的、集伦理评估、政策研究、制度规范以及与公众沟通于一体的常设性机制。立足中国国情，我们认为，在操作层面上，NBIC 会聚技术发展需要遵循以下伦理原则。

一、ELSI 原则

　　技术伦理学是关于技术活动引发的道德规范内在冲突的反思。我们不可能准确预测到发展中技术所带来的每一项伦理问题，由于人类认知系统的有限性，我们也不可能穷尽对发展中技术伦理问题的理解。但我们必须要尽可能地意识到应用伦理学是一个动态发展的体系，需要对形势进行持续不断的重新评估，不断提高警惕，这是唯一明智的做法[2]。J. H. Moor 认为，可以将技术革新划分为三个阶段：引进阶段、渗透阶段、权利阶段。他指出，快速发展的信息技术、基因技术、纳米技术以及神经技术具有高度的延展性（malleability）及会聚性（convergence）。因此，随着这些技术可能逐渐发展成相互促能（mutually enabling）的革命性技术，随着技术

---

[1] 王国豫，马诗雯. 会聚技术的伦理挑战与应对. 科学通报，2016，61(15)：1632-1639.
[2] Moor J H. Why we need better ethics for emerging technologies. Ethics and Information Technology, 2005, 7(3): 111-119.

革命向权利阶段的不断变革与发展，以及技术发展后果的不可避免性，我们需要更完善的伦理学来解决其产生的伦理问题。

ELSI（ethical，legal and social issue）研究是当前有关科技发展的各种伦理、法律和社会问题研究的概称。研究的兴起与发展，是当代科学技术发展伴随各种实际或潜在的社会影响的必然结果，也是学界萌发科学治理理念并付诸实施的体现。

NBIC 会聚技术发展是否也需要遵循 ELSI 研究先行的原则？会聚报告曾明确指出，要解决 NBIC 会聚技术带来的伦理、法律和道德问题，确保能在所有大型 NBIC 项目中代表公共利益，在培养科学家和工程师过程中贯彻伦理和社会的科学教育，确保决策者彻底认识面临的科学和工程的后果。这表明在实际研发 NBIC 会聚技术的同时或之前就开展 ELSI 研究的重要性。近年来，国外在 ELSI 研究领域的进展，呈现出体制化、全面化、专业化的研究态势，例如著名的"人类基因组计划"专门开辟 ELSI 研究计划用于审视人类基因组测序的伦理、法律和社会后果。但总体来说，ELSI 研究依然存在分散、滞后甚至封闭的问题。事实上，仅仅当 NBIC 会聚技术的一些初步成果被运用于增强人类能力之后，传统的思维方式、文化习惯和价值观念就已开始发生巨大变化，如"人与计算机联网可以获得无穷的知识、可以像计算机一样不断地升级"，于是越来越多的"电子人"成为优等人种，更多地停留在现状的人类却悄无声息地沦为"亚种"。这给人类文明带来颠覆性的改变，社会对此不能不做出相应思考和应对策略。至少，一个能够思考并预测科学技术发展所带来的挑战的 ELSI 思考应该被优先规划，用于提示风险的应对方式。

二、安全原则

安全问题不仅是一个科学问题，而且是一个价值选择问题。"你的行动要把你自己人身中的人性，和其他人身中的人性在任何时候都同样看作是目的，永远不能只看作是手段。"康德的这句话告诉我们，人是自然的最高目的和创造的终极目的。马克思也曾指出"全部人类历史的第一个前提无疑是有生命的个人的存在"。儒家思想也主张"天地之性人为贵"。尽管在表达情感上有刚烈有柔和，但无疑都表明：人的生命具有至高无上的价值。功利主义者穆勒主张，有一项权利是全社会应该保护而使人人享有的，这就是安全。

这里所考察的安全即 NBIC 会聚技术必须成熟、安全可靠，人在身体上和精神上免于受到伤害。也就是说，无论何时、何人、何种理由，都不能利用 NBIC 会聚技术给任何人的身体、精神或者其他方面造成伤害。只有在 NBIC 会聚技术的副作用或不良反应即安全风险要降低到可以忽略或零风险的程度，才能被用于增强人的能力。

不伤害是安全原则的另一种表述。不伤害是科技伦理规范的道德底线。不伤害是指不实施伤害的义务，也包括不实施伤害风险的义务。有时候我们可能在没有恶意或没有伤害他人意图的情况下伤害了他人或置其于伤害的风险之中。在这些情况下，虽然行动的实施者对他人的伤害负有因果责任，但却不为此承担道德责任或法律责任。不伤害不是绝对的，在实际情况下，无意的伤害或风险常常伴随善意的行为。在伤害不可避免而又能预知的情况下，出于安全原则，我们应该将伤害程度降低到最低水平[①]。

NBIC 会聚技术从安全原则出发，强调科学家必须及时将有关 NBIC 会聚技术的研究情况公之于众。在开发过程中，必须本着预防原则，制定切实可行的安全防范措施。在使用过程中，尊重使用者对风险的知情权和选择权。

三、公正原则

公正是社会最基本的道德原则，公正问题是科学技术时代伦理学的主题。公正是指每一个社会成员都具有平等享受资源，合理使用或公平分配的权利，而且具有得到同等待遇的权利。公正问题始终是人们迫切关心的问题，但追求公正既面临着道德理论上的困难，也面临着实践应用上的困难。即使社会承认提升人类能力的 NBIC 会聚技术最终目标是善的，但是在具体的实践应用中仍然会有很多问题。

首先，社会资源相对于人类发展的需要而言是相当有限和匮乏的，因而并不是每个人都有机会能够通过 NBIC 会聚技术改善或提高自身的能力。例如，对于未通过 NBIC 会聚技术增强自身能力的人来说，他们与增强人之间便有了人为的差距，在竞争中往往处于劣势的地位。这实质上是破坏了社会公平竞争的制度，减少了未增强人参与公平竞争的机会。其次，富人将会是 NBIC 会聚技术的优先尝试者，因为他们能够负担起巨额的费用，这样就会造成进一步的贫富悬殊，形成所谓的"马太效应"。

---

① 刘星. 脑成像技术的伦理问题研究. 长沙：湖南大学出版社，2017：31-32.

在大多数的经济理论中，公平并不是意味着要刻意去弥补各经济阶层的差距。不平等本身并没有什么原则性问题，国家也不希望为了追求所谓的平等，让积极进取的人与慵懒的人享有同样的利益成果。人们有充分的理由认为经济的发展需要差距的存在，社会的发展也需要这种差距的促进与激励。特别是在资源分配有限或稀缺的情况下，阶梯式的发展更能够激起人们的上进心和竞争力。但是这种由于个人自身的能力或者运气等因素造成的差距与通过增强技术造成的差距又有着本质的不同。由增强技术所引起的增强人与未增强人之间的差距并不是因为个体人为的不努力而造成的，而是被动地在竞争的起点上就处于劣势[①]。

所以，公正原则成为 NBIC 会聚技术发展的重要原则。公正原则在人类 NBIC 会聚技术范畴的研究和使用中，不仅指人与人之间的平等状态，也包括技术使用中的公平性。就人与人之间的平等状态而言，任何一个生命个体都是平等的。就技术的使用而言，提升人的能力的技术应该在不影响公平竞争的情况下实施。在类似于考试、升职、体育比赛、战争时使用技术增强，不仅违反了"公平竞争""人是目的"的义务论伦理原则，也有悖于"不伤害"和"有利"的生物伦理原则，都是人们不可接受的。

四、差别原则

差别原则是安全原则的有益补充。NBIC 会聚技术提升人类能力应在充分尊重地区性文化的基础上实施。不同国家、不同民族、不同时期，人们所接受的文化熏陶不同，表现出相异的多元化价值观。在某一地区某一时期被认为具有"优势"的提升能力的目标，在另一地区或时期可能成为"劣势"。差别原则还表现在，为了预防和减少增强技术给社会带来的负面影响，应该对增强技术进行差异性的发展：完全背离人类道德伦理的增强技术必须禁止研发，例如，以纳米技术为基础的、改变人类物种的增强技术应被禁止研发；对于兼具正负价值维度的增强技术必须限制研发，例如，对于部分基因工程技术的发展需要国家政府加以限制发展；对于技术上成熟、伦理上能够接受的增强技术应当鼓励研发，例如美容技术，政府应该对其保持中立态度，而不应强加干涉。这是发展增强技术时人类必须把握的基本伦理原则。

[①] 江璇. 人类增强技术的发展与伦理挑战. 自然辩证法研究，2014，30（5）：43-48.

人类是有理性的物类，人必须自己为自己立法。人类利用 NBIC 会聚技术增强的问题关系到人类的未来，需要运用理性综合考量伦理、法律、社会诸多因素。维护人类利益，关注人的尊严，使 NBIC 会聚技术的研究与应用在人类普遍认同的伦理框架内有序发展，这是 NBIC 会聚技术关注的出发点和归宿。

第三节　NBIC 会聚技术伦理问题的治理模式

面对 NBIC 会聚技术可能带来的种种道德难题，人们在寻找治理应对之策。治理是通过相关的机制或程序使不同的利益相关者参与到相应的过程中，充分考虑资源和利益的要素、权利的分配等问题，从而达到合理决策和解决冲突的目的，更好地促进技术的发展。治理不同于传统意义上的管理，它强调人与机构在系统中通过自我调节发挥作用；而过去的管理主要是通过"自上而下"的法治方式规范人与机构的行为。基于 NBIC 会聚技术知识上的差距、监管上的差距以及不同利益相关者在沟通上的缺失等，NBIC 会聚技术的治理将面临诸多困境。在此种背景下逐渐发展出不同的治理模式，主要包括"上游治理"、公众参与和全球治理模式等。这些治理模式都有各自的侧重点，实施方式也不尽相同，但都把应对 NBIC 会聚技术看作一个不同利益相关者互动协调的过程。

一、上游治理

上游治理也即"上溯式"（upstream）反思和评价。当今迅猛发展的高技术从研发活动的开端就蕴含了一定的价值诉求，我们已经不能套用传统的、后验式的、下溯式（downstream）的伦理反思模式。如果我们等到研发过程末端出现了某种技术成品，再去反思其伦理意蕴，那么只能是让难题与风险越积越多。为此，我们需要采取一种"上溯式"的伦理反思形式，把伦理反思变成技术研发阶段的一部分[1]。这实际上就是前瞻性评估。

---

[1] Khushf G. An ethic for enhancing human performance through integrative technologies//Bainbridge W S, Roco M C. Managing Nano-Bio-Info-Cogno Innovations: Converging Technologies in Society. Dordrecht: Springer, 2006: 255-278.

目前，美国与欧盟在 NBIC 会聚技术的上游治理方面进行了有益的探索[①]，其特点如下所述。

一是对于 NBIC 会聚技术的监管，往往是采取相关部门或相关产品的分散式监管体系。例如在美国，与纳米技术有关的监管被细分成许多联邦部门来实施。环境保护署监管含有纳米材料的化学品或杀虫剂；食品和药物管理局负责药品、医疗装置、食品、食品添加剂以及化妆品中纳米材料的风险；职业健康和安全管理局应对工作场所中的安全问题；消费者安全委员会关心的是消费者产品中的风险；农业部应对食品和饲料安全问题[②]。美国通过国家纳米技术计划（National Nanotechnology Initiative，NNI）实现纳米技术监管体系的协调，包括在 25 个联邦部门之间协调与纳米技术有关的研究、开发和政策活动，通过对纳米技术的投资引导纳米技术的发展，这已经成为最为核心的纳米技术治理程序。而欧盟则在化学品、食品、药品等领域，制定了与具体产品相关的监管路径。

二是现有的监管体系能够覆盖大部分 NBIC 会聚技术的风险，目前不需要针对 NBIC 会聚技术的特定监管框架。例如，2008 年美国环境保护署根据《有毒物质控制法案》，将碳纳米管视为一种新的化学品，并要求对其实行更为严格的监管，做到生产前告知。但并未要求对纳米产品进行标识，认为现有的科学并未证实含有纳米颗粒的产品比未含有纳米颗粒的产品更需要考虑安全问题[③]。而于 2007 年开始生效的欧盟新的化学品法案——《关于化学品注册、评估、许可和限制法案》（REACH），已经成为欧洲监管纳米技术的重要基石，欧盟认为大部分纳米材料都是以化学物质的形式进入市场的。

三是当新的信息证明 NBIC 会聚技术的风险时，我们可以对现有的监管进行调整并采取一系列特殊的监管手段[④]。2006 年，美国环境保护署对使用纳米银用于杀菌的洗衣机进行了监管，要求其获得相应的登记注册才能上市。此外，还有产品进入市场前的准入授权与核查，进入市场后的监

---

① 龚超. 纳米技术不确定性的哲学反思. 大连：大连理工大学博士学位论文，2016：81.
② Breggin L, Falkner R, Jaspers N, et al. Securing the Promise of Nanotechnologies: Towards Transatlantic Regulatory Cooperation. London: Chatham House, 2009.
③ United States Environmental Protection Agency (EPA). Toxic Substances Control Act Inventory Status of Carbon Nanotubes. Washington, D. C.: Federal Register, 2008.
④ United States Environmental Protection Agency (EPA). Pesticide Registration; Clarification for Ion-Generating Equipment. Washington, D. C.: Federal Register, 2007.

管与标识，产品召回，不良反应报告等应对措施。欧盟则对不同的纳米产品制定具体分析的策略，如对食品添加剂中纳米银的安全评估、食品接触材料纳米结构的二氧化硅评估。在化妆品、食品法律中则出现了针对特定纳米技术的条款，特别是要求强制标识和进入市场前的安全评估。

四是监管部门通过自愿性的报告制度等措施来实现与产业界的互动协调，采取的是一种富于弹性的软监管。美国环境保护署认为需要加强纳米材料毒性和生态毒性的研究，并建议与其他部门和利益相关者的合作。为了缩小潜在的知识上的差距，美国环境保护署提出了自愿报告机制的倡议，即纳米尺度材料管理工作方案，鼓励纳米材料的生产者向其报告与安全相关的信息。欧盟则试图通过《负责任的纳米科学和纳米技术行为准则》保障研究者和产业界自愿的安全申报制度，强调预期到潜在环境、健康、安全影响的重要性[1]。

二、公众参与

Roco 认为，应该让公众广泛参与到对 NBIC 会聚技术伦理问题的讨论中来。为此，他提出五点措施：①建立开放资源和适应性模型来加强全球 NBIC 会聚技术的探索、教育、创新、信息以及能够自我调节的全球商业化生态系统；②为了社会利益和公共资源的最大化创造新的 NBIC 会聚技术科技平台；③发展国际化组织 EHS（environmental health services）和 ELSI，包括风险管理方法以及志愿行动等措施；④由国际化组织和专家咨询小组资助并支持全球范围内的交流，授权利益相关者参与到治理的各个阶段；⑤结合短期和长期规划与投资政策，采用全球预警措施[2]。

鉴于 NBIC 会聚技术的不确定性和面向未来的特征，人们很难找到一个公正的、能够反映各方意见的 NBIC 会聚技术发展战略原则。只有广泛吸收社会各界参与有关 NBIC 会聚技术的讨论，使公众参与到对 NBIC 会聚技术发展的决策中去，NBIC 会聚技术的发展在道德上才能得到辩护。

---

[1] Commission Recommendation on a Code of Conduct for Responsible Nanosciences and Nanotechnologies Research. Brussels: European Commission Directorate-General for Research, 2008.

[2] Roco M C. Possibilities for global governance of converging technologies. Journal of Nanoparticle Research, 2008, 10(1): 11-29.

这首先是因为，目前 NBIC 会聚技术的研发的经费主要来源于国家财政，作为纳税人的公众有对技术风险的知情权和公共政策制定的参与权。其次，公众是 NBIC 会聚技术及其成果的直接消费者，他们是否愿意接受 NBIC 会聚技术以及其带来的风险，这一点非常关键。再次，现代高科技所带来的利益与风险的分配是不对称的，即通常是少数人收获经济利益，而大部分人却要为此承担生态和健康风险。从权利与义务、风险与利益分配的正义主张出发，公众有权全面了解 NBIC 会聚技术的社会后果[①]。最后，国外的经验已经证明，离开了公众的支持，技术就很难持续、健康地发展。所以，知识生产绝不仅仅是科学家和工程师的事情。无论如何，对 NBIC 会聚技术的评价或决策都不应该仅仅成为科学家的"独唱"，应该在整个公共伦理空间实施，成为包括公众在内的整个社会的"大合唱"。

然而，NBIC 会聚技术是一项极其复杂的高科技，公众对此的认知非常有限，这对公众参与 NBIC 会聚技术构成严峻的现实挑战。发达国家的公众参与发展出一系列新的方法，如以社区为基础的研究、共识会议、情景研讨班等。宏观上看，应对这一挑战，一方面科学家应公开、透明、全面地阐明 NBIC 会聚技术的利弊，让公众"理解科学""参与科学"来消除公众与专家系统的"知识鸿沟"。这是公众的权利，也是科学家的伦理责任。"必须找到方法，通过研发和推广会聚技术来解决伦理、法律和道德问题。这需要新机制，确保能在所有大型 NBIC 项目中代表公共利益，在培养科学家和工程师过程中贯彻伦理和社会的科学教育，确保决策者彻底认识面临的科学和工程的后果"[②]。另一方面，政府有责任对技术发展做出多种道德安排，如提倡 NBIC 会聚技术伦理教育、建立民间技术评估机构、制定职业规范、成立伦理委员会和技术发展过程的"对话"或"商谈"机制（如公共讨论等）等。此外，整个社会对公众参与的价值认识必须发生转变，即由原来"下游的参与"向"上游的参与"的价值观的转变。所谓"上游的参与"，即在 NBIC 会聚技术研究尚未取得进展，以及确定的公众态度尚未形成之前的公众参与，它并不是简单地采用过去公众参与所遵循分析的慎重的过程，而是需要设计出有关风险的讨论和风险传播的形式，从而引出有关价值与未来发展的讨论。

---

① 王国豫，龚超，张灿. 纳米伦理：研究现状、问题与挑战. 科学通报，2011，56（2）：96-107.
② 吕乃基. 会聚技术——高技术发展的最高阶段. 科学技术与辩证法，2008，25（5）：62-65.

三、全球治理

会聚伦理问题日益成为一个跨国界和跨文化的议题。这是因为，NBIC会聚技术在发展过程中可能造成人类生存环境的破坏和人类毁灭的可能性更进一步加大。同时，NBIC会聚技术涉及的领域非常广泛，包括纳米技术、生物基因技术、人类干细胞研究、克隆技术等，而且每一个领域中，伦理问题与社会和法律问题缠绕在一起，影响面广，涉及政府、科学界、学术界、医疗界、公司和社会公众等，各方的立场和利益交织在一起。在这种背景下对 NBIC 会聚技术伦理问题进行深层次的剖析和研究，就必须寻找一个更具普遍意义的研究范式，"全球治理"则为我们进一步研究提供了研究思路和理论依据。

按照"全球治理委员会"（The Commission on Global Governance）1995年给出的权威定义：治理是各种公共的或私人的个人和机构管理其共同事务诸多方式的总和。它有四个特征：治理不是一套规则，也不是一种活动，而是一个过程；治理过程的基础不是控制，而是协调；治理既涉及公共部门，也包括私人部门；治理不是一种正式的制度，而是持续的互动[①]。与统治相比，治理是一种内涵更为丰富的现象。它既包括政府机制，也包含非正式、非政府的机制。治理的实质在于，它强调的是机制，强调的是不同社会角色为了共同目标的协调行为，而不只是"自上而下"的权威和制裁，强调非正式的合作、协调，同行的监督、公众参与等方式。

NBIC 会聚技术的全球治理机制包括：①通过全球对话，建立全球"NBIC 伦理准则"。NBIC 会聚技术伦理是人类共同面临的问题，解决这些问题有赖于全球对话，使国际社会建立一些共同的认识基础和评价标准。事实上，国际上形成的一些伦理准则已成为各国公认的准则，如联合国教科文组织2007年发布了《纳米技术与伦理——政策及其行动》的报告。但目前国际社会尚无统一的"NBIC 伦理准则"。②制定国际会聚法律，并加强监管。"规则与规范是维系人类社会运行的一种制度安排。然而，我们生活在一个科学幻想落后于科技发展的时代，生活在一个制度安排严重滞后于现实的时代。"[②]舒默尔也提到至今尚未在任何国家制定针对 NBIC

---

② 英瓦尔·卡尔松，什里达特·兰法尔. 天涯成比邻：全球治理委员会的报告. 中国对外翻译出版公司译. 北京：中国对外翻译出版公司，1995：2-3.
② 赵克. 会聚技术及其社会审视. 科学学研究，2007，25（3）：430-434.

会聚技术的特定的法律框架。因此,有必要在一定的国际法体系下,就NBIC会聚技术发展中的某些基本的标准、原理达成一致意见,实现各国相关法律体系的协调[①]。③加强决策服务的科学咨询。在美国2004年的NBIC会聚技术年会上,一个非官方组织——会聚技术律师协会宣告成立,研究NBIC会聚技术究竟会对法律、伦理道德、社会产生怎样的影响,并向政府提出建议[②]。2007年,联合国教科文组织科学技术伦理处下属的世界科学知识和技术伦理委员会公布了有关纳米技术与伦理的政策建议。建议将伦理问题探讨的行动方案分为三个阶段:第一阶段,联合国教科文组织设立跨学科的专家组,对伦理层面的问题做出辨析;第二阶段,检验潜在的国与国之间行动的相关性;第三阶段,提升潜在行动的政策可行性,在国际合作的基础上形成跨文化的纳米技术伦理框架协议,成立国际技术与伦理委员会,为纳米技术的全面治理,提供一个永久的平台。④建立会聚伦理审查机制。为了把会聚伦理指导原则和准则落在实处,有效处理与解决NBIC会聚技术实践中所遇到的伦理和价值问题,必须建立一种正式的伦理审查机制。国际上普遍采用的就是建立专业伦理委员会。

科学为我们的行为开辟了新的可能,但不能直接决定我们应该采取的行动。技术上可能的,不一定是伦理上应该的。由于NBIC会聚技术本身非常复杂,涉及多个学科门类,关于其引发的伦理问题的研究还有待于进一步深入。从研究状况看,有关NBIC会聚技术伦理与社会问题的研究还远远滞后于NBIC会聚技术自身的发展。而国内在会聚伦理领域的研究才刚刚起步,如一些学者研究了人类增强的哲学伦理学问题[③],一些学者对NBIC会聚技术进行了初步社会审视[④],一些学者探讨了NBIC会聚技术与社会公正问题[⑤]。从整体上看,在会聚伦理的研究上,我们在国际上的声音还非常微弱。因此,加强会聚伦理的研究,应对会聚伦理的挑战,用伦理研究成果指导技术实践,是哲学伦理学界的光荣使命。

---

① Schummer J, Pariotti E. Regulating nanotechnologies: Risk management models and nanomedicine. NanoEthics, 2008, 2(1): 39-42.
② 裴钢. NBIC 会聚技术:中国的新机遇? 中国医药生物技术,2005,15(9):2-3,15.
③ 邱仁宗. 人类增强的哲学和伦理学问题. 哲学动态,2008,(2):33-39.
④ 赵克. 会聚技术及其社会审视. 科学学研究,2007,25(3):430-434.
⑤ 陈万球,杨华昭. 会聚技术的发展与NBIC鸿沟. 湘潭大学学报(哲学社会科学版),2012,36(6):126-130.

第四节　我国 NBIC 会聚技术的发展要略和政策建议

国内外目光聚焦于 NBIC 会聚技术，提出种种应对之策，择其要者有四。一是政府加强应对。欧美国家纷纷将 NBIC 会聚技术放在国家层面上进行战略规划。赵红蕾在《NBIC 会聚技术的社会影响与发展对策研究》中提出应该以国家意志推动 NBIC 会聚技术的发展，特别是要重视知识产权，加强伦理道德研究和立法工作[1]。二是学界加强研究。美国提出专业科学社团与其他技术组织联系，研究技术发展的相关伦理问题，寻找解决问题的办法。三是民众广泛支持。吸引公众的参与，积极稳妥地引导 NBIC 会聚技术始终在符合人类利益的轨道上发展。四是健全评价、监督和检测机制。胡明艳、曹南燕在《人类进化的新阶段——浅述关于 NBIC 会聚技术增强人类的争论》中提出，伴随着技术的具体实践过程，必须健全评价、监督和检测机制[2]。

一、NBIC 会聚技术的发展要略

从卢梭开始，人们反思和批判的科学技术主要是传统的科学技术（以机械和电气为代表），而关于 NBIC 会聚技术与伦理道德关系的研讨才刚刚开始。NBIC 会聚技术对人性、道德和价值的冲击会比以往技术对人的影响更内在、更深刻，一些更复杂、更艰巨的问题等待人们去研究。对此，人们从既有的伦理资源中似乎无法寻找到现成的答案。在发展 NBIC 会聚技术中，我们应持以下态度。

第一，必须实施相关具有前瞻性的战略,采取相关具有预见性的措施，

---

[1] 赵红蕾. NBIC 会聚技术的社会影响与发展对策研究. 天津：天津大学硕士学位论文，2007：13-22.
[2] 胡明艳，曹南燕. 人类进化的新阶段——浅述关于 NBIC 会聚技术增强人类的争论. 自然辩证法研究，2009，25（6）：106-112.

以最好的实践和选择应对 NBIC 会聚技术带来的各种转变、潜在的可能性以及提升人类能力的科技进步带来的不可预料的结果。要抓住 NBIC 会聚技术带来的发展机遇，迎接其带来的社会变革的挑战，需要以国家战略的高度确定 NBIC 会聚技术发展战略，将 NBIC 会聚技术作为国家优先发展的科技领域和战略计划，推动科学研究的会聚和融合，探索 NBIC 会聚技术发展对提升人类能力的影响，尤其重要的是研究技术发展衍生的相关伦理问题，从而培育面向未来的应对 NBIC 会聚技术带来社会变革的系统性变化的适应能力。

第二，面对 NBIC 会聚技术的发展，西方的技术进步主义过于乐观，而技术保守主义过于谨慎，两者都有可能走向新技术发展的极端。正确的态度是：NBIC 会聚技术的发展必须以人类福祉为目标，完全背离人类的 NBIC 会聚技术必须禁止研发，对于兼具正负价值维度的 NBIC 会聚技术必须限制研发，对于完全有利于人类的 NBIC 会聚技术应当重点研发。

第三，NBIC 会聚技术伦理风险的不确定性，同时提供了更多道德选择的可能性。因此，社会应当也必须明确 NBIC 会聚技术的道德选择是 NBIC 会聚技术活动主体（无论个人还是团体）不可回避的责任。技术实践中人类必须以谨慎和负责的态度，把 NBIC 会聚技术的伦理反思变成技术研发阶段的一部分，并严格自律。

第四，有必要也有可能建立起一套法律、伦理、监督相结合的机制去调控 NBIC 会聚技术的发展，必要时，设定暂时的技术禁区，确保技术的发展服务于人类的福祉。唯其如此，才能使伦理与技术在协同发展中保持适度张力，实现人类繁荣。而就伦理视角而言，建立技术过程伦理规约机制又显得尤为必要。

二、NBIC 会聚技术的政策建议

在新一轮全球技术革命中，我国面临前所未有的机遇和挑战。为了在新一轮科技竞争中争得主动，我们应该遵循科技发展的规律，抓住这次机遇，积极推动技术融合，实现我国在 21 世纪的跨越发展。

（一）依据技术不同发展阶段具有不同的规约手段和规约机制

①决策阶段：伦理评估。伦理评估应该发挥其预先调节的特征，以"应

然"的规范对决策主体进行导向,通过肯定或否定、褒扬或贬损,引导 NBIC 会聚技术的发展方向。②研发阶段:伦理自律。这一阶段的伦理规约主要通过道德自律来约束 NBIC 会聚技术活动主体的行为。③应用阶段:道德立法。NBIC 会聚技术立法既是 NBIC 会聚技术伦理的提升,又是 NBIC 会聚技术伦理规约能够得以践行的根本保障,同时也是伦理规约的一种制度安排。④推广阶段:伦理矫正。伦理对 NBIC 会聚技术的规约过程不仅仅是一种反向规约技术被动地去适应原有的伦理规范,更应该包括一种正向规约技术对原有伦理观念的改造。同时要构建伦理规范机制、法律保障机制、监督检测机制"三位一体"机制。

面对 NBIC 会聚技术所引发的各种伦理难题,人类应遵守一定的道德规则并尽到一定的道德职责,从而对它的正面价值进行维护,对负面价值进行制约。从技术过程论的观点看,任何技术的产生必然是一个动态的过程,经历"决策—研发—应用—推广"四个阶段。因此,伦理道德对 NBIC 会聚技术的规约亦是一个动态过程,依据技术不同发展阶段具有不同的规约手段和规约机制。

决策阶段:伦理评估。NBIC 会聚技术伦理风险的不确定性,同时提供了更多道德选择的可能性。因此,社会应当也必须明确在技术的决策阶段进行伦理评估是技术活动主体(无论公众、企业、政府还是国际社会)不可回避的责任。技术主体必须以谨慎和负责的态度,把 NBIC 会聚技术的伦理反思变成技术决策阶段的一部分,并严格自律。由于 NBIC 会聚技术的潜在风险,伦理评估应该发挥其预先调节的特征,以"应然"的规范对决策主体进行导向,通过肯定或否定、褒扬或贬损,引导 NBIC 会聚技术的发展方向。

研发阶段:伦理自律。这一阶段的伦理规约主要通过道德自律来约束 NBIC 会聚技术活动主体的行为。在这个过程中,伦理原则和规范具有前置作用,它在技术主体进行研发之前就"自在"地表现为一种约束力,不管主体在主观上是否愿意接受和执行这些具体的原则和要求,它都是检验技术主体行动"善""恶"的客观判断标准,它要求技术主体在技术的全过程中始终依据这样的原则和规范去选择行为。然而,伦理原则和规范作为外在约束,要切实在实践中发挥效力,关键在于技术主体将其内化为自己的信仰和信念,转变为自己行动的意志,变"要我做"为"我要做",使伦理原则和规范由自在变成一种自为,才能实现伦理原则和规范的价值。没有技术主体自律的过程,就没有伦理规约的效力。

应用阶段：道德立法。道德自律虽然能够通过技术主体的自觉遵守起到防患于未然的作用，但是这不是绝对的而是有条件的，一旦道德主体缺乏这种自觉性，就表现出道德的软弱。尽管 NBIC 会聚技术的研发与应用的国际伦理准则已为科研人员普遍接受，但是总有一些拥有和掌握 NBIC 会聚技术的主体并非同时具有高尚的伦理精神和道德操守，因而道德立法就十分必要了。NBIC 道德立法既是 NBIC 会聚技术伦理的提升，又是 NBIC 会聚技术伦理规约能够得以践行的根本保障，同时也是伦理规约的一种制度安排。由于 NBIC 会聚技术是目前国际科研的兴奋点，各国在这一领域的交流和贸易行为将会越来越频繁。因此，每个国家都必须制定与国际法规不相抵触的法律，为 NBIC 会聚技术的研究和开发最终能够造福于整个人类社会保驾护航。

推广阶段：伦理矫正。一项新技术在推广和应用的过程中往往会同原有的伦理价值观发生冲突，甚至会遭到旧的伦理观念的抵制，这在技术发展史上已经屡见不鲜。汉斯·乔纳斯（Hans Jonas）指出："现代技术已经进入了如此新颖规模的行动、目标和结果，以至于传统的伦理框架已经无法容纳它们了。"[①]伦理对 NBIC 会聚技术的规约过程不仅仅是一种反向规约技术被动地去适应原有的伦理规范，更应该包括一种正向规约技术对原有伦理观念的改造。在新旧伦理观念的冲突中，人类应主动进行伦理观念的转变，以适应 NBIC 会聚技术的发展，对 NBIC 会聚技术进行充分的伦理论证，建立起与 NBIC 会聚技术相适应的伦理规范，减少 NBIC 会聚技术进步的伦理摩擦。

（二）构建"公众-企业-政府-国际社会"技术主体的伦理新秩序

NBIC 会聚技术对人性、道德和价值的冲击会比以往技术对人的影响更内在、更深刻，一些更复杂、更艰巨的问题等待人们去研究。对此，人们从既有的伦理资源中似乎无法寻找到现成的答案。国内外目光聚焦于 NBIC 会聚技术，提出种种应对之策。笔者认为，应对 NBIC 会聚技术引发的伦理难题，人类需要做的工作很多，而构建"公众-企业-政府-国际社会"技术主体的伦理新秩序显得尤为重要。

---

① Jonas H. The Imperative of Responsibility: In Search of an Ethics for the Technological Age. Chicago: University of Chicago Press, 1984: 217.

NBIC会聚技术在有序发展过程中,有四类主体起着至关重要的作用:公众、企业、政府和国际社会。其中,公众是NBIC会聚技术的使用者和消费者,企业是NBIC会聚技术的研发者和生产者,政府是NBIC会聚技术的引导者和规范者,国际社会是NBIC会聚技术的国际合作组织者。因此,如何发挥四类技术主体的作用,使NBIC会聚技术始终沿着"善"的目标发展,是人们必须思考的问题。

公众是NBIC会聚技术的受益者,更是NBIC会聚技术负面后果的最大的承受者,因此,NBIC会聚技术的发展必须重视公众参与,尽可能地把新技术的研发、应用和推广置于公众的监督之下。一是建立NBIC会聚技术的民间组织。政府可以引导公众建立NBIC会聚技术的民间伦理委员会,可根据需要下设纳米技术委员会、生物技术委员会、信息技术委员会、认知科学委员会。这些员会是公众表达意愿、对新技术进行民间伦理评估与监测的主要机构。二是建立"对话"或"商谈"机制。在NBIC会聚技术决策、应用和推广之前,定期召开由政府、企业、科学家和公众组成的NBIC会聚技术商谈会议,进行交流和磋商,确保公众对NBIC会聚技术的知情权和一定程度的参与权。三是提高公众的科学素养和参与意识,让公众"理解会聚技术""参与会聚技术",来消除公众与NBIC会聚技术之间的"知识鸿沟"。

企业是市场经济的主体,也是新技术创新的主体,因此,NBIC会聚技术的发展始终离不开企业尤其是高新技术企业的参与实施。美国技术哲学家兰顿·温纳在《技术秩序中的公民美德》中认为,西方伦理传统长期将技术与公共领域分离开来,把技术伦理的价值判断留给私人领域,如业主、工程师、企业组织,这种格局在西方发达国家虽然受到民主政治、国家法律和政府管理的影响,但技术选择很大程度上出于法人之手[1]。这表明,在西方,一种技术是否发展、如何发展在很大程度上由企业说了算。在我国也是如此,随着企业产权和管理体制的纵深改革,技术设计和发展自主权力已经完全进入了企业和法人的控制之中。在这种情况下,企业的经济(技术)伦理就显得十分必要了。在传统企业经济伦理中,企业作为法人,一方面是"经济人",实现利益的最大化是金律;另一方面企业又是"道德人",需要承担社会责任。在NBIC会聚技术的发展过程中,协

---

[1] Winner L. Citizen virtues in a technological order//Feenberg A, Hannay A. Technology and the Politics of Knowledge. Bloomington: Indiana University Press, 1995: 65-84.

调"经济人"和"道德人"之间的关系仍然是企业经济伦理的主要问题。NBIC 会聚技术是高道德风险技术，因而，企业在研发 NBIC 会聚技术并从中获取新技术的高额回报的同时应当恪守一个信条：以不损害社会利益，不危害公众健康、安全、环保为前提。那么，企业又如何才能遵守这一信条？一是政府需要规范和引导企业，通过立法明确规范技术的研发、应用和推广，通过宣传发动引导企业新技术的发展方向。二是企业需要自我约束，通过自律，在危害人类的技术面前而不铤而走险。随着公众压力的增加，法律手段的强化，特别是市场需求的强劲反应，企业不尊重安全、环保的技术伦理规范，其社会成本就会增加。从长远来讲，企业行为遵循技术伦理有利于降低社会成本，也有利于赢得市场需求，从而实现企业利益的最大化。

以国家意志积极推动 NBIC 会聚技术的研究与发展，是欧美各国的国家战略。在国家战略中，政府需要从政策、法律、经济等方面推动 NBIC 会聚技术的发展。我们认为，一是成立高新技术国家伦理审查委员会，对包括 NBIC 会聚技术在内的高新技术进行研发前的伦理预警、应用时的伦理审查和使用后的伦理评价。二是政府应当对 NBIC 会聚技术实行分级制度。NBIC 会聚技术的分级是科学管理 NBIC 会聚技术发展的宏观对策，大致上可以对 NBIC 会聚技术分为三级：完全有利于人类的 NBIC 会聚技术 Ⅰ、正负价值兼具的 NBIC 会聚技术 Ⅱ 和完全背离人类的 NBIC 会聚技术 Ⅲ。通过立法，对于 NBIC 会聚技术 Ⅲ 必须禁止研发，对于 NBIC 会聚技术 Ⅱ 必须限制研发，对于 NBIC 会聚技术 Ⅰ 应当重点研发。三是利用经济杠杆，在经济上加大支持力度，对需要重点研发的 NBIC 会聚技术予以财政支持，对禁止研发的 NBIC 会聚技术予以相应的经济制裁。四是建立 NBIC 会聚技术信息公开制度，这些信息包括测试 NBIC 会聚技术产品的原理和程序，评估潜在的健康和生态影响，告知公众在研发产品中的投资政策等。

NBIC 会聚技术引发的伦理难题所具有的全球性使得任何国家都不可能独善其身。面对 NBIC 会聚技术的伦理难题和新技术无限发展的可能性，国际合作十分必要：不仅需要构建和完善国际 NBIC 会聚技术法律框架，而且需要建立具有普世价值的 NBIC 会聚技术伦理规约。目前，联合国教科文组织针对 NBIC 会聚技术的伦理问题制定了相关的法律制度和伦理规约，如联合国教科文组织于 2007 年发布了《纳米技术与伦理——政策及其行动》的报告；欧盟于 2008 年制定了《关于纳米材料的法规问题》等。2007

年，联合国教科文组织科学技术伦理处下属的世界科学知识和技术伦理委员会公布了有关纳米技术与伦理的政策建议。建议对伦理问题探讨的行动方案分为三个阶段：第一，联合国教科文组织设立跨学科的专家组，对伦理层面的问题做出辨析；第二，检验潜在的国与国之间行动的相关性；第三，提升潜在行动的政策可行性，在国际合作的基础上形成跨文化的纳米技术伦理框架协议，成立国际技术与伦理委员会，为包括纳米技术、信息技术、生物技术以及认知技术在内的汇聚技术的全面治理提供一个永久的平台。

参考文献

阿尔伯特·爱因斯坦. 1979. 爱因斯坦文集. 第三卷. 许良英，赵中立，张宣三译. 北京：商务印书馆.
阿景. 2009-11-14. 意念写微博传输能瞬间. 信息时报.
埃德加·莫兰. 2008. 复杂性思想导论. 陈一壮译. 上海：华东师范大学出版社.
奥托·珀格勒. 1993. 海德格尔的思想之路. 宋祖良译. 台北：仰哲出版社.
鲍宗豪. 1997. 决策文化论. 上海：上海三联书店.
贝尔纳 J D. 1982. 科学的社会功能. 陈体芳译. 北京：商务印书馆.
彼得·戴曼迪斯，史蒂芬·科特勒. 2014. 富足——改变人类未来的4大力量. 贾拥民译. 杭州：浙江人民出版社.
布莱恩·阿瑟. 2014. 技术的本质. 曹东溟，王健译. 杭州：浙江人民出版社.
蔡曙山. 2010. 综合再综合：从认知科学到聚合技术. 学术界，（6）：5-24.
曹荣湘. 2004. 后人类文化. 上海：上海三联书店.
常立农. 2003. 技术哲学. 长沙：湖南大学出版社.
陈昌曙. 1999. 技术哲学引论. 北京：科学出版社.
陈凡，成素梅. 2014. 技术哲学的建制化及其走向——陈凡教授学术访谈. 哲学分析，（4）：155-167.
陈凡，杨艳明. 2013. 哲学视野下的会聚技术探析. 科学技术哲学研究，（2）：68-73.
陈佳，杨艳明. 2013. 技术会聚——技术哲学研究应当关注的新对象. 东北大学学报（社会科学版），15（2）：111-115.
陈绍芳，唐淑琴. 2003. 高科技对政治决策的影响. 中国行政管理，1997，（12）：24-25.
陈万球. 2000. 信息化对人格素质的影响. 西安电子科技大学学报（社会科学版），11（2）：91-94.
陈万球. 2002. 网络伦理难题和网络道德建设. 自然辩证法研究，18（4）：43-44，52.
陈万球. 2005. 论技术规范的构建. 自然辩证法研究，21（2）：59-61，73.
陈万球，丁予聆. 2018. 人类增强技术：后人类主义批判与实践伦理学. 伦理学研究，（3）：81-85.
陈万球，贺冰心. 2013. 会聚技术的发展及其伦理规约机制. 伦理学研究，（4）：74-77.
陈万球，黄一. 2013. NBIC会聚技术的"后人类"议题. 湖南师范大学社会科学学报，42（4）：5-10.
陈万球，李丽英. 2006. 论科学技术的政治功能. 长沙理工大学学报，（3）：25-29.
陈万球，李丽英. 2007. 爱因斯坦科技伦理思想的三个基本命题. 伦理学研究，（3）：58-61.
陈万球，林慧岳. 2002. 工程技术对社会伦理秩序的影响. 科学技术与辩证法，（6）：30-32.

陈万球，刘春晖. 2014. 重大工程决策的伦理审视. 伦理学研究，（3）：94-97.
陈万球，沈三博. 2013. 会聚技术的道德难题及其伦理对策. 自然辩证法研究, 29(8)：45-50.
陈万球，杨华昭. 2012. 会聚技术的发展与 NBIC 鸿沟. 湘潭大学学报（哲学社会科学版），36（6）：126-130.
陈万球，杨华昭. 2014. 挑战与选择：会聚技术立法的伦理思考. 哲学动态，（8）：92-97.
陈万球，易显飞. 2013. 会聚伦理：研究的现状、挑战与对策. 内蒙古社会科学（汉文版），（3）：30-37.
大卫·布林尼. 2003. 进化论. 李阳译. 北京：生活·读书·新知三联书店.
代华东. 2013. NBIC 会聚技术风险及其规避研究. 长沙：中共湖南省委党校硕士学位论文.
杜宝贵. 2002. 论技术责任的主体. 科学学研究，20（2）：123-126.
冯中豪. 2011-12-15. IBM 展示 5 大创新科技. 新京报.
弗·兹拉涅茨基. 2000. 知识人的社会角色. 郑斌祥译. 南京：译林出版社.
富勒. 2005. 法律的道德性. 郑戈译. 北京：商务印书馆.
甘绍平，叶敬德. 2002. 中国应用伦理学. 北京：中央编译出版社.
高亮华. 2001. "技术转向"与技术哲学. 哲学研究，（1）：24-26.
高兆明. 2007. 生活世界视域中的现代技术——一个本体论的理解. 哲学研究，（5）：89.
戈德史密斯 M. 马凯 A L. 1985. 科学的科学——技术时代的社会. 赵红州，蒋国华译. 北京：科学出版社.
龚群. 2002. 当代西方道义论与功利主义研究. 北京：中国人民大学出版社.
郭冲辰. 2004. 技术异化论. 沈阳：东北大学出版社.
何传启. 2011. 第六次科技革命的战略机遇. 北京：科学出版社.
何传启. 2011-05-05. 第六次科技革命的机遇与对策. 科学时报.
赫胥黎 A. 1980. 奇妙的新世界. 卢佩文译. 北京：外文出版局《编译参考》编辑部编印.
胡明艳，曹南燕. 2009. 人类进化的新阶段——浅述关于 NBIC 会聚技术增强人类的争论. 自然辩证法研究，（6）：106-112.
胡小安. 2006. 虚拟技术若干哲学问题研究. 武汉：武汉大学博士学位论文.
胡心智. 2003. 论信息技术对认识主体和客体的影响. 科学技术与辩证法，20（1）：62-64.
胡旭晨. 2005. 法的道德历程——法律史的伦理解释论纲. 北京：法律出版社.
焦洪涛，肖新林. 2009. NBIC 会聚技术的法律议题//中国科学技术法学会 2009 年年会暨全国科技法制建设与产学研合作创新论坛论文集：187-194.
杰拉尔德·霍尔顿. 2006. 爱因斯坦、历史与其他激情：20 世纪末对科学的反叛. 刘鹏，杜严勇译. 南京：南京大学出版社.
杰里·加斯顿. 1988. 科学的社会运行. 顾昕，柯礼文，朱锐译. 北京：光明日报出版社.
卡尔·波普尔. 1986. 猜想与反驳——科学知识的增长. 傅季重，纪树立，周昌忠等译. 上海：上海译文出版社.
卡尔·米切姆. 1999. 技术哲学概论. 殷登祥，曹南燕等译. 天津：天津科学技术出版社.

卡尔·米切姆. 2008. 通过技术思考——工程与哲学之间的道路. 陈凡, 朱春艳译. 沈阳：辽宁人民出版社.
康德. 1986. 道德形而上学原理. 苗力田译. 上海：上海人民出版社.
柯翟. 2002-07-22. 生物技术产品是否安全. 经济日报.
克罗德·德布鲁. 2007. 生物技术与生命伦理学的历史与新进展. 袁敏, 姚璐译. 西北大学学报（自然科学版），12：1029-1032.
库尔特·拜尔茨. 2001. 基因伦理学. 马怀琪译. 北京：华夏出版社.
拉普 F. 1986. 技术哲学导论. 刘武, 康荣平, 吴明秦译. 沈阳：辽宁科学技术出版社.
兰泳. 2003. 美国确保 21 世纪优势地位的着力点——会聚技术. 全球科技经济瞭望，（8）：58-60.
李·希尔佛. 2001-01-23. 2350 年的两大种族. 中华读书报.
李汉林. 1987. 科学社会学. 北京：中国社会科学出版社.
李良栋. 2004. 社会主义政治文明论. 南京：江苏人民出版社.
李醒民. 2005. 论科学家的科学良心——爱因斯坦的启示. 科学文化评论，2(2)：92-99.
李永红. 2007. 技术认识论探究——关于技术的现代反思. 上海：复旦大学博士学位论文.
李永红. 2011. 技术认识的主体、客体与中介剖析. 现代营销（学苑版），（4）：164-165.
林慧岳, 夏凡, 陈万球. 2011. 现象学视阈下"人-技术-世界"多重关系解析. 东北大学学报（社会科学版），13（5）：383-387.
刘大椿. 1985. 科学活动论. 北京：人民出版社.
刘大椿. 2005. 科学技术哲学导论（第 2 版）. 北京：中国人民大学出版社.
刘光斌. 2012. 技术合理性的社会批判：从马尔库塞、哈贝马斯到芬伯格. 东北大学学报（社会科学版），14（2）：107-112.
刘科. 2013. 陈昌曙的技术批判思想评析. 河南师范大学学报（哲学社会科学版），40（6）：18-21.
卢旺林, 李光. 2006. 慎言科学技术一体化. 科技进步与对策，23（1）：160-162.
罗科, 班布里奇. 2010. 聚合四大科技, 提高人类能力：纳米技术、生物技术、信息技术和认知科学. 蔡曙山, 王志栋, 周允程等译. 北京：清华大学出版社.
罗森克朗兹 Z. 2005. 镜头下的爱因斯坦. 李宏魁译. 长沙：湖南科学技术出版社.
吕乃基. 2008. 会聚技术——高技术发展的最高阶段. 科学技术与辩证法，25（5）：62-65.
马克思, 恩格斯. 2012. 马克思恩格斯选集. 第一卷. 中共中央马克思恩格斯列宁斯大林著作编译局编译. 北京：人民出版社.
马克思, 恩格斯. 2012. 马克思恩格斯选集. 第二卷. 中共中央马克思恩格斯列宁斯大林著作编译局编译. 北京：人民出版社.
马克思, 恩格斯. 2012. 马克思恩格斯选集. 第三卷. 中共中央马克思恩格斯列宁斯大林著作编译局编译. 北京：人民出版社.
马克思, 恩格斯. 2012. 马克思恩格斯选集. 第四卷. 中共中央马克思恩格斯列宁斯大林著作编译局编译. 北京：人民出版社.
木村资生. 1985. 从遗传学看人类的未来. 高庆生译. 北京：科学出版社.

诺内特，塞尔兹尼克. 1994. 转变中的法律与社会：迈向回应型法. 张志铭译. 北京：中国政法大学出版社.
裴钢. 2005. NBIC 会聚技术：中国的新机遇？中国医药生物技术，（9）：2-3，15.
齐曼 J. 1988. 元科学导论. 刘珺珺，张平，孟建伟等译. 长沙：湖南人民出版社.
乔瑞金. 2003. 非线性科学思维的后现代诠解. 太原：山西科学技术出版社.
乔瑞金. 2006. 技术哲学教程. 北京：科学出版社.
乔治·巴萨拉. 2000. 技术发展简史. 周光发译. 上海：复旦大学出版社.
邱仁宗. 2007. 人类能力的增强. 医学与哲学（人文社会医学版），（5）：78-80.
邱仁宗. 2008. 人类增强的哲学和伦理学问题. 哲学动态，（2）：33-39.
邱仁宗. 2010. 生命伦理学. 北京：中国人民大学出版社.
邱仁宗. 2011. 生命伦理学研究的最新进展. 科学与社会，（2）：94.
余正荣. 2008. 后人类主义技术价值观探究. 自然辩证法通讯，30（1）：95-100，49.
石剑峰. 2011-11-21.《时代》评今年 50 大发明. 东方早报.
宋秋水. 2005. 关于"后人类"若干问题的思考. 中国矿业大学学报（社会科学版），7（4）：31-34.
孙成权. 2006. 美国发展会聚技术的目标及其战略影响. 科学新闻，（6）：3-33.
汤川秀树. 2010. 现代科学与人类. 乌云其其格译. 上海：上海辞书出版社.
汤文仙. 2006. 技术融合的理论内涵研究. 科学管理研究，24（4）：31-34.
唐·伊德. 2014. 21 世纪的技术科学. 张彬译. 工程研究——跨学科视野中的工程，（2）：125-128.
托马斯·库恩. 1981. 必要的张力：科学的传统和变革论文选. 纪树立，范岱年，罗慧生等译. 福州：福建人民出版社.
王国豫，龚超，张灿. 2011. 纳米伦理：研究现状、问题与挑战. 科学通报，56（2）：96-107.
王国豫，龚超. 2015. 伦理学与科学同行——共同应对会聚技术的伦理挑战. 哲学动态，（10）：65-70.
王海涛. 2008. NBIC 融合技术与交叉学科发展模式研究. 北京：中国人民解放军军事医学科学院博士学位论文.
王楠，王前. 2005. "器官投影说"的现代解说. 自然辩证法研究，21（2）：1-4，17.
王鹏，王海之，钱旻. 2002. 农业生物技术的安全性问题研究. 农业现代化研究，23（1）：41-43.
王天恩. 1989. "可能性空间"及其认识和实践意义. 江西社会科学，（4）：48-53.
王秀盈. 2000. DNA 与人性萌动. 北京：世界知识出版社.
王永杰，柴剑峰，陈光. 2003. 基于创新域构建的技术集群和产业集群研究. 中国科技论坛，（4）：28-31.
王志勇，鲍剑斌，张鸿海. 2001. 从纳米科学技术研究看认识论纵深发展. 华中科技大学学报（社会科学版），（3）：25-28.
吴学安. 2008. 国际法律框架中的基因技术应用. 检察风云，（2）：26-28.
吴忠民. 2001. 论代际公正. 江苏社会科学，（3）：44-50.
向渝梅，章波. 2006. "NBIC 会聚技术"对学科会聚的影响. 科技管理研究，（10）：

137-138.

肖峰. 2002. 高技术时代的人文忧患. 南京：江苏人民出版社.

肖峰. 2007. 技术、人文与幸福感. 中国人民大学学报，21（1）：133-140.

肖峰. 2007. 哲学视域中的技术. 北京：人民出版社.

肖峰. 2009. 信息技术与认识方式——兼论认知科学中的认识论信息主义. 山东科技大学学报（社会科学版），11（6）：1-27.

肖海涛，张法瑞. 1996. 自然辩证法简编. 北京：北京航空航天大学出版社.

肖平. 1999. 工程伦理学. 北京：中国铁道出版社.

徐少锦. 1995. 西方科技伦理思想. 南京：江苏教育出版社.

亚里士多德. 2007. 尼各马可伦理学. 王旭凤，陈晓旭译. 北京：中国社会科学出版社.

严耕，陆俊，孙伟平. 1998. 网络伦理. 北京：北京出版社.

杨丽娟，陈凡. 2005. 高技术立法规制问题的哲学探讨. 法学论坛，（1）：47-52.

叶朗. 2009. 美学原理. 北京：北京大学出版社.

伊诺泽姆采夫 B Л. 2003. 从《历史的终结》到《后人类的未来》——评F. 福山新著《我们的后人类的未来》. 文华摘译. 国外社会科学，（6）：77-80.

英瓦尔·卡尔松，什里达特·兰法尔. 1995. 天涯成比邻：全球治理委员会的报告. 中国对外翻译出版公司译. 北京：中国对外翻译出版公司.

尤尔根·哈贝马斯. 1999. 作为"意识形态"的技术与科学. 李黎，郭官义译. 北京：学林出版社.

于光远. 1995. 自然辩证法百科全书. 北京：中国大百科全书出版社.

余谋昌. 2001. 高科技挑战道德. 天津：天津科学技术出版社.

约瑟夫·本·戴维. 1988. 科学家在社会中的角色. 赵佳苓译. 成都：四川人民出版社.

张帆. 2001. 高科技不兼容女人. 计算机周刊，22：9.

张玲. 2012. NBIC聚合科技及其对我国科技发展的启示. 中国科技论坛，(1)：143-148.

张宁，罗长坤. 2005. "会聚技术"及其对科技管理的影响. 研究与发展管理，17(5)：97-100.

张文显. 1999. 法理学. 北京：高等教育出版社.

张之沧. 2004. "后人类"进化. 江海学刊，（6）：5-10.

赵克. 2007. 会聚技术及其社会审视. 科学学研究，25（3）：430-434.

赵震江，刘银良. 2001. 人类基因组计划的法律问题研究. 中外法学，（4）：434.

中国科学空间领域战略研究组. 2009. 中国至2050年空间科技发展战略路线图. 北京：科学出版社.

朱葆伟. 2007. 高技术的发展与社会公正. 天津社会科学，（1）：35-39.

卓泽渊. 2006. 法的价值论. 北京：法律出版社.

Bach-y-Rita P. 1972. Plastic Brain Mechanisms in Sensory Substitution. New York: Academic Press.

Bostrom N. 2008. Why I want to be a posthuman when I grow up//Gordijn B, Chadwick R. Medical Enhancement and Posthumanity. Dordrecht: Springer: 107-136.

Bregman A S. 1994. Auditory Scene Analysis. Cambridge: MIT Press.

Canton J. 2002. The Impact of Convergent Technologies and the Future of Business and the

Economy. Los Angeles: World Technology Evaluation Center (WTEC) Inc.

Cassel J, Sullivan J, Prevost S, et al. 2000. Embodied Conversational Agents. Cambridge: MIT Press.

Drexler K E. 1986. Engines of Creation: The Coming Era of Nanotechnology. New York: Anchor Press.

Friedrich K. 2009. Conference Report SPT2009: "Converging Technologies, Changing Societies". http://www.geisteswissenschaften.fu-berlin.de/v/embodied information/media/conference-report-spt2009[2009-08-10].

Fukuyama F. 2002. Our Posthuman Future: Consequences of the Biotechnology Revolutions. New York: Farrar, Straus and Giroux.

Grunwald A. Auf Dem Weg in Eine Nanotechnologische Zukunft: Philosophisch-Ethische Fragen. Freiburg: Verlag Karl Alber, 2008.

Hands D W. 2001. Reflection Without Rules. Cambridge: Cambridge University Press.

Huges J J. 2006. Human enhancement and the emergent technology of the 21st century//Bainbridge W S, Roco M C. Managing Nano-Bio-Info-Cogno Innovations: Converging Technologies in Society. Dordrecht: Springer: 285-307.

Jonas H. 1984. The Imperative of Responsibility: In Search of an Ethics for the Technological Age. Chicago: University of Chicago Press: 217.

Joy B. 2000. Why the future doesn't need us? https://www.wired.com/2000/04/joy-2/ [2019-05-30].

Khushf G. 2006. An ethic for enhancing human performance through integrative technologies//Bainbridge W S, Roco M C. Managing Nano-Bio-Info-Cogno Innovations: Converging Technologies in Society. Dordrecht: Springer: 255-278.

Kleinfeld J S. 2003. Beyond Therapy: Biotechnology and the Pursuit of Happiness. Washington: President's Council on Bioethics: 275-296.

Loomis J M, Beall A C. 1998. Visually controlled locomotion: Its dependence on optic flow three-dimensional space perception, and cognition. Ecological Psychology, 10: 271-285.

Manning C D, Schhutze H. 1999. Foundations of Statistical Natural Language Processing. Cambridge: MIT Press.

Moor J, Weckert J. 2004. Assessing the nanoscale from an ethical point of view//Baird D, Nordmann A, Schummer J. Discovering the Nanoscale. Amsterdam: IOS Press: 301-310.

Norris S L, Currieri M. 1999. Performance enhancement training through neurofeedback//Evans J R, Abarbanel A. Introduction to Quantitative EEG and Neurofeedback. San Diego: Academic Press: 223-240.

Pickering A. 1992. From science as knowledge to science as practice//Pickering A. Science as Practice and Culture. Chicago: The University of Chicago Press: 2.

Pidgeon N, Porritt J, Ryan J, et al. 2004. Nanoscience and Nanotechnologies: Opportunities and Uncertainties. London: Royal Society, Royal Academy of Engineering: 53-54.

Roco M C, Bainbridge W S. 2001. Social Implication of Nanoscience and Nanotechnology. Dordrecht: Kluwer Academic Publishers.

Roco M C, Bainbridge W S. 2003. Converging Technologies for Improving Human Performance. Dordrecht: Springer.

Schummer J, Pariotti E. 2008. Regulating nanotechnologies: Risk management models and nanomedicine. Nanoethics, 2: 39-42.

Stern P C, Carstensen L L. 2000. The Aging Mind: Opportunity in Cognitive Research. Washington: National Academy Press.

Steve S, Orpwood R, Malot M, et al. 2002. Mimicking the brain. Physics World, 15: 27-31.

Stock G. 2003. From regenerative medicine to human design: what are we really afraid of? DNA and Cell Biology, 22: 679-683.

Toumey C. 2007. Privacy in the shadow of nanotechnology. Nanoethics, 1: 211-222.

Winner L. 1993. Citizen virtues in a technological order//Winkler E R, Coombs J R. Applied Ethics: A Reader. Oxford: Blackwell.

附　录

附录一　网络伦理难题和网络道德建设[①]

陈万球

网络社会一方面为人类展现了美好的"数字化生存"的前景；另一方面，由于网络社会结构缺陷、社会规范脱节以及经济利益的驱动，导致了观念的、规范的和行为的三个层面的伦理难题。与此相适应，网络道德建设必须从道德观、道德规范和道德行为入手。唯其如此，网络社会才能在有序中实现发展。

一、网络社会带来的伦理难题

随着信息高速公路的建设和发展，逐渐产生了一种全新的、与人类社会有较大差别的世界性社会组织——网络社会。这种崭新的第二生存空间一方面为人类展现了美好的"数字化生存"的前景；另一方面，也导致了大量的社会问题的出现。对这些问题的研究受到了多方的关注，成为理论研究的前沿。国外把这些社会问题概括为"7P"问题，即 privacy（隐私）、piracy（盗版）、pornography（色情）、pricing（价格）、policing（政策制定）、psychology（心理学）和 protection of network（网络保护）。国内有的学者提出网络社会道德问题存在八对矛盾：电子空间与物理空间、网络道德与既有道德、信息内容的地域性与信息传播方式的超地域性、通信自由与社会责任、个人隐私与社会监督、信息共享与信息独有、网络开

[①] 本文原发表于《自然辩证法研究》2002 年第 4 期。

放性与网络安全、网络资源的正当使用和不正当使用[①]。还有的学者提出网络社会伦理道德的问题表现在道德范畴的三个方面[②]。应该说这些认识在一定程度上反映了网络社会客观存在的伦理问题,有一定的道理。我认为网络社会的伦理问题可以进一步概括为观念、规范和行为三个方面的问题。

(一)在观念层面上,个人主义道德观盛行

网络社会是现实社会的延伸。在这里,不难发现,现实生活中人们反对的各种道德观念诸如道德虚无主义、自由无政府主义等得到了空前的培植和生长。在今天的因特网上,道德虚无主义的呼声此起彼伏。作为后现代主义的一种形式,网络道德虚无主义的基本特征是:怀疑道德,否定道德,将个人视为自己网络道德行为的唯一判断者。同时,自由主义、无政府主义者在网络上推波助澜,他们主张在网络上取消政府,不要法制、不要道德,建立所谓真正的、彻底的"民主"和"自由"的王国。"黑客"成为"电脑英雄""计算机能手"的代名词为人们所津津乐道,"黑客"行为则被一些网民特别是青少年所盲目推崇和效仿。不管是网络道德虚无主义,还是网络自由的无政府主义,抑或"黑客"英雄主义,其共同点都是把自我作为网络的中心,反对任何制约,它不是要网络社会的进步和发展,而是要获得个人欲望的满足而不择手段,为所欲为,无法无天,其实质都是个人主义。这种个人主义网络观,在虚拟社会中越来越有蔓延的趋势,值得我们警惕。

(二)在规范层面上,道德规范的运行机制受阻

在虚拟社会中,道德规范受到了前所未有的挑战。这主要表现在两个方面。首先,道德规范的主体在虚拟社会中表现不完整、不充分。在现实社会生活中,个人的性别、年龄、相貌、职业、财产、地位、名誉等自然属性和社会属性都充分地展现在交往对象面前。而在虚拟社会中,人的自然的、社会的特性,总之人的一切特性都被剥离了,剩下的只是代表交往对象的一个个符号,甚至连这个"符号"也是不确定、不统一的。这样,道德主体在现实交往中的丰富多彩的特性转变成枯燥单一的符号或数字。

---

① 严耕,陆俊,孙伟平. 网络伦理. 北京:北京出版社,1998:56,188-200.
② 张文杰,姜素兰. 网络发展带来的伦理道德问题. 北京联合大学学报,1998,12(3):25-28.

处在这种环境中的道德主体必然产生主体感淡漠化的倾向，不利于虚拟社会道德水平的提高。

其次，道德规范的实施力量出现分化甚至灭失。在现实伦理关系中，大多为面对面的直接关系。在这种情形下，道德规范的实施主要借助于社会舆论和人们的内心信念来实现。一方面，人们出于畏惧社会舆论这种外在的"道德法庭"的威慑，往往"有贼心没贼胆"，谨慎地规范自己的言行。另一方面，人们出于对善的、真实的良心这种内在"道德法庭"的真挚敬仰，自觉地服膺于道德规范。外在的"道德法庭"和内在的"道德法庭"相互联系，共同构筑了统一的道德防线。然而，在虚拟社会中，这种统一性被打破，社会舆论的作用发生危机甚至失灵。这主要是由于活生生的人在交往中退到终端的背后，网络社会中人与人之间的关系凸现出间接的性质。在这种情形下，社会舆论的承受对象如果模糊，直面的道德舆论抨击就会难以进行，从而使社会舆论作用下降。

虚拟社会对道德规范的这种挑战说明：传统道德规范的运行受到干扰和阻滞，传统道德规范的运行模式在网络社会中并不完全适用。

（三）在行为层面上，网络不道德行为蔓延

网络不道德行为，是指网络主体出自非善和邪恶动机，不利或危害他人和社会的网络行为。根据网络不道德行为对社会造成的危害程度的不同，可以把它们区分为不正当、较恶和极恶行为。这种区分是相对的。

网络不正当行为，诸如在网络上撒谎、谩骂和人身攻击、传播无聊的信息、发布虚假的电子邮件、网络赌博等违反网络道德，危害程度不大的行为，都是网络不正当行为。

网络较恶行为，是指违反网络道德准则，对他人和社会造成较大危害的网络不道德行为。它介于不正当行为和极恶行为之间。如信息欺诈就是典型的一例。制假者散布大量虚假信息，导致社会普遍信用危机，最终将导致社会政治、经济的混乱。

网络极恶行为，即网络犯罪行为，又称为数字化犯罪或计算机犯罪等。它是指借助于计算机网络，故意实施危害他人和社会，触犯有关法律的行为。近年来，利用计算机窃取机密情报或进行金融诈骗、制黄贩黄、侵犯知识产权、传播计算机病毒或进行煽动性政治宣传等犯罪呈直线上升趋势，网络犯罪活动空前地活跃与猖獗。网络犯罪具有隐蔽性强、危害面广、知识含量高、可控制性弱等特征，给人类社会造成了极大的危害，对现实社会人们的利益构成极大的威胁。

上述三个层面的问题是互动的,一方面,个人主义网络道德观念成为网络不道德行为的思想基础;另一方面,网络不道德行为的蔓延和网络道德规范作用的减弱又使个人主义的道德观得到加强,从而使得网络社会伦理问题变得空前的复杂和严峻。

二、成因分析

寻找产生网络社会伦理难题的根源,是解决该问题的基本前提。网络道德问题异常复杂,其形成的原因也多种多样。我认为,网络道德问题的存在与下列因素有关。

（一）网络社会的结构缺陷

网络社会的结构与现实社会结构具有十分不同的特点。现实社会采用的是一个由下往上机构逐渐减少而权力却逐级集中的金字塔式结构,每一个基层组织的运行都服从于更高一级的指挥和命令,总体的社会结构必须依赖于一个权力高度集中的中央机构[1]。而网络社会采用的是离散结构,它是开放的、松散的,不设置一个国际性的中央控制设备或中心,所有的计算机都处于各自中心地位。应该说,这种结构对避免网络系统的崩溃、保证网络系统的良好运行起到了积极作用。但是这种结构的负面影响也是显而易见的,它使得对人们网络行为的管理和控制变得异常艰难,在一定程度上助长了人们网络不道德思想和行为的泛滥。例如,网络上的道德虚无主义、自由主义等个人主义道德观与计算机网络结构的非中心性、开放性等具有某种程度的暗合,网络为其提供了生长繁衍的温床。又如,网络对责任主体的控制先天不足,人们可以随意在网上撒谎、谩骂和进行人身攻击,而不需要负任何责任。

（二）经济利益的不良驱动

司马迁曾说过:"天下熙熙,皆为利来;天下攘攘,皆为利往。"透过扑朔迷离的网络社会现象,我们不难发现,种种网络道德问题,特别是网络不道德行为其背后都隐藏着深刻的经济根源。正是由于不正当的经济

---

[1] 严耕,陆俊. 网络悖论——网络的文化反思. 长沙:国防科技大学出版社,1998:295.

利益和商业利润驱使人们藐视道德和法律而在网络这个"自由时空"中任意妄为。例如，制黄贩黄、网络诈骗、偷窃、侵犯知识产权、对资源的不正当的垄断等都直接或间接与经济利益有关。计算机及互联网的普及给人们工作和生活带来了很大方便，同时利欲熏心的不法之徒也乘虚而入，他们有的把色情信息上传到计算机网络中牟取暴利，有的非法复制软件并对其重新包装进行销售，有的通过网络发布虚假信息诱使他人与之订立合同，待钱财到手后溜之大吉。这种情况说明，最初设计是为了学术交流而非为了经济利益的部分网络社会已经演变成不道德行为者获取非法利益的活动空间。

（三）网络社会的规范脱节

网络社会规范是由法律规范、道德规范和网络礼仪等不同性质的规范所组成的规范体系。网络社会规范的脱节是指网络社会规范在运行过程中出现的不协调、不和谐甚至相互矛盾和冲突的情形。具体说来，表现在以下几个方面。首先，现实社会生活中现存的各种规范体系不能完全适应全新的虚拟网络社会系统，而网络社会的规范体系在发展变化中远未健全，这样，形成规范的"空白地带"。其次，现实社会中的各种规范和某些网络规范之间、新的网络规范与旧的网络规范之间存在着分歧、差异或冲突，相互之间衔接错位[①]。最后，人们的文化背景、价值观念差异等因素影响而形成的多元化、异质性各种规范之间的冲突和矛盾在所难免。种种情况表明，一方面，网络社会存在"无法可依""道德真空"局面；另一方面，相互错位、相互脱节的网络规范不被人们所认同和接受，网络规范被突破和越出，从而导致网络行为严重偏差、失范乃至越轨。

网络社会的伦理难题的成因远不止这些。一个不争的事实是，政治因素的介入、文化霸权主义的横行、网络管理的松散等与上述原因一起相互影响和交织，共同造成了网络社会伦理难题的沉重局面。由此看来，网络道德建设势在必行。

三、关于网络道德建设的几点思考

前已叙及，网络伦理问题处于观念、规范和行为三个层面上，与此相适应，网络道德建设必须从观念、规范和行为三个方面入手。

---

① 冯鹏志. 伸延的世界——网络化及其限制. 北京：北京出版社，1999：146.

（一）加强网络道德观的建设

网络道德观的建设，关系到网络社会未来发展方向，是整个网络道德建设的灵魂和核心。有的学者把网络道德观称为网络道德原则，并提出了网络道德的四大基本原则：全民原则、兼容原则、互惠原则、自由原则[①]。还有的学者提出"网络生态观"的概念[②]，为构建合理的网络道德观提供了富有启发的思想元素。但是，我们谈网络道德建设应该立足于国情，思考我国社会主义网络道德观的建设。我国网络道德建设观还处在初级阶段，在网络道德观建设中，我认为必须处理好如下几个关系。①网络道德基本原则与社会主义道德基本原则之间的关系。社会主义道德基本原则是网络道德的基础，网络道德的建设不能将其抛开。从网络道德观现存的问题可以看出，网络个人主义道德观愈演愈烈。如任其发展，势必会破坏网络社会秩序。而提"全民原则"等又为时过早，它暂时不能成为核心原则。唯有网络集体主义原则不同，它强调网络集体利益的道德权威性、个人网络权益的合理性和两者利益的协调性，比较好地处理了网络集体与个体的关系，应该成为我国网络道德观的核心。②多元文化价值观与网络主流文化价值观之间的关系。在网络道德观建设中，一个不可回避的问题是，我们是在价值观多元化的背景下展开道德建设的。如何引导网民在多元价值观中做出正确抉择？如何弘扬主流价值观？如何处理好两者的关系？这些问题都值得我们深思。③网络道德观的建设与社会主义精神文明建设之间的关系。网络道德建设是社会主义精神文明建设的一部分，应该纳入整个社会主义精神文明建设的总体规划中。

（二）加强网络道德规范的建设

网络道德规范的建设是网络道德建设的基础。它必须在集体主义道德原则的指导下进行，必须注意网络规范的层次性问题，对思想境界不同的个体，应该设立层次不同的规范，尤其是网络道德规范的改造与创新问题，成为网络道德建设的一大难题。网络活动与交往和真实的活动有很大的区别，因此，仅仅把传统的道德规范引入网络社会似乎显得形而上学。应该结合网络的特点对传统道德规范进行适当改造再植入网络空间。如诚信规

---

① 严耕，陆俊，孙伟平. 网络伦理. 北京：北京出版社，1998：188-200.
② 唐一之，李伦. "网络生态危机"与网络生态伦理初探. 湖南师范大学学报社会科学学报，2000，29（6）：15-20.

范、公平规范、平等规范等都可以经过改造后成为网络社会重要的道德规范。同时，网络道德规范还必须推陈出新。创新网络道德规范将是网络社会发展过程中一项长期而艰巨的任务。目前，改造与创新的工作才刚刚开始。国外先行一步，一些协会性质的网络规范早已出台。我国理论界对网络伦理也倾注了极大的热情，发表大量的论文和著作。而有关计算机网络的法律规范也陆续出台。总之，随着因特网的发展，网络道德规范将会在改造与创新中得到不断完善和发展。

（三）加强网络道德行为的建设

网络不道德行为的蔓延和泛滥，与多种因素有关。因此，加强网络道德行为的建设，必须合全社会之力，诉诸技术的、管理的、法律的和道德教育的手段，进行综合治理。在此，笔者仅就网络道德教育的问题谈谈自己的看法。一是开展网络思想政治教育，提高网民的思想政治素质。网络道德问题的治本之道，是要用科学理论武装人们的头脑，使之树立正确的世界观、人生观、价值观。二是开展网络道德素质教育，提高网民的道德素质和道德修养。由于网络道德运行机制受阻，社会舆论的作用减弱，因此，加强网络道德主体以"自律"为特征的道德教育尤为重要。同时，要提高网民的善恶鉴别力，分清哪些行为是合法的、善的，哪些行为是非法的、恶的。三是要大力开展网络法制教育，着力提高网民遵守网络社会规则的法律意识，做遵纪守法的网民。只有这样，才有可能根治网络不道德行为，使网络社会在有序中实现发展。

附录二　工程技术对社会伦理秩序的影响[①]

陈万球　林慧岳

工程和道德，同属于客观世界的两种事物与现象。两者之间存在着相互影响、相互作用、相互制约的互动关系，正是这种互动关系影响着各自

[①] 本文原发表于《科学技术与辩证法》2002 年第 6 期。

的存在状态和变化发展规律。探讨工程活动对人类道德的影响,不仅可以深化人类对客观世界认识,而且对科技发展战略、目标和政策,推动科技伦理学发展和人类道德进步具有重要指导意义。

一、工程技术活动的伦理意蕴

工程,自古以来就是人类以利用和改造客观世界为目标的实践活动。工程是人类将基础科学的知识和研究成果应用于自然资源的开发、利用,创造出具有使用价值的人工产品或技术活动的有组织的活动。它包括两个层次的含义:①它必须包含技术的应用,即将科学认知成果转化为现实的生产力。②它应当是一种有计划、有组织的生产性活动,其宗旨是向社会提供有用的产品。如果从系统角度分析,工程作为一个系统具有如下特征。①工程是科技改变人类生活、影响人类生存环境、决定人类前途命运的具体而重大的社会经济、科技活动,通过工程活动改变物质世界。换言之,工程是科学技术转化为生产力的实施阶段,是社会组织的物质文明的创造活动。科技的特征和专业特征是工程的本质基础。②工程活动历来就是一个复杂的体系,规模大,涉及因素多。现代社会的大型工程都具有多种基础理论学科交叉、复杂技术综合运用、众多社会组织部门和复杂的社会管理系统纵横交织、复杂的从业者个性特征的参与、广泛的社会时代影响等因素的综合运作的特点。③工程活动能够最快最集中地将科学技术成果运用于社会生产,并对社会产生巨大而广泛的影响。这一影响是全方位的,不仅有社会政治、经济、科技方面的,也有社会文化道德方面的。这就形成了工程的价值特征[①]。下面着重分析其对社会伦理秩序的影响。

工程和道德分属两个不同的社会系统。在道德系统的结构中,一般可分为三个层次。第一个层次为道德观念层次,即在社会道德实践活动中形成并影响到道德活动的具有善恶价值的各种观念形式。第二个层次是道德规范层次,即在一定历史条件下,指导和评估社会成员价值取向的善恶准则。第三个层次是道德实践行为层次,即人类生活中一切具有善恶价值的活动。道德系统的实践行为层次和规范层次处于系统结构的外围,道德价值观念则处于道德系统结构的核心。

工程活动作用于道德的过程,首先表现在行为层次上,其次在规范层

---

① 肖平. 工程伦理学. 北京:中国铁道出版社,1999:30.

次，最后涉及观念层次。这种影响过程可以用附图2-1表示。

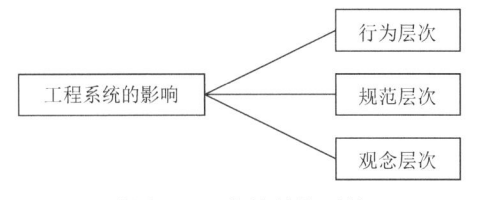

附图2-1 道德结构系统

下面做具体分析。

在道德实践行为层次，道德的特征以活动表现出来，这包括道德行为选择、道德评价、道德教育、道德修养等。在一般情况下，工程活动的影响首先作用于道德行为层次。当它作用于道德行为的层次时，从两个方面改变人们行为的选择性。它一方面表现为工程活动的影响可以更新人们社会行为选择项目的内容，为人们的社会行为制造新的机会。另一方面，工程技术的发展使人们在选择自己行为时增加了新的选择项目。例如，医学技术，特别是生物工程技术的应用，使人类的自然生殖的行为方式可以改变为人工操纵的过程。人工操纵生殖主要有三种形式，一是人工授精；二是体外受精；三是无性生殖，即克隆。又如，互联网技术的出现，使得异性的交往增加了一种虚拟形式。人们既可以选择在现实生活中的恋爱方式，也可以选择虚拟的"网恋"形式。

工程活动影响与渗透深入第二步是作用于人们的道德规范层次。道德规范是一种非制度化规范，它是人们在长期道德实践中形成的，它一旦形成就具有相对稳定性。但是，道德规范并不是一成不变的。在工程活动的影响下，道德规范通过人们行为方式改变来达成自身形式的改变。例如，遗传工程、生物技术的发展，试管婴儿的试验成功，使婚姻家庭的传统社会功能出现某种程度的丧失，在科学技术指导下现代化避孕工具和手段的产生，使人类有更大能力控制自己的繁衍。

上述分析是为了把问题简单化而做的抽象理论分析。事实上，在工程活动的影响下，人们的道德行为方式、道德规范和道德观念三者的变化不是截然分开的，而是相互影响和渗透的。因此，在工程活动作用于道德行为、道德规范时，伴随着人们的道德价值观念的变迁，当然这种变迁更具有深刻的意义，这就是说，道德行为、规范的变迁在很大程度上取决于人们价值观念的变迁，一定的社会行为规范总是要求相应的价值观与之相适应，有什么样的价值观念就会产生什么样的行为规范，对于这个问题，马克斯·韦伯在其名著《新教伦理与资本主义精神》一书中做过精辟的分析[①]。工程活动对道德观念的影响首先通过改变或增加人们的行为选择影响或改变人们的价值观念，进而作用于道德的文化价值观念层次。其次，工程技术转移带来道德价值观念的变化。技术转移伴随观念的转移，影响到原有的价值观念，从实质上说，技术转移的引进，是一种价值观念的引进和转移。

工程活动作用于道德以后，会产生两种截然不同的伦理后果。其一是工程与伦理道德整合，从而更导致道德的更新、进步与发展。其二是工程与道德（特别是传统道德）发生尖锐冲突，从而导致道德的变态、异化的产生。

工程与道德整合的社会过程，大致上经过适应→消化→吸收→更新四个步骤。当工程活动的影响作用于道德时，道德总是首先做出被动的适应性反应。质言之，面对工程活动的要求与影响，伦理道德无论在主观上还是在客观上都不能熟视无睹，而必须努力调整内部的相互关系，以保持与环境的平衡。这恰恰是道德作为系统生存的需要。道德消化工程活动的影响主要是全面认识和理解这种影响，这就是说，不仅要看到工程活动所具有的道德价值观念的特征，又要看到工程活动对道德行为、道德规范的影响；不仅要看到工程活动对伦理秩序的良性影响，同时要注意工程活动对伦理秩序的负面影响。只有全面认识和理解工程活动对道德的影响，才能使工程与道德的整合更有目的性，有选择性。工程活动在消化科学技术影响的基础上就要有选择地吸收这种影响。选择性吸收的前提条件是充分的比较和分析，也就是说，道德在吸收工程活动影响之前，首先要认真分析应该吸收什么，应该扬弃什么。道德吸收工程活动的影响，改变与调整自身结构，抛弃其糟粕，就使道德产生了更新与发展的社会效应。从实质上说，道德的进步意味着道德观念、道德规范和道德行为都在不同程度地发生变化，同时也在不同程度地吸收工程技术的影响。一旦道德在工程影响的基础上得到更新，那么工程与道德的相互整合过程也基本完成。必须指出，工程与道德的社会整合是一个不断反复的过程，唯其如此，工程对道德的影响才真正被道德吸收而使道德在前进道路上不断攀升。

现代工程活动与道德发生了尖锐的冲突，这种冲突一般会在以下几种

---

① 李汉林. 科学社会学. 北京：中国社会科学出版社，1987：244-245.

情况下变得非常尖锐。第一，随着现代工程活动对社会影响的加大，人们在对事物的道德价值取向和价值判断持双重标准时，工程与道德的冲突就不可避免。第二，当工程活动的影响不顾及道德传统而强行作用于道德时，工程活动与道德的冲突也不可避免地发生。第三，当以科学技术传播为主体的现代化进程太快，超过社会与文化的容忍程度时，工程与道德也会发生尖锐的冲突。

二、技术共同体对社会伦理秩序的影响

科学共同体是从事科学认识活动的主体，是生产科学知识的集团。在科技哲学史上，托马斯·库恩（Thomas Kuhn）较早地提出了"科学共同体"这个概念。他认为"科学共同体是由一些学有专长的实际工作者所组成。他们由他们所受教育和训练中的共同因素结合在一起，他们自认为也被人认为专门探索一些共同的目标，也包括培养自己的接班人。这种共同体具有这样一些特点：内部交流比较充分，专业方面的看法也比较一致。同一共同体成员在很大程度上吸收同样的文献，引出类似的教训"。"共同体显然可以分许多级。全体自然科学家可成为一个共同体。""低一级是各个主要科学专业集团，如物理学家、化学家、天文学家、动物学家等的共同体。"科学事业就是由这样一些共同体所分别承担并推向前进的[①]。

那么，同样在技术领域是否存在一个"技术共同体"呢？我们认为应该存在。原因是：技术和科学分属不同的领域。科学的目的是认识自然，技术的任务是改变自然。技术共同体是改造世界（自然）的主体，是对科学知识进行物化的特定的社会集团。技术共同体主要就是指工程师集团或叫作工程师共同体。技术共同体对社会伦理秩序的影响是通过技术规范进行的。

在技术共同体形成之前，也就是说，当工程师还没有形成一个专业集团之前，显然不存在约束该共同体的特定的技术规范。当技术共同体形成以后，相应地产生了规范技术共同体的规范。特别是近代工业革命以来，技术共同体成员数量急剧增多，其成员的行为产生广泛而深远的影响，技术规范无论从形式还是内容都必然改变自己的形式，以适应技术共同体发

[①] 托马斯·库恩. 必要的张力：科学的传统和变革论文选. 纪树立，范岱年，罗慧生等译. 福州：福建人民出版社，1981：292.

展的需要。例如,近代以来,工程技术领域法规增多,这就表明技术规范的产生、形成、发展受技术共同体的制约。这就是技术规范的适应性。从更深层次看,技术规范的适应性与当时的政治经济状况以及统治阶级的需要和支持有密切相关性。

技术共同体影响到技术规范构建后,并以此为中介作用于社会伦理秩序。这种作用表现为三种情况。第一种情况,如果当社会技术变化迅速,而技术规范来不及做出反应,规范尚未建立或构建不及时,则出现技术共同体行为空白失序状态,即技术规范的作用丧失,技术共同体直面社会伦理秩序,这种冲击可能会直接打破传统伦理秩序,例如,克隆技术、信息技术出现后,社会还来不及建立相应的技术法规、道德规范。第二种情况是技术规范已经建立,但传统的技术规范和新的技术规范之间、不同种技术规范之间存在冲突和矛盾,在所难免,普遍的为技术共同体所认可的技术规范尚未确立,技术共同体行为突破局部技术规范对社会伦理秩序产生影响。例如,技术共同体成员产生违法现象,迫使技术共同体建构起制度化、法规化、结构化的伦理体系。第三种情况是成熟的完善的符合技术共同体根本利益也符合整个社会共同利益的技术规范的确立,它引导和约束技术共同体朝着人类的方向发展,从而对社会伦理秩序的构建产生良性影响。

默顿认为有四种规范指导科学家的行为,它们构成科学的"精神气质":普遍性、有条理的怀疑主义、公有主义和无私利性[1]。那么,现代工程师的"精神气质"是什么呢?美国工程师协会提出了工程师的五大基本准则。①工程师在达成其专业任务时,应将公众安全、健康、福祉视为至高无上,并作为执行任务时服膺的准绳。②应只限于在足以胜任的领域中从事工作。③应以客观诚实的态度发表口头意见、书面资料。④应在专业工作上,扮演雇主、业主的忠实经纪人、信托人。⑤避免以欺瞒的手段争取专业职务[2]。中国台湾地区提出了四大"中国工程师信条"。①工程师对社会的责任:守法奉献,尊重自然;②工程师对专业的责任:敬业守分,创新精进;③工程师对雇主的责任:真诚服务,互信互利;④工程师对同行的责任:分工合作,承先启后[3]。这些提法有一些道理。我们认为,

---

[1] 杰里·加斯顿. 科学的社会运行. 顾昕, 柯礼文, 朱锐译. 北京:光明日报出版社, 1988:20.

[2] 引自 http://www.fju.edu.tw/ethics/rule/6-10.htm.

[3] 引自 http://www.fju.edu.tw/ethics/rule/fram#20rule.html.

工程师共同体在科技时代的特殊地位决定了其成员必须为其科技行为承担较传统社会更多的道德责任。工程师集团应具有如下"精神气质"。

（1）人道原则。人道原则要求工程师必须尊重人的生命权。这是对工程师最基本的道德要求，也是所有技术伦理的根本依据。天地万物间，人是最宝贵、最有价值的。善莫过于挽救人的生命，恶莫过于残害人的生命。尊重人的生命权而不是剥夺人的生命权，是人类最基本的道德要求。

（2）安全无害原则。这是人道原则在技术活动中的进一步延伸。安全无害原则要求工程师在进行工程技术活动时必须考虑安全可靠，对人类无害。工程活动是人类利用自然、改造自然为人类自身服务的活动。人既是工程技术活动的主体也是工程活动的客体，安全原则体现了这种目的和手段的统一，目的性价值和工具性价值的统一。

（3）生态主义。生态主义是对工程师新的道德要求。它要求工程师进行的工程活动要有利于人的福利，提高人民的生活水平，改善人的生活质量，要有利于自然界的生命和生态系统的健全发展，提高环境质量。

（4）无私利性。在这一点上，与科学共同体相同。无私利性要求工程师为"工程的目的"而从事工程活动，要求工程师不把从事工程活动视为名誉、地位、声望的敲门砖，谴责运用不正当的手段在竞争中抬高自己的行为。

三、工程师个体对社会伦理秩序的影响

工程师个体对社会伦理秩序的影响，首先与工程师的社会角色有关。约瑟夫·本·戴维认为，科学家是一种独特的智力角色、专业角色[1]。同样，工程师也是一种独特的专业角色。这种角色具有独特的责任并具备存在的可能性。在古代社会，工程师前身多是巫师。工程师的社会角色并未得到公众的认同。西方文艺复兴时代出现了 engineer。他们摆脱了行会的束缚，用大胆的想象开发新技术，被称为"天才"。他们中大多数人都像达·芬奇那样是军事工程师。在民族国家形成前后，国家办学培养工程师，成为国家官僚。随着教育机构的完善，进行技术科学教育，工程师也就是工程学家。在民用工程中工程师数量激增。可见，工程师作为专业角色是近代才出现的。

---

[1] 约瑟夫·本·戴维. 科学家在社会中的角色. 赵佳苓译. 成都：四川人民出版社，1988：1.

现代工程活动使工程师扮演了一个极其重要的专业角色，工程自身的技术复杂性和社会联系性，必然要求工程技术人员不仅精通技术业务，能够创造性地解决有关技术难题，还要善于管理和协调，处理好与工程活动相关的各种关系。最重要的是，工程活动对社会和环境越来越大的影响要求工程师打破技术眼光的局限，对工程活动的全面社会意义和长远社会影响建立自觉的认识，承担起全部的社会责任。因此，现代工程要求工程师除具备专业技术能力外，还要具备在利益冲突、道义与功利矛盾中做出道德选择的能力，除对工程进行经济价值和技术价值判断外，还必须具备对工程进行道德价值判断，除具备专业技术素养外，还应具备道德素养，除具备对雇主负责外，还要对社会公众、对环境以及人类未来负责。

工程师个体对社会伦理秩序的影响主要是通过工程师个体行为进行的。工程师个体道德行为是工程师作为道德主体出于一定的目的而进行的能动的改造特定对象的活动。其中工程师道德行为选择是工程师道德行为的核心和实质部分。工程师道德行为选择是指工程师面临多种道德可能时，在一定的道德意识的支配下，根据一定的道德价值标准，自觉自愿、自主自决地进行善恶取舍的行为活动。与其他个体道德行为选择一样，工程师进行道德选择必须具备两个前提条件。一是从工程师实践看，工程师在工程决策、工程实施、工程后果等阶段都存在诸如"义"与"利"的抉择、"经济价值"与"精神价值"的两难抉择、国家利益和民族利益与全人类共同利益冲突矛盾、经济技术要求与人权保障矛盾冲突等。二是工程师主体意志自由，这是选择的主体前提。工程师是一个相对独立的道德主体，在一定程度上他的主体意志是自由的，如果没有主体意志自由，主体的行为就是被动的，也就无所谓选择。上述两个条件缺一不可，可见工程师道德行为选择不可避免。工程师在道德行为选择中还存在着目的和手段的关系问题。目的和手段都存在着善与恶的问题。只有善的目的和善的手段才能达成工程师的道德的行为，善的目的和恶的手段抑或恶的目的和善的手段都会把工程师的行为趋向不道德的行为途径上去，从而产生消极影响，破坏社会伦理秩序。

工程师之所以承担社会责任，首先是因为工程师的社会职责事关人类自己的前途和命运的选择，其次是因为工程师行为选择决定的。选择和责任是分不开的，选择将工程师带进价值冲突之中，使他们在多种可能性中取舍。那么，工程师具有什么样的社会责任呢？工程哲学家塞缪尔·佛洛曼认为工程师的基本职责只是把工程干好；工程师斯蒂芬·安格则主张工程师要致力于公共福利义务，并认为工程师有不断提出争议甚至拒绝承担他不赞成的项目的自由。"过去，工程师伦理学主要关心是否把工作做好了，而今天是考虑我们是否做好了工作。"这表明，传统观点认为，工程师的社会责任是做好本职工作。实际上这种看法是片面的。如前所述，当代工程技术的新发展赋予科技工作者前所未有的力量，使他们的行为后果常常大到难以预测，信息技术、基因工程等工程技术在给人类带来利益的同时还带来可以预见和难以预见的危害甚至灾难，或者给一些人带来利益而给另一些人带来危害。可见，在现代社会，工程师的伦理责任要远远超过做好本职工作。

附录三　论科学技术的政治功能[①]

陈万球　李丽英

科学技术和政治是同属于客观世界的两种事物与现象。两者之间存在着相互影响、相互作用、相互制约的互动关系。探讨科学技术对人类政治文明的影响，不仅可以深化人类对客观世界认识，而且对科技发展战略、目标和政策，推动政治文明的发展具有重要指导意义。

一、科学技术的政治功能

英国科学社会学家贝尔纳认为，"科学作为一种职业，具有三个彼此互不排斥的目的……科学的心理目的、理性目的和社会目的"[②]。科学的社会目的即科学的社会功能。科学的社会功能突出表现在政治、经济和文化等方面。沿着贝尔纳的思路，我们对科学技术的政治功能以及相关问题进行深入探讨。

政治文明作为一个社会系统，具有复杂的结构。在政治文明的系统结

[①] 本文原发表于《长沙理工大学学报（社会科学版）》2006年第3期。
[②] 贝尔纳J D. 科学的社会功能. 陈体芳译. 北京：商务印书馆，1982：150.

构中，一般可分为三个层次。第一个层次为政治意识文明，它是政治文明的内隐思想层面，是人们对政治制度、政治体制、政治行为的认识和心理反应的进步状态，包括政治理想、政治道德、政治信仰、政治心理等，其核心是民主政治意识。第二个层次为政治制度文明，是政治文明外显物质层面，是占统治地位的政治主体为了维护其整体利益而规定的政治生活的原则、规范与方式的总和，包括国体、政体、政党制度、法律制度等。第三个层次是政治行为文明，它是政治文明的行动层面，是人们政治行动的进步状态，包括政治斗争、政治管理和政治参与等。

科学技术是政治文明进步的杠杆，在政治意识文明、政治制度文明和政治行为文明的进步中，科学技术具有十分重要的作用。

（一）科学技术对政治意识的影响

按照历史唯物主义的观点，政治意识作为一种观念上层建筑，其产生和进步归根结底是由经济基础决定的，但与科学技术的作用也是分不开的。在政治意识进步中科学技术的作用突出表现在以下几方面。

首先，科学与民主是一对孪生子，科学越发展，科学精神越深入人心，人们的民主政治意识就越进步。贝尔纳说过："我们明白，再没有什么比提倡有用的技术和科学更能促进这样圆满的政治的实现了。通过周密的考察，我们发现有用的技术和科学是文明社会和自由政体的基础。"[①]一方面，科学技术的进步具有发展民主政治意识的客观要求。科学技术，尤其是现代科学技术是学术民主和自由创造的产物。没有学术民主的社会气候，没有政治民主意识的大文化环境，科学技术就难以兴旺发达，或是走上畸形的发展道路。而现代科学技术成果物化的经济增长，离不开市场经济体制。市场经济发展的趋势是使社会组织体系由塔式结构，走向网络式结构，其基础是独立、自由、公平、公开、公正的经济社会实体。这种社会结构模式的普遍化，会影响到政治生活领域，客观上要求独立、自由、公平、公开、公正的政治意识。另一方面，科学发展推动人们树立民主意识。民主最核心的内容是平等和参与。科学活动是富有民主精神的活动，因为，在真理面前人人平等。科学中真正的权威是平等。同时，随着科学活动的社会化，科学进入生产和生活，科学精神中蕴含的民主精神也促进公共生活中民主观念的发展，使民主观念成为社会中一种主流的价值观。科学对

---

① 贝尔纳 J D. 科学的社会功能. 陈体芳译. 北京：商务印书馆，1982：60.

客观性的追求使主观独断不再为公众所认可。从更广阔的社会领域来讲，科学运用、社会分工和民主参与是一个相互关联渗透的一体化进程。在现代社会中，科技的高度分化和综合使分工与协作成为社会关系的主要方面，随着社会分工精细化，每个人都有可能拥有分配给他工作的专业知识和技能，从而拥有做出决策的权利[①]。

其次，科学精神有助于人们摆脱旧的、落后的政治意识，培养理性主义执政意识和实事求是的执政作风。科学精神主要是指人们在长期的科学活动中所陶冶和积淀的思维方式、价值观念和行为准则等的总和，其基本内涵是理性精神、怀疑精神、实证精神、创新精神。与古代社会的经济基础和政治上层建筑相适应的政治意识，如盲从意识、顺服意识等，在科学精神的荡涤之下，会逐步走向消亡。科学精神营造务实高效、开拓进取的社会氛围，培养人们理性的执政意识，从而带动整个社会健康有序地发展。科学精神中的怀疑精神和实证精神，有助于人们在政治上本着求实创新的原则，不主观臆断。不因循守旧、不迷信盲从，敢于大胆怀疑，勇于探索，不断开拓创新，形成实事求是的执政作风。正如贝尔纳所说的："科学主要是一种改革力量而不是一种保守力量，不过它的作用的全部效果还没有充分显露出来。科学通过它促成的技术改革，不自觉地和间接地对社会产生作用，它还通过它的思想的力量，直接地和自觉地对社会产生作用。人们接受了科学思想就等于是对人类现状的一种含蓄的批判，而且还会开辟无止境地改变现状的可能性。"[②]

最后，科学技术发展推动人们树立科学正确的政治信仰。在人们形成自己政治信仰过程中，科学技术起了十分重要的指导作用。政治信仰问题与科学技术紧密相连。科学的政治信仰是建立在人们对自然规律、社会规律的正确认识和深刻了解基础之上的，换言之，是建立在科学技术的基础之上的，缺乏科学态度，不掌握自然发展的规律，对人类社会发展规律认识模糊不清，特别是对社会主义、共产主义是人类社会发展的必然性了解不清，就很难树立共产主义信仰和坚定共产主义信心。

（二）科学技术对政治制度的影响

阿尔文·托夫勒（Alvin Toffler）说过，每一次技术革命都将带来整个

---

① 肖海涛，张法瑞. 自然辩证法简编. 北京：北京航空航天大学出版社，1996：272.
② 贝尔纳 J D. 科学的社会功能. 陈体芳译. 北京：商务印书馆，1982：513-514.

社会生产、生活方式的变化,也必将引起政治制度的变化。的确,科学技术作为一种"改革力量",必定对政治制度产生作用,这种作用表现在科学技术既可以引起政治制度的局部变化,也可以导致社会革命,引起社会政治制度的根本变革。

首先,在政治制度质变过程中,科学技术的发展,促使经济基础发生变革,最终导致政治制度的变革。关于这一点,恩格斯早就说过。他说:与青铜器技术相适应的是奴隶制国家,与手推磨技术相适应的是封建制国家,与蒸汽磨技术相适应的是资本主义国家制度。在评价文艺复兴运动的历史作用时,恩格斯又说:印刷术的推广、古代文化研究的复兴,从1450年起日益强大和日益普遍的整个文化运动,所有这一切都给市民阶级反对封建制度带来好处。这说明:特定的科学技术与某种国家政治制度有着密切的联系,即科学技术的发展在一定程度上加速旧的政治制度的死亡,同时催生新的政治制度。

其次,科学技术的进步还会引起政治制度局部的量的变化,促使其良好地运行和发展。在政治制度根本性质不发生改变的前提下,受科学技术的影响,政治制度的运行方式会发生改变。正如有的学者研究指出:要使一种政治制度运行系统能够健康有效地运行和发展,关键要有以下四个方面:①建立科学的决策系统;②建立高效能的行政管理系统;③建立强有力的监督系统;④建立快速的反馈系统[①]。上述政治制度运行系统中的决策、管理、监督和反馈,都与科学技术的发展紧密相连。特别是现代政治制度的运行系统,离开了科学技术,简直寸步难行。可以想象,如果没有印刷术、电子传播媒介技术的发展,现代社会的政治普选、政令的畅通简直就是一句空话。

(三)科学技术对政治行为的影响

政治行为是政治主体在一定的政治关系中获得的、运用或影响政治权力,从而实现特定的利益的行动和取向。政治行为主要体现在政治斗争、政治管理和政治参与之中。

战争是最高形式的政治斗争。科学技术对政治斗争的影响明显体现在战争中:①科学技术的发展可以促使武器和军事设施不断更新换代,从而使武器和军事设施在战争中的地位发生很大的变化,从非重要因素上升到

---

① 李良栋. 社会主义政治文明论. 南京:江苏人民出版社,2004:47.

重要因素，并且在当今和未来的战争中，其重要性会愈来愈显著；②科学技术使军队结构不断发生变化，这突出表现在兵种的建制方面，像炮兵、装甲兵、航空兵以及数字化部队都是科学技术发展的产物；③科学技术的发展促使军事科研成果的产生和应用，而它向民用的转化带动社会各部门的发展，社会生产的发展又给科学技术大发展提供了更好的物质基础，从而有利于军事科研的发展[①]。

随着科学技术的发展，科学技术向政治管理的渗透日益加深了。政治管理的现实基础、主要内容、运行机制、权力结构、权力分配等方面在科学技术的影响下发生重大改变。值得一提的是，当代科学技术的发展促使政治管理中政治信息走向公开化、透明化。政治信息一般是指统治阶级为实现自己根本利益而进行活动所具有的观念、倾向、主张、意志等信号。在历史上，政治信息的发展经历由封闭到半封闭再到开放的过程。这一过程其实是与信息的传播速度、传播方式和途径、传播范围和领域的发展有密切关系。在古代社会，由于科学技术不发达，信息的传播处在低水平的发展阶段，使政治管理中的政治信息处于封闭或半封闭状态成为可能。而在现代信息社会中，电视、广播，特别是网络技术的运用，使得信息的传播发生了质的飞跃，迫使政府的政治管理从封闭、半封闭走向透明化和公开化。无论是国家的重要会议、国家的重大战略决策，还是政治家的个人隐私都不可避免地公之于世。总之，随着科技特别是网络技术的发展，政治管理信息公开化将是大势所趋。

科学技术对政治行为的影响还体现在民众政治参与上。现代科学技术有力地促进生产的发展，创造日益丰富的社会产品，从物质上保证人们的基本需要，使个人除了谋生的劳动之外，也有精力和时间关心并参与政治生活。此外，现代科学技术显著地提高了全民的文化素质、知识水平和智力水平，也提高了人们的民主意识、参与意识，从而为人们行使民主权利创造了更好的条件。再者，现代科学技术还为人们行使民主权利、参政议政提供了更好的物质技术手段，如广播、电视、报刊和互联网。尤其是互联网，给社会带来一种新的政治民主形式，国外称之为"交互式（或互动式）民主"（interactive democracy）、"直接数字民主"（direct digital democracy）[②]。这种民主形式具有广泛的参与性、即时性和直接性等特点，

---

① 肖海涛，张法瑞．自然辩证法简编．北京：北京航空航天大学出版社，1996：273．
② 严耕，陆俊，孙伟平．网络伦理．北京：北京出版社，1998：27．

使人们突破时空的限制,直接取得决策所需的各种信息,经由网络"直接"参与公共事务;同时,政府也可以借助网络随时接受民意反馈,甚至可以获得直接来自人民的直接授权,从而随时修改施政方针。

二、科学技术对政治家的影响

政治家是政治文明的总设计师,是政治意识文明的倡导者、政治制度文明的建立者和政治行为文明的发起者。政治家在决策中同样受到科学技术发展的影响。

(一)科学技术在政治家决策中的作用

在人类历史上,科学技术始终是影响政治家决策的重要因素。在不同的历史时期,政治家决策的科技含量是不同的。科学技术对政治家决策产生的影响的范围和强度也有很大的差别,由此区分了政治家决策的三种形态:经验型决策、过渡型决策和科学型决策。第一,经验型决策,一般指政治家凭借有限的知识和经验做出决策。它具有如下特点:一是政治家所获取的信息量很小,分析问题以定性为主;二是在决策过程中,"谋"与"断"交织在一起,没有明确的分工;三是决策的随意性很大,与规范化、程序化相距甚远;四是决策结果正确与否,取决于政治家个人的素质,带有很大的随意性。第二,过渡型决策。由于信息论、系统论、控制论等新兴学科的创立和大机器工业发展,政治家的决策的科技含量大幅度提高,传统经验型决策开始向科学型决策转变。其特点表现为:一是由于决策对象十分复杂,政治家个人独立做出决策已经变得十分困难,"谋"与"断"逐渐分离,咨询机构开始出现;二是决策方法发生了一定的变化,定量分析已经被引入政治家决策过程。第三,科学型决策。科学技术特别是现代高科技已经渗透到政治决策的各个方面,并对政治决策产生了广泛的影响,使政治家的决策完成了由传统经验型决策经过过渡型决策向科学型决策的转变。其主要特点是:一是政治家决策是在科学理论和科学知识指导下,运用科学方法进行的;二是决策由政治家个人的行为变为集体行为;三是"谋"与"断"两个环节相对独立,其任务分别由不同的系统来承担,由咨询机构拿出若干方案,由政治家集团最后定夺;四是决策手段高度现代化,定性分析与定量分析有机结合。在上述三种政治决策中,可以清楚地看到：第一，科学技术促进了政治家决策方式的转变，即由政治家"个人决策"为"集团决策"所取代；第二，科学技术促进了政治家决策程序的完善，使决策程序进一步细化，预测越来越成为政治家决策的前提，控制反馈成为决策程序的极为重要的环节；第三，科学技术促进了政治家决策方法的改进，即定性分析与定量分析相结合，由对某个单一问题的解决改变为对问题的综合系统解决等[①]。

（二）科学家对政治家的影响力

科学技术对政治家的影响常常以科学家为媒介进行，即通过"科学技术—科学家—政治家"的关系链条展开。科学家对政治家的影响的大小、程度，在此我们姑且称之为"科学家的政治影响力"。这种"影响力"在政治家决策的不同历史阶段有所不同。

在经验型决策阶段，"科学家的政治影响力"还不十分明显，政治家对科学家的依赖是非常有限的。这是因为，古代社会的知识分子（科学家）对统治阶级具有直接的依附性，他们要么是统治阶级的附庸，即所谓的"士"，要么是赋闲的落魄的统治阶级本身。因此，古代社会科学家对政治家决策的影响不能和现代社会同日而语。

在过渡型决策阶段，"科学家的政治影响力"逐步扩大。此时，科学家往往成为政治家集团进行政治决策所不可或缺的"智囊团"。这是因为随着社会的发展，科学技术日趋专业化、综合化、复杂化，政治决策问题已经超出了古代社会个人狭小的范围，也不可能再停留在个人的"聪明才智"和丰富经验上，需要一个为政治家决策提供重要咨询的机构，这就是"智囊团"，如第二次世界大战后美国的兰德公司、日本的野村综合研究所、英国的伦敦国际战略研究所等。

而在科学型决策阶段，随着政府决策的科学化和民主化逐步向法治化迈进，科学家与政治家的交往将更加频繁，他们之间的角色转移也愈来愈频繁，"科学家的政治影响力"空前增加。此时，出现了所谓的科学家-政治家阶级，科学家往往成为政治家，执掌国家政权，直接进行政治决策。例如，波兰总理杰兹·布泽克（1997年起任）就是一位化学工程师，2005年当选的波兰总理却是一位经济学家，罗马尼亚总统埃米尔·康斯坦丁内斯库（1996年起任）是一位地质学家，保加利亚总理伊万·科斯托夫（20

---

① 陈绍芳，唐淑琴. 高科技对政治决策的影响. 中国行政管理，1997，（12）：24-25.

世纪 90 年代末起任）是一位数学硕士和经济学博士，捷克的许多部长也都是科技专家。

"科学家的政治影响力"的逐步增加昭示：科学技术对政治的影响加深了。

（三）政治家决策中的知识背景的作用

科学技术对政治家的影响还表现在知识背景在政治家决策中的作用。知识社会学认为：每个执行特定社会角色的个体都必须具备执行他正常的角色所必不可少的知识。如果他缺乏这些知识，就认为他不适合担任这一社会角色[①]。同样，政治家要执行其独特的社会角色，必须具备作为政治家所必不可少的知识。这些知识，我们称之为政治家决策的"知识背景"。"知识背景"是指一定历史时期具有多种要素、层次、结构的知识体系的总和。任何知识背景都是自然知识、社会知识、人文知识、科技知识的结晶。

不同历史时期政治家的决策，从某种意义上说是不同时期知识背景的反映。人类的知识背景的演进分三种前后相继的形态：古代浑然一体的知识背景；近代直观、机械的知识背景和现代多系统综合的知识背景[②]。不同历史时期政治家的决策总是或多或少受他所处时代知识背景的影响。在古代，人们的认识局限于笼统的直观经验，有关对象的知识以世代相传的见闻、风俗、习惯、经验、实验、生产方法的形式保持下来。那时，自然科学还没有成为一个独立的知识部门，它对自然规律的揭示还处于起步阶段，科学技术的社会功能还远远没有发挥出来，人们还不能从对事实的概括中给自然界以统一的说明，而是借助于思辨，在想象中构成一种浑然一体的知识背景。处于此种知识背景下的政治家的决策带有天然的专制性、个人崇拜和神秘主义色彩。16、17 世纪，随着以精密的数学方法和实验方法为特征的近代科学的兴起，尤其是近代牛顿力学的产生，近代知识背景在总体上带有机械的形而上学的特征。这种知识背景虽然不能充分反映客观事物之间的必然联系，但它已经获得了包罗万象的世界观意义。受此影响，处在这个时代的政治家其决策带有局部性、机械的色彩。19 世纪中叶以来，达尔文进化论、马克思恩格斯历史唯物主义的创立，开始改变直观、

---

① 弗·兹拉涅茨基. 知识人的社会角色. 郏斌祥译. 南京：译林出版社，2000：17.
② 鲍宗豪. 决策文化论. 上海：上海三联书店，1997：114.

机械的知识背景。到 19 世纪末 20 世纪初，以相对论、量子力学、微电子学、激光学、现代宇宙学、分子生物学、生态学、系统论、信息论、控制论、耗散结构论、协同学等一系列崭新学科为代表的现代科学，以前所未有的速度向前发展。从这时起，关于事物和现象的知识已经不只是关于它本身的一种概念的组成，知识背景也不是一维的，而是由许多不同层次、不同系统构成的多系统综合的知识背景，即现代知识背景。处在这个时代的政治家进行决策时，必然受到这种知识背景的影响，带有系统性、整体性的特点。

处在某一个时期的政治家，其决策既受到他所处时代宏观知识背景的影响，同时也受到他个人微观知识背景的影响。宏观知识背景和微观知识背景相互结合，共同对政治家的决策产生影响。微观知识背景即政治家的个人学识经验、专业知识结构等。如果说，宏观知识背景使政治家决策带有时代的特点和痕迹，那么，微观知识背景使政治家的决策或多或少带有个人知识经验的痕迹：第一，政治家个人的学识、修养和科学文化知识，不知不觉地影响着政治家的决策程序和决策方法；第二，政治家决策认识活动中，政治家知识背景里的价值观、价值取向，是政治家决策冲动的背景力量。政治家的直觉判断，虽然表现出决策冲动的随机性，但是隐蔽在这种冲动背后的必然性，却是政治家的价值观念。

三、科学技术作用于政治文明的机制分析

所谓机制，是指事物之间相互联系、相互作用的方式、过程和途径。科学技术作用于政治文明的机制即科学技术对政治文明作用的方式、过程和途径的总和，它包含宏观机制和微观机制。宏观机制主要涉及科学技术作用于政治文明的基本路径问题；微观机制主要关系科学技术作用于政治文明的基本过程（附图 3-1）。

附图 3-1 科学技术作用于政治文明的基本路径

（一）宏观机制

科学技术作用于政治文明的基本路径有两条：一是经济基础；二是文化教育。

首先，科学技术作用于政治文明是以经济基础（生产关系）的变革为中介，通过科学技术—生产关系（经济基础）—政治文明上层建筑的联系链条才能实现。按照历史唯物主义的基本观点，在社会基本矛盾运动中，涉及两对矛盾、三个方面：生产力-生产关系（经济基础）-上层建筑。在三者之间，显然，作为"第一生产力"的科学技术和上层建筑之间不是直接的决定作用关系，而是以生产关系（经济基础）为中介间接起作用的。具体说来，科学技术的发展，促使经济基础发生质或量的变化，为政治文明的发展提供物质基础和条件，最终推动政治文明的发展。在科学技术—经济基础—政治文明作用的历史路径中，科学技术经过经济基础再到达政治文明发生作用的周期，在古代社会相对较长，近现代社会则相对较短，这与科技转化为生产力的周期是相一致的。质言之，科技转化为生产力的速度越快，科技经过经济基础再作用于政治文明的时间就越短，反之亦然。由此可知，当代科学技术的飞速发展，为我们建设政治文明创造了极为有利的条件。

其次，科学技术作用于政治文明必须以文化教育为基本路径。这是因为文化教育的普及程度决定了科学技术成果在社会中的传播、消化、应用和吸收程度。科学技术成果向政治文明渗透，依赖政治文明对它的消化、吸收能力，依赖政治主体文化素质的高低。有了现代化的科学技术和文化，才有国家机关职能的简单化以及统计的简单化；有了现代的科学技术文化，才能产生现代化的劳动生产率，为劳动者提供充裕的参与管理的时间；有了全民的科学文化教育的普及与提高，才能使人民懂得纪律和善于行使自己当家做主的权利，并有能力去管理国家和社会公共事务。而在文盲充斥、科技落后的国家，只能有愚昧、无知、迷信和盲从，绝不会有普遍的参政意识，当然也就很难实现民主政治。

（二）微观机制

科学技术作用于政治文明的微观机制，即科学技术作用于政治文明基本过程，大致上经过适应—消化—吸收—更新四个步骤。当科学技术的影响作用于政治的时候，政治总是首先做出被动的适应性反应。质言之，面对科学技术的要求与影响，政治文明无论在主观上还是在客观上都不能熟视无睹，而必须努力调整内部的相互关系，以保持与环境的平衡。这恰恰是政治文明作为系统生存的需要。政治文明消化科学技术的影响主要是全面认识和理解这种影响，这就是说，不仅要看到科学技术对政治意识的影响，还要看到科学技术对政治行为、政治制度的影响；不仅要看到科学技术对政治文明的良性影响，还要注意科学技术对政治文明的负面影响。只有全面认识和理解科学技术对政治文明的影响，才能使科学技术与政治文明的整合更有目的性、选择性。政治文明在消化科学技术影响的基础上就要有选择地吸收这种影响。选择性吸收的前提条件是充分的比较和分析，也就是说，政治文明在吸收科学技术影响之前，首先要认真分析应该吸收什么，应该扬弃什么。政治文明吸收科学技术的影响，改变与调整自身结构，抛弃其糟粕，就使政治文明产生了更新与发展的社会效应。从实质上说，政治文明的进步意味着政治观念、政治制度和政治行为都在发生了不同程度的变化，同时也在不同程度地吸收科学技术的影响。一旦政治文明在科学技术影响的基础上得到更新，那么科学技术与政治文明的相互整合过程也基本完成。必须指出，科学技术与政治文明的社会整合是一个不断反复的过程，唯其如此，科学技术对政治文明的影响才真正被政治文明吸收而使政治文明在前进道路上不断攀升。

附录四　论技术规范的构建[①]

陈万球

一、技术规范的构建何以可能？

技术规范的构建首先是因为科学和技术分属于两个不同的社会系统。齐曼（J. Ziman）曾经说过："在对科学和技术的研究中，最复杂的问题之一就是这两者之间的关系。"[①]人从自然界分化出来并成为自然界的"对

[①] 本文原发表于《自然辩证法研究》2005年第2期。
[①] 齐曼 J. 元科学导论. 刘珺珺，张平，孟建伟等译. 长沙：湖南人民出版社，1988：82.

立物",乃是人类认识自然和改造自然的前提。自然界分化出人类,使自然界本身也发生了根本性的变化。自然界从此有了自己的对立物——一个把自然界作为认识对象和改造对象的主体,从而开始了自然界被人工化和人工自然的生成的进程。弗朗西斯·培根(Francis Bacon)在《新工具》中说明了科学的任务在于发现自然规律,提出了知识就是力量的命题。科学是认识自然界的结果和知识系统,同时也是认识世界的活动和认知过程。科学致力于回答对象"是什么""为什么"的问题,解决的问题与"5W"有关,即何时(when)、何地(where)、何物(what)、如何(how)、为何(why)。技术是实现自然界人工化的手段和方法,是"人类为了满足社会需要而依靠自然规律和自然界的物质、能量和信息,来创造、控制、应用和改进人工自然系统的手段和方法"[1]。技术在解决问题时多与"5M"有关,即人力(man-power)、机器设备(machine)、材料(material)、管理(management)、资金(money)[2]。不同的社会系统,需要不同的规范进行约束。任何社会系统都能够完全根据自己特定的规范去行动,根据自己特定的价值目标去选择。这就是社会系统的自治性。正如人们的政治行为只能按一定政治系统中的价值观念和行为规范来约束,人们的经济行为,受一定的经济系统的价值观念和行为规范来约束一样,科学系统的自治性表现为人们在从事科学活动和知识生产中,按科学系统特有的价值观念和行为规范来约束;而技术系统的自治性则表现在从事技术活动的人们受技术系统特有的价值观念和行为规范来约束自己。换言之,技术系统的自我生存、发展离不开技术规范,相反,是以此为基础的。

其次,技术规范的构建深深植根于技术生产活动需要。一般说来,一种社会规范的形成和发展总是与一定的社会物质生产过程相联系,并且以这种物质生产过程为基础。反过来,一定的物质生产过程要得以顺利进行,又必定要求有一定的价值观念和行为规范与之相适应,这就是社会行为规范的适应性。从根本上讲,这种适应性是在物质生产的发展过程中,社会规范不断与之相互影响和作用下产生的。一方面,它是这种物质生产过程在人们头脑中反应的结果;另一方面又反作用于其产生的基础,成为它发展运动的前提条件。技术活动规范作为一种社会规范,其社会适应性是显而易见的。从历史上看,技术规范的产生和发展不仅离不开物质生产技术

---

[1] 于光远. 自然辩证法百科全书. 北京:中国大百科全书出版社,1995:103.
[2] 陈昌曙. 技术哲学引论. 北京:科学出版社,1999:162.

活动，相反，是以此为基础的。社会为技术发展提供了需求、支撑和广阔市场。古代的工匠在建筑、冶炼、工具制造等技术活动中自觉或不自觉地积淀和形成了相关的职业习惯、思维方式和心理观念，或者说产生出某种"产业意识"或"技术意识"。这就是最早的技术规范。

再次，技术规范的构建是由于技术本身发展和技术共同体自我完善的需要。库恩提出了科学发展模式，即前科学→常规科学（形成范式）→反常→危机→科学革命（新的范式战胜旧的范式）→新的常规科学……库恩揭示在科学发展的整个过程中，范式的作用是：范式的产生是科学共同体产生的标志，也是常规科学成熟的标志；范式被怀疑、动摇，科学共同体开始分化，科学发生危机；新的范式产生和被科学共同体接受，科学革命完成……[①]在库恩看来，范式是指科学共同体公认的共同信念、共同传统、共同理论框架以及理论模式、基本方法等。据此，笔者认为：技术规范在技术发展和技术共同体自我完善的过程中同样具有十分重要的意义。一方面，技术发展仰仗于技术规范的发展和变化；另一方面，技术的进步也是技术共同体自我完善的需要。技术系统是一个相对独立的社会系统，它有自己特定的价值观念和行为规范。技术规范是技术健康发展的基本条件。技术规范的产生在于指导技术人员的技术活动。无论是古代传统的农业技术、手工技术，还是近代的大工业生产技术抑或现代的技术，也不管其技术规范是以职业习惯、行为准则，还是以心理观念的形式表现出来，技术规范的作用必然在于指导技术人员的技术活动。技术人员在技术活动中通过对已有的技术规范进行学习、模仿，继而认同、接纳，最后服膺于它。可见，技术人员在整个的技术活动中，离不开技术规范的指导。如果离开了所谓的"技术行规"的指导和规范，技术人员所从事的技术活动就会受阻，停滞不前，甚至遭受重创。如果说这种情形在古代社会影响不甚明显，那么在近现代特别是在现代却影响巨大。例如，1986年苏联切尔诺贝利核电站的严重核泄漏事故，以及1999年日本茨城县核燃料工厂发生的泄漏事故等，就是由于技术人员违反技术操作规程，加上设计中的漏洞造成的。从这个角度看，技术活动需要技术规范，技术规范因此而酝酿降生。

最后，现代技术规范的构建还有赖于消除技术活动过程中的各种负面影响，克服技术活动过程对社会秩序的无序状态。现代社会的技术活动，面临着复杂的、相互牵制的因素和关系，构建和提出各种技术规范，体现

[①] 李汉林.科学社会学.北京：中国社会科学出版社，1987：327-331.

了技术对社会价值的负荷和技术的社会选择。现代技术活动对社会产生了巨大的影响。现代技术尤其是医疗技术的进步深刻地冲击着传统的伦理观念，基因工程、试管婴儿的出现改变了原来的子代、亲代的划分，器官移植、危重疾病的抢救涉及复杂的法律和伦理问题，给医患关系增添了许多新问题和新内容。现代技术影响社会舆论、伦理的最新"重大事件"与克隆技术特别是"克隆人"相关。因此，技术规范必须对新的技术的负面影响做出积极反应，通过构建新的技术规范，对技术活动进行引导、干预，使技术活动进入有序状态。

二、技术的主体结构和规范结构分析

技术规范的构建与技术主体息息相关。技术主体是指具备一定的知识和能力的，参与技术创造与使用过程的人们。下面对技术主体进行历史的逻辑的分析。

技术主体的演进同技术的进化一样，经历了一个漫长的发展过程。技术的不同历史发展阶段和不同的特点使得技术主体在基本构成上各有不同。技术的发展历史大致可以划分为四个主要时期，即原始技术时代、古代工匠技术时代、近代工业技术时代和现代技术时代[1]。

在原始技术时代，技术的发明和使用除了用于人类自身的生存以外没有其他的任何目的性。对自然的改造和利用也只局限于狭小的范围。人类对自然的技术改造尚未构成对自然潜在和现实的威胁，所以对于原始时期的技术发明者而言，技术主体的社会角色和职业化尚未完成，技术主体的数量微乎其微，因而也就不存在严格意义上的技术主体。

到了古代工匠技术时代，出现了手工业和农业的分工，使得工匠成为相对独立的社会职业。他们兼负古代技术发明与应用于一身，并且成为继承和推动古代技术发展的主要力量。但是这个时期技术不被当时的社会和人们所重视，甚至被看作是"奇技淫巧"，工匠的社会地位十分低下，尚未形成共同体，他们处在分散的、孤立的状态下。

随着技术发展到大工业时代，大规模的技术设备被用于机器化大生产，生产的发展又为技术革新提供了物质基础，技术与经济的紧密结合成为时代的要求。这时，出现了工匠与工程师的分离，从此诞生了现代意义上的工程

---

[1] 杜宝贵. 论技术责任的主体. 科学学研究，2002，20（2）：123-126.

师。从构思技术、设计工艺、制定标准、规定操作程序等，工程师的作用在技术创造中得到了提高。工程师这一职业也开始获得比较独立的社会地位。

20世纪初的物理学革命引起一系列的技术发明，使得技术在很多领域获得了长足的发展，生物工程技术和信息技术等高端技术的发展尤其如此。与前面三个时代相比，技术主体有着明显的特征。首先，技术主体的社会地位已经得到了极大的提高。"我们是掌握物质进步的牧师，我们的工作使其他人可以享受自然力量的源泉的成果，我们拥有用头脑控制物质的力量。我们是新纪元的牧师，却又不迷信。"[①]其次，由于分工趋于精细和成熟，各个专业的工程师集团已经形成。最后，随着技术的消极后果日渐突出、科技-经济-社会-自然协调发展的科学技术观的形成，技术主体的社会责任日益凸现和备受关注。

从上述分析可以看出，从原始技术时代到现代技术社会，技术主体经历了一个从无到有、从小到大的发展过程，其社会角色和职业从不成熟到逐渐成熟。库恩认为，科学主体——"科学共同体"可以分许多级，"全体自然科学家可成为一个共同体。低一级是各个主要科学专业集团，如物理学家、化学家、天文学家、动物学家等的共同体"。"用同样方法还可以抽出一些重要的子集团：有机化学家甚至蛋白质化学家、固态物理学家和高能物理学家、射电天文学家等等。再分下去才会出现实际困难。"[②]据此，现代技术主体的结构可以划分为三元立体结构模式（附图4-1）：①直接从事技术活动的单个主体，即工程师个体、技术人员个体等；②技术专业集团，是指在同一技术领域从事技术工作的工程师和技术人员；③技术共同体，是指在一个特定的时间和空间内不分专业的、遵守相同范式的所有技术人员。

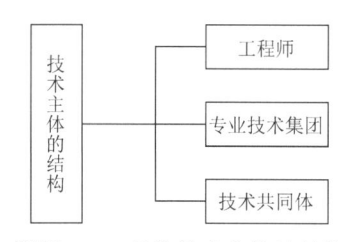

附图4-1　现代技术主体的结构

[①] 卡尔·米切姆. 技术哲学概论. 殷登祥，曹南燕等译. 天津：天津科学技术出版社，1999：87.
[②] 托马斯·库恩. 必要的张力：科学的传统和变革论文选. 纪树立，范岱年，罗慧生等译. 福州：福建人民出版社，1981：292.

与技术规范主体密切相关的是技术规范,因此下面对技术规范的结构进行分析。

笔者认为,技术规范是指从事技术活动的人们在一定的社会历史条件下形成的与一定的物质技术生产过程相联系的共同信念和行为规范的总和。技术规范有广义和狭义之分。狭义的技术规范是指某一具体的技术活动所遵守的技术规则和技术流程,如"公路工程技术规范""桥梁工程技术规范"等;广义的技术规范除了技术规则和技术流程之外,还包括一个国家特定的法律制度对技术主体的特殊要求,以及全社会对技术主体最高要求等。由此可以把技术规范划分为三个层次:①技术规则;②技术法规;③技术信念。其中,技术规则是技术主体从事某一具体的技术活动的最低要求或者说是技术活动的底线。无此,技术活动无法进行。技术法规是国家制定或认可的、以国家强制力来保证实施的、以技术主体权利义务为内容的行为规范的总和。在我国,目前的技术法规主要以技术行业立法为主,表现为单行法规,如科学技术部、交通运输部、住房和城乡建设部等部委颁布的单行法规,也有全国人大的立法,如《中华人民共和国刑法》《中华人民共和国民法通则》《中华人民共和国合同法》等。技术法规具有国家强制性,在一个法制健全的社会里,技术主体必然会遵守法律的权威。在现实社会生活中,技术主体虽然对技术法规十分重视,不敢逾越,但是在政治、经济利益的驱使下有时也会铤而走险。而技术信念则是技术主体在长期的技术实践活动中形成的,以内心信念、社会舆论和传统习惯来维系的行为规范的总和。技术信念即技术伦理。技术信念不同于技术规则和技术法规:①技术信念不具有强制性,不通过武力为自己开辟道路,它不及技术规则和技术法规那么有力量;②技术信念在效果上是长远的和宏观的,它不及技术规则和技术法规来得直接;③技术信念在功能上仍然遭受少数人的怀疑,但是其价值日益为有识之士所认识。

在技术规范的结构中,技术规则是起基础性作用的,它主要约束技术主体中的个体——工程师;技术法规是起根本作用的,它约束专业共同体,同时也约束个体,它是一种外在的强制和约束力量;而技术伦理(信念伦理)属于最高层次的,约束技术共同体,它是一种内在的约束力量。因此,技术主体和技术规范在结构上就形成了一一对应的关系(附图4-2)。

```
工程师      →   技术规则
专业技术集团  →   技术法规
技术共同体   →   技术伦理（信念伦理）
```

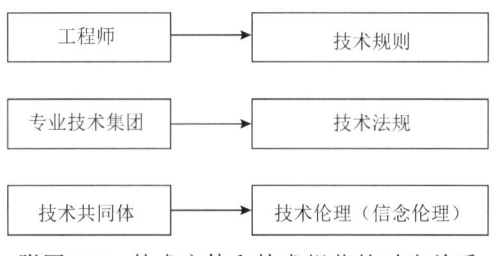

附图 4-2　技术主体和技术规范的对应关系

在技术规范的三个层次中，技术伦理（信念伦理）的构建在当今科学技术发展条件下显得尤为突出和必要。

三、技术活动的信念伦理构建

科学社会学认为，在知识的生产中，科学家以追求真理真知为目的，据此，人们建立起一种特定的社会联系，形成一种特定的价值观念和行为规范。这些价值观念和行为规范制约着科学家在知识生产中的社会行为。默顿认为有四种规范指导科学家的行为，它们构成科学的"精神气质"：普遍性、有条理的怀疑主义、公有主义和无私利性。这四种科学规范是科学共同体在知识生产活动中社会行为的最高准则[①]。那么，构成技术的"精神气质"或者说构成技术的"信念伦理"是什么呢？技术共同体社会行为的最高准则是什么？笔者认为，技术的"信念伦理"或者说技术活动的"最高准则"应该包括以下四个方面。

（1）人道主义原则。人道主义原则要求技术主体必须尊重人的生命权。这是对技术主体最基本的道德要求，也是所有技术伦理的根本依据。天地万物间，人是最宝贵、最有价值的。善莫过于挽救人的生命，恶莫过于残害人的生命。尊重人的生命权而不是剥夺人的生命权，是人类最基本的道德要求。

（2）生态主义原则。生态主义原则是对技术主体新的道德要求。它要求技术主体进行的技术活动要有利于人的福利，提高人民的生活水平，改善人的生活质量，要有利于自然界的生命和生态系统的健全发展，提高环境质量。

（3）团队精神。科技社会化、社会科技化的今天，是一个需要紧密合

---

① 杰里·加斯顿. 科学的社会运行. 顾昕, 柯礼文, 朱锐译. 北京：光明日报出版社，1988：20.

作的社会。现代科技已经成为一种社会化的集体劳动。这种劳动是以友好的合作为基础。在默顿时代（20世纪上半叶），科学家从事科学研究活动大多以个人独立进行为主。然而，纵观世界科技发展史，任何一项科技发明与创造，都浸透着前人辛勤劳动的汗水，是全体科学家共同努力的结果。特别是进入21世纪以来，重大的科学发现和技术发明接连不断，分子生物学、量子力学、核能的开发与利用、电子计算机、人工智能、系统工程、信息科学和控制论等尖端科技领域的诞生，都不是某个科学家单枪匹马干出来的，而是一代又一代科学家合作的结果，是人类几千年文明史发展的必然结果。在大科学、大技术时代，工程技术人员必须强调团结协作精神。

（4）无私利性。在这一点上，与科学共同体不同。科学和技术的目的不同。科学的目的是认识客观世界，是求"真"。技术的目的是改造客观世界为人类服务，是求"利"。显然，技术被打上了浓厚的功利主义色彩。例如，大多数工程技术人员从事工程技术活动首先是为了取得专利权。因此，无私利性对技术主体而言，具有很强的针对性和现实意义。它要求工程师在技术活动过程中要正确处理好"义"和"利"关系，为"工程的目的"而从事工程活动，要求工程师不把从事工程活动视为名誉、地位、声望的敲门砖，谴责运用不正当的手段在竞争中抬高自己的行为。

附录五　爱因斯坦科技伦理思想的三个基本命题[①]

陈万球　李丽英

爱因斯坦是20世纪最伟大的科学家、思想家，也是科学道德权威的象征。他的科学思想、哲学思想、社会政治观点、自然观、教育观、宗教观乃至人格，不仅影响了当时的科学进步、社会发展和人的自我完善，而且至今仍然具有动人心魄的精神力量。正如杰拉尔德·霍尔顿（Gerald Holton）

[①] 本文原发表于《伦理学研究》2007年第4期。

所说:"爱因斯坦通过某些不同机制影响了整个社会,这远远超出了其首要关注的自身领域。"[1]因此,对爱因斯坦的科技伦理思想进行总结,对于人类在科技活动中正确把握真与善的关系无疑具有十分重要的意义。我们认为,有三个命题凸显了他丰富的科技伦理思想。

一、命题一:道德是一切人类价值的基础

爱因斯坦认为,科学技术本身不能成为价值标准。"科学只能断言'是什么',而不能断言'应当是什么'。"[2] "关于'是什么'这类知识,并不能打开直接通向'应当是什么'的大门。人们可能有关于'是什么'的最明晰最完备的知识,但还不能由此导出我们人类所向往的目标应当是什么。客观知识为我们达到某些目的提供了有力的工具,但是终极目标本身和要达到它的渴望却必须来自另外一个源泉。应当认为只有确立了这样的目标及其相应的价值,我们的生存和我们的活动才能获得意义,这一点几乎已经没有加以论证的必要。关于真理的知识本身是了不起的,可是它却很少能起指导作用,它甚至不能证明向往这种真理知识的志向是正当的和有价值的。"[3]显然,爱因斯坦在此提出了一个重要的科技伦理问题:科学技术是一种外在工具理性,它不是终极目标,因而不能成为价值标准。那么科学技术的价值标准和价值基础是什么?

在爱因斯坦看来,人类一切活动的价值基础和判断标准是道德之善:"一切人类的价值的基础是道德。我们的摩西之所以伟大,唯一的原因就在于他在原始时代就看到了这一点。"[4] "道德并不是一种僵化不变的体系。它不过是一种立场、观点,据此,生活中所出现的一切问题都能够而且应当给以判断。它是一项永无终结的任务,它能够指导着我们的判断,

---

[1] 杰拉尔德·霍尔顿. 爱因斯坦、历史与其他激情:20世纪末对科学的反叛. 刘鹏,杜严勇译. 南京:南京大学出版社,2006:129.
[2] 阿尔伯特·爱因斯坦. 爱因斯坦文集. 第三卷. 许良英,赵中立,张宣三译. 北京:商务印书馆,1979:182.
[3] 阿尔伯特·爱因斯坦. 爱因斯坦文集. 第三卷. 许良英,赵中立,张宣三译. 北京:商务印书馆,1979:174.
[4] 阿尔伯特·爱因斯坦. 爱因斯坦文集. 第三卷. 许良英,赵中立,张宣三译. 北京:商务印书馆,1979:376.

鼓舞着我们的行动。"①众所周知，科技活动是人类基本活动，因此，科技活动的价值基础和判断标准必然是道德之善。在价值判断中，道德之善高于科学之真，科学之真以道德之善为基础。爱因斯坦认为，人类光有知识和技能并不能使人类过上幸福而优裕的生活，人类有充分理由把对高尚的道德准则和价值观念的赞美置于客观真理的发现之上。他还说："文明人类的命运比以往任何时候都更要依靠它所能产生的道义力量。"②"有一种积极的要使我们的共同生活合乎伦理——道德结构的志向和努力，它具有压倒一切的重要性。"③因此，爱因斯坦得出结论：科学技术的价值基础和标准是道德。

道德在以下两种意义上成为科技的价值基础和判断标准。其一，一切科技求真活动都以追求善为最终目的。科技活动的直接目的是求真，但从更广阔的视野看，一切科技活动的目的是使人获得自由，最终趋向人类终极的善。其二，道德善恶成为科技活动的价值标准：凡是合乎善的目的、动机的科技活动就是有价值的，反之，凡是不合乎善的目的的科技活动就是无价值，甚至是负价值的。科技活动的最大的善就是使人类从"真"的必然王国走向"真"的自由王国。

二、命题二：科技具有伦理二重性

科技具有善恶伦理二重性是爱因斯坦科技伦理学的最核心思想。比起同时代的其他科学家，爱因斯坦对此更具有清醒的认识。他的这一思想有一个孕育、发展到完善的过程。

孕育阶段——第一次世界大战前后。爱因斯坦目睹了科学技术在第一次世界大战中所造成的巨大破坏，由此孕育了他的科技伦理二重性思想。在《告欧洲人书》等文中初步表现了这种思想。

发展阶段——从第一次世界大战后到1935年《科学和社会》一文发表前。在《科学家和爱国主义》和《科学与战争的关系》等文中，爱因斯坦

---

① 阿尔伯特·爱因斯坦. 爱因斯坦文集. 第三卷. 许良英，赵中立，张宣三译. 北京：商务印书馆，1979：158.
② 阿尔伯特·爱因斯坦. 爱因斯坦文集. 第三卷. 许良英，赵中立，张宣三译. 北京：商务印书馆，1979：99.
③ 阿尔伯特·爱因斯坦. 爱因斯坦文集. 第三卷. 许良英，赵中立，张宣三译. 北京：商务印书馆，1979：293.

发出了科技二重性的警世语录："科学是一种强有力的工具。怎样用它，究竟是给人带来幸福还是带来灾难，全取决于人自己，而不取决于工具。刀子在人类生活上是有用的，但它也能用来杀人。"[①] 显然，爱因斯坦看到科学技术产生"善恶"后果。这可以从第一次世界大战后他频繁参加各种反战活动中得到进一步证实。

完善阶段——《科学和社会》一文发表。爱因斯坦基于科学家的强烈社会责任感，于 1935 年在美国《科学》期刊上发表《科学和社会》一文，对科技伦理二重性进行全面、系统的阐述。这篇文章就现在看来也是科技伦理学发展史上不可多得的经典之作。爱因斯坦科技伦理二重性思想包括以下几个方面。

其一，从本质上讲，科学是善的。在科学史上，对科学所蕴含的道德价值认识得最深刻的恐怕要数爱因斯坦。爱因斯坦认为科学与道德具有共同的价值内涵，在他看来，一切道德、科学与宗教和艺术"都是同一株树的各个分枝。所有这些志向都是为着使人类的生活趋于高尚，把人从单纯的生理上的生存境界提高，并且把个人导向自由"[②]。他肯定科学因其创造性、目的性特征而使其成为人类的善实现的有效途径和手段。"科学是一种强有力的工具。"[③] "科学直接地、并且在更大程度上间接地生产出完全改变了人类生活的工具。"[④] 给人类带来了物质上的最大实际利益，使他们从繁重的体力劳动中解放出来，废除了苦役，而且丰富了物质生活。"科学最突出的实际效果在于它使那些丰富生活的东西的发明成为可能，虽然这些东西同时也使生活复杂起来——比如蒸汽机、铁路、电力和电灯、电报、无线电、汽车、飞机、炸药等等的发明。所有的这些发明给予人类的最大的实际利益，我看是在于使人从繁重的体力劳动中解放出来，而这种体力劳动曾经是勉强维持最低生活所必需的。如果我们现在可以宣称已经废除

---

① 阿尔伯特·爱因斯坦. 爱因斯坦文集. 第三卷. 许良英，赵中立，张宣三译. 北京：商务印书馆，1979：56.
② 阿尔伯特·爱因斯坦. 爱因斯坦文集. 第三卷. 许良英，赵中立，张宣三译. 北京：商务印书馆，1979：149.
③ 阿尔伯特·爱因斯坦. 爱因斯坦文集. 第三卷. 许良英，赵中立，张宣三译. 北京：商务印书馆，1979：56.
④ 阿尔伯特·爱因斯坦. 爱因斯坦文集. 第三卷. 许良英，赵中立，张宣三译. 北京：商务印书馆，1979：135.

了苦役，那么我们就应当把它归功于科学的实际效果。"①此外，科学具有认识功能和实践功能，它的最终目的是指导人们能动地改造世界，使人类在对自然界的关系和社会关系中获得自由。"科学通过作用于人类的心灵，克服了人类在面对自己及面对自然时的不安全感。这一点使科学保持了不朽的荣誉。"②

其二，科学的应用具有恶的性质。"技术——或者应用科学——却已使人类面临着十分严重的问题。"③"以前几代的人给了我们高度发展的科学技术，这是一份最宝贵的礼物，它使我们有可能生活得比以前无论哪一代人都要自由和美好。但是这份礼物也带来了从未有过的巨大危险，它威胁着我们的生存。"④爱因斯坦认为，技术对人类的危险有三个方面。首先，在无组织的经济制度中，机械化的生产把部分劳动力排斥在经济循环过程之外，从而导致购买力降低，最终引起商品生产严重瘫痪的危机。"机械化的手段在无组织的经济制度中已产生这样的结果：相当大的一部分人对于商品生产已经不再是必需的，因而被排除在经济循环过程之外。其直接后果是购买力降低，劳动力因激烈竞争而贬值，这就要引起周期越来越短的商品生产严重瘫痪的危机。"⑤其次，人成为技术的奴隶。"这样了不起的应用科学，它既节约了劳动，又使生活更加舒适，为什么带给我们的幸福却那么少呢？坦率的回答是，因为我们还没有学会怎样正当地去使用它。在战争时期，应用科学给了人们相互毒害和相互残杀的手段。在和平时期，科学使我们生活匆忙和不稳定。它没有使我们从必须完成的单调的劳动中得到多大程度的解放，反而使人成为机器的奴隶。"⑥最后，技术和现代化武器结合，可能造成对人类的毁灭。"透彻的研究和锐利的

---

① 阿尔伯特·爱因斯坦. 爱因斯坦文集. 第三卷. 许良英，赵中立，张宣三译. 北京：商务印书馆，1979：135.
② 阿尔伯特·爱因斯坦. 爱因斯坦文集. 第三卷. 许良英，赵中立，张宣三译. 北京：商务印书馆，1979：137.
③ 阿尔伯特·爱因斯坦. 爱因斯坦文集. 第三卷. 许良英，赵中立，张宣三译. 北京：商务印书馆，1979：135.
④ 阿尔伯特·爱因斯坦. 爱因斯坦文集. 第三卷. 许良英，赵中立，张宣三译. 北京：商务印书馆，1979：99.
⑤ 阿尔伯特·爱因斯坦. 爱因斯坦文集. 第三卷. 许良英，赵中立，张宣三译. 北京：商务印书馆，1979：136.
⑥ 阿尔伯特·爱因斯坦. 爱因斯坦文集. 第三卷. 许良英，赵中立，张宣三译. 北京：商务印书馆，1979：73.

科学工作，对人类往往具有悲剧的含义。一方面，它们所产生的发明把人从精疲力竭的体力劳动中解放出来，使生活更加舒适而富裕；另一方面，给人的生活带来了严重不安，使人成为技术环境的奴隶，而最大的灾难是为自己创造了大规模毁灭的手段。"[1]

爱因斯坦的科技伦理二重性思想具有如下特点：从形式上看，它不是以规范的逻辑体系展现出来，缺乏系统的理论表现，而是散见在爱因斯坦的各种言行中，这也是爱因斯坦科技伦理学的基本特点；从内容上看，它与爱因斯坦对科技在战争中的应用思考紧密联系在一起。爱因斯坦经历了两次世界大战，这种特殊的经历给了这位伟大的物理学家对战争、对科技应用的深刻反思。例如，美国"曼哈顿计划"及其实施应用，使爱因斯坦陷入深深的不安和自责之中。可以说，爱因斯坦的科技伦理二重性思想主要就是建立在对战争的反思的基础之上的，而其内容也大多与战争有关。"技术进步的最大害处，在于它用来毁灭人类生命和辛苦赢得的劳动果实，就像我们老一辈人在世界大战中毛骨悚然地经历过的那样。"[2]

"科学是一种强有力的工具。怎样用它，究竟是给人带来幸福还是带来灾难，全取决于人自己，而不取决于工具。刀子在人类生活上是有用的，但它也能用来杀人。"[3]在这里，爱因斯坦提出了一个非常重要的科技伦理思想：科技是一种工具理性，其正确应用完全取决于人类自己。而人类如何正确应用科技？爱因斯坦开出的药方：一是建立"世界政府"；二是要求科学家勇担社会责任。

三、命题三：科学家和工程师担负着特别沉重的道义责任

"新的科学革命，已经把科学家的社会责任这个道德问题，极其尖锐地提到议事日程上来。"[4]为什么科技工作者担负着重要的道德责任？爱

---

[1] 阿尔伯特·爱因斯坦. 爱因斯坦文集. 第三卷. 许良英, 赵中立, 张宣三译. 北京：商务印书馆，1979：259-260.
[2] 阿尔伯特·爱因斯坦. 爱因斯坦文集. 第三卷. 许良英, 赵中立, 张宣三译. 北京：商务印书馆，1979：78.
[3] 阿尔伯特·爱因斯坦. 爱因斯坦文集. 第三卷. 许良英, 赵中立, 张宣三译. 北京：商务印书馆，1979：56.
[4] 戈德史密斯 M, 马凯 A L. 科学的科学——技术时代的社会. 赵红州, 蒋国华译. 北京：科学出版社，1985：25.

因斯坦提出三个普遍的理由。①由责任感的特性决定。"制度要是得不到个人责任感的支持，从道义的意义上说，它是无能为力的。这就是为什么任何唤起和加强这种责任感的努力，都成为对人类的重要贡献。"①②由科学家社会角色决定。科学家的社会角色决定了他比普通人通晓科学知识，深知科学及其应用的社会后果，因而他们比普通人应该担负着更重要的道义责任。1931年2月16日，爱因斯坦在加州理工学院的讲演中谆谆告诫未来的科学家和工程师："关心人本身即人的命运，应当始终成为一切技术上奋斗的主要目标，关心怎样组织人的劳动和商品分配这样一些尚未解决的重大问题，用以保证我们科学思想成果会造福于人类，而不致成为祸害。在你们埋头于图表和方程式时，千万不要忘记这一点！"②③由科学家的职业良心决定。在《国家和个人良心》一文中，爱因斯坦提出一个"道德两难问题"："一个人，如果政府指示他去做的事，或者社会期望他采取的态度，他自己的良心认为是错误的，他该怎么办？"③爱因斯坦的回答是：依良心行事。"虽然外界的强迫在一定程度上能够影响一个人的责任感，但绝不可能完全摧毁它。"④他一再强调，没有良心的科学是灵魂的毁灭，没有社会责任感的科学家是道德沦丧和人类的悲哀。科学家作为公民在从事科学工作时，必须时时怀有科学良心，随时义不容辞地承担神圣而沉重的社会责任，从而使科学赐福于人类，而不致造成祸害。他强烈谴责那些不负责任和玩世不恭的科学家和技术专家，呼吁大家以诺贝尔为榜样，要有良心和责任感。坚决拒绝一切不义要求，必要时甚至采用最后的武器：不合作和罢工。对于科学异化与技术的滥用和恶用，爱因斯坦认为像牛顿这样的科学家"是不负什么责任的"。他认为："在我们这个时代，科学家和工程师担负着特别沉重的道义责任。"⑤

除上述普遍的理由外，"命题三"的提出还基于他个人特殊原因。首

---

① 阿尔伯特·爱因斯坦. 爱因斯坦文集. 第三卷. 许良英, 赵中立, 张宣三译. 北京: 商务印书馆, 1979: 286.
② 罗森克朗兹 Z. 镜头下的爱因斯坦. 李宏魁译. 长沙: 湖南科学技术出版社, 2005: 51.
③ 阿尔伯特·爱因斯坦. 爱因斯坦文集. 第三卷. 许良英, 赵中立, 张宣三译. 北京: 商务印书馆, 1979: 286.
④ 阿尔伯特·爱因斯坦. 爱因斯坦文集. 第三卷. 许良英, 赵中立, 张宣三译. 北京: 商务印书馆, 1979: 286.
⑤ 阿尔伯特·爱因斯坦. 爱因斯坦文集. 第三卷. 许良英, 赵中立, 张宣三译. 北京: 商务印书馆, 1979: 287.

先，基于对科技的伦理二重性特别是对于科学应用的恶的伦理性质的深刻认识而提出。他先后生活在帝国主义政治漩涡中心的德国和美国，经历过两次世界大战。他深刻体会到科学对社会会产生怎样的影响。1939年为了防止法西斯德国制造出原子弹，从而给人类带来毁灭性的灾难，他亲笔签署了给美国总统罗斯福的信件，建议美国抢先制造原子弹，控制法西斯的侵略势头，催生了美国"曼哈顿计划"及其实施。但原子弹造成后，美国在并非有绝对必要使用的情况下向日本的广岛、长崎投了原子弹，造成了几十万无辜平民的死亡。这件事使爱因斯坦更深刻地感到了科学家对自己的科学成果和行为负有重大的道义责任。其次，基于"以人为本"的生命价值观的认识。爱因斯坦认为，"个人的生命只有当它用来使一切有生命的东西都生活得更高尚、更优美时才有意义。生命是神圣的，也就是说它的价值最高，对于它，其他一切价值都是次一等的"[1]。人类价值具有层次性。爱因斯坦认为，在人类价值层次谱系中，人本身具有最高价值，凸显了主体人的价值意义。

科技工作者担负的道义责任是什么？爱因斯坦回答是对人类本身负责，是维护人类的和平，使人类幸福、自由和安宁。具体包括：①科学启蒙。在《科学家的道义责任》一文中，爱因斯坦提出科学家不能只埋头于纯理论研究，而应关心社会问题，特别是对民众进行科学启蒙。"当他把他的工作放在一个过于理智的基础上时，他岂不是忘记了作为一个科学家的责任和尊严吗？"[2]科学家应当诚恳地、批判地考虑自己所面临的任务，并且由此相应地行动起来。"科学家通过他内心的自由，通过他的思想和工作的独立性唤醒他所处的时代……对他的同胞进行启蒙并丰富他们生活的时代。"[3]②维护和平。当被问及"您觉得为我们造出原子弹的科学家在道义上应当对原子弹所造成的破坏负责吗？"[4]时，爱因斯坦回答说："不。""与其说责任是在那些对科学进步有贡献的人，还

---

[1] 阿尔伯特·爱因斯坦. 爱因斯坦文集. 第三卷. 许良英, 赵中立, 张宣三译. 北京：商务印书馆, 1979：103.
[2] 阿尔伯特·爱因斯坦. 爱因斯坦文集. 第三卷. 许良英, 赵中立, 张宣三译. 北京：商务印书馆, 1979：292.
[3] 阿尔伯特·爱因斯坦. 爱因斯坦文集. 第三卷. 许良英, 赵中立, 张宣三译. 北京：商务印书馆, 1979：292.
[4] 阿尔伯特·爱因斯坦. 爱因斯坦文集. 第三卷. 许良英, 赵中立, 张宣三译. 北京：商务印书馆, 1979：263.

不如说是在那些使用这些新发现的人——与其说是在于科学家,不如说在于政治家。"[1]可见,爱因斯坦是否认科学家对战争后果负有直接责任的,但这并不等于说爱因斯坦否认科学家对于战争的任何责任。相反,他认为,科学家有反对战争、制止战争、维护和平的神圣职责。"我们这些科学家……必须考虑,把尽我们的力量制止这些武器用于野蛮的目的作为自己的庄严的神圣的责任。"[2]爱因斯坦以自己的行动实践了自己的誓言。他多次声称自己是"战斗的和平主义者"。他认为战争与和平问题是当代的首要问题,他一生发表最多的也是这方面的言论。1960年出版的《爱因斯坦论和平》就有近100万字的篇幅[3]。③扬善抑恶。扬善抑恶是科学家的道义责任之一。爱因斯坦说:"如果你们想使你们的一生的工作对人类有益,那么你们只了解应用科学本身还是不够的。关心人本身必须始终成为一切技术努力的目标,要关心如何组织人的劳动和商品分配,从而以这样的方式保证我们科学思维的结果可以造福于人类,而不致成为祸害。"[4]他的挚友冯·劳厄(M. von Laue)写信劝爱因斯坦对政治问题要采取克制态度,他回信表示不同意,认为科学家对政治问题不应该明哲保身。他认为,科学家对政治问题默不作声是缺乏责任心的表现。"这种克制岂不是缺乏责任心的表现吗?试问,要是乔尔达诺·布鲁诺、斯宾诺莎、伏尔泰和洪堡也都是这样想,这样行事,那么我们的处境会是怎样呢?我对我所说过的话,没有一个字感到后悔,而且相信我的行动是在为人类服务。"[5]一个在自然科学创造上有历史贡献的人对待社会政治问题如此严肃、热情,历史上没有先例。一个人,如果他对人类历史没有深刻的理解和诚挚的责任感,在历史关键时刻也就不可能有这样鲜明的立场。

---

[1] 阿尔伯特·爱因斯坦. 爱因斯坦文集. 第三卷. 许良英,赵中立,张宣三译. 北京:商务印书馆,1979:263.
[2] 阿尔伯特·爱因斯坦. 爱因斯坦文集. 第三卷. 许良英,赵中立,张宣三译. 北京:商务印书馆,1979:260.
[3] 阿尔伯特·爱因斯坦. 爱因斯坦文集. 第三卷. 许良英,赵中立,张宣三译. 北京:商务印书馆,1979:2.
[4] 阿尔伯特·爱因斯坦. 爱因斯坦文集. 第三卷. 许良英,赵中立,张宣三译. 北京:商务印书馆,1979:73.
[5] 阿尔伯特·爱因斯坦. 爱因斯坦文集. 第三卷. 许良英,赵中立,张宣三译. 北京:商务印书馆,1979:112.

四、启示

1. 启示一：科学和道德是统一的

科学与道德的关系问题始终是科技伦理学的核心问题。从历史上看，中国古代思想家认为，"尊德性而道问学"，学问和道德浑然一体。"天道即人道"，自然规律（"天道"）与人类行为原则（"人道"）是统一的。古希腊哲学家苏格拉底认为，人的知识与德行是等同的，因为"知识包括了一切善"。他提出"美德即知识"这一著名命题。到了近代，科学从物质生产中分离出来，产生了近代科学，它以独立的形态存在和发展。同时，科学与道德开始分离，科学探索世界的"真"，这是自然科学的领域；道德追求世界的"善"，这是人文科学的领域。它们两者分门别类地平行发展。现代科学哲学从科学与道德的分离发展出"科学价值中立"的理论，它认为，科学涉及事实，道德涉及价值，从"是"（科学真理）推不出"应当"（价值的善）的原则。这一原则从休谟到康德，一直为科学界所遵从。这一界限被认为是不可逾越的[①]。现代社会特别是第二次世界大战以来，由于科技运用带来一系列全球性问题，人们提出科学的价值和学者的责任等问题，提出科学伦理学问题，要求科学与伦理学在新的水平上的统一。在推进科学与道德的统一进程中，居里夫人、爱因斯坦和维纳等科学家起了非常重要的作用。特别是爱因斯坦，他本人就是科学精神和人文精神的统一的身体力行者，他提出人类一切价值基础是道德、科学技术具有伦理二重性命题，启发着人们去认识：作为人类的理性工具，科技并不是价值无涉的，它是为人类利益服务的。但是，在用它服务于人类利益时，科学技术是一把双刃剑，可以用于为善，也可以用于为恶。关键是：人类自身要学会正确应用科学技术，实现科技与道德的统一。

2. 启示二：科学研究无禁区，应用有规则

"科学研究无禁区"，即科学研究是自由的，人们不应该为科学研究人为地设置种种障碍。爱因斯坦从事科学研究的主要动机之一是他相信科学工作的独立性。他将科学研究看作纯粹的对知识和真理的追求。他坚定

[①] 余谋昌. 高科技挑战道德. 天津：天津科学技术出版社，2001：2-4.

地认为，独立的思考、研究和行动是科学家不容侵犯的权利。科学家在获取所需信息时，必须是毫无阻碍的，并且与同事讨论工作进展时也必须是自由和毫无限制的。在他看来，无论是政府还是社会都无权干涉科学家的研究自由。"因为科学工作是一个自然的整体，它的各个部分彼此相互支持着，固然支持的方式还没有人能预料到。但是科学进步的先决条件是不受限制地交换一切结果和意见的可能性——在一切脑力劳动领域里的言论自由和教学自由。我所理解的自由是这样一种社会条件：一个人不会因为他发表了关于知识的一般和特殊问题的意见和主张而遭受危险或者严重的损害。交换的自由是发展的推广科学知识所不可缺少的；这件事有很大的实际意义。"[1] 由于科学研究必须要进行合作，这种合作有时甚至要跨越国界进行，所以科学研究是无国界的。这也是爱因斯坦一贯的思想。"先生们，不管你们喜欢不喜欢，科学是，并且永远是国际的。科学家中的伟大人物毫无例外都知道这一点。"[2] "凡是科学研究受到阻碍的地方，国家的文化生活就会枯竭，结果会使未来发展的许多可能性受到摧残。这正是我们必须防止的。"[3] 科学研究是自由的、无禁区的。自由是科学之母，离开了学术自由，就不会有繁荣昌盛的科学研究局面。但是，科学的应用是有规则的。这个规则就是人类共同的利益和价值观。一切有利于社会进步、有利于人类的科学应用就是善的，反之，就是恶的。"科学研究无禁区，应用有规则"，启发科学研究者，在研究的整个过程中应当关心和反思所从事的研究对人类自身抑或对生态环境可能造成消极的后果。"如果他们工作的结果与伦理价值相悖，那么，即使冒着被解雇的危险，也应当拒绝参与这种工作。"[4] 那种"只管埋头研究，不管应用后果"的科学家是不严肃、不负责任的莽汉。实践证明：现代社会需要的科学家是"既会埋头研究，又会抬头看路"的人。正如罗素所说的："科学自它首次存在时，已对纯科学领域以外的事物发生重大的影响。科学家们在他们对这些影响的责任问题上有着分歧。有人说科学家的社会功能是提供知识，而不

---

[1] 阿尔伯特·爱因斯坦. 爱因斯坦文集. 第三卷. 许良英，赵中立，张宣三译. 北京：商务印书馆，1979：179-180.
[2] 阿尔伯特·爱因斯坦. 爱因斯坦文集. 第三卷. 许良英，赵中立，张宣三译. 北京：商务印书馆，1979：22.
[3] 阿尔伯特·爱因斯坦. 爱因斯坦文集. 第三卷. 许良英，赵中立，张宣三译. 北京：商务印书馆，1979：94.
[4] 罗森克朗兹 Z. 镜头下的爱因斯坦. 李宏魁译. 长沙：湖南科学技术出版社，2005：50.

是关心这种知识被用来做什么。我不认为这种看法是正确的，特别是在我们今天的时代里。科学家一样也是位市民，而且具有特殊技能的市民，有责任去观察——只要他们能够的话——他们的技能是否在符合公众利益下被应用。"[①]

3. 启示三：科技工作者应该具有社会良心

良心是道德的守护神，而科学家的良心则是科学进步和社会发展的守护神。科学良心"即科学家内心对科学及其相关领域中各种涉及价值和伦理问题的是非、善恶的正确信念，以及对自己应负的道德责任的意识、反省乃至自责"[②]。对于科学家个人而言，良心会自觉或不自觉地规范他的一言一行；对于科学共同体而言，良心往往形成一种集体无意识，从而确保科学顺利发展，推动社会进步。近代以降，许多科学家在科学研究中逐渐产生了科学良心，"破天荒第一次开始关心起社会问题来了"[③]。而爱因斯坦"是20世纪科学的代言人和科学良心的化身。在他的身上，集中体现出……科学家的科学良知和科学良心"[④]。基于对科技二重性的清醒的认识，爱因斯坦郑重地告诫科学家：没有良心的科学犹如幽灵一般，没有良心的科学家是道德沦丧，是对人类的犯罪。显然，无论是精英科学家还是其他科技工作者，都必须以高度的道德心和责任感，自觉而勇敢地承担起社会责任，进行社会教化，制止科学异化，杜绝技术滥用。正如谢苗诺夫所说的："一个科学家不能是一个'纯粹的'数学家、'纯粹的'生物物理学家或'纯粹的'社会学家，因为他不能对他工作的成果究竟是对人类有用，还是有害漠不关心。也不能对科学应用的后果究竟使人民境况变好，还是变坏采取漠不关心的态度。不然，他不是在犯罪，就是一种玩世不恭。"[⑤]

---

① 徐少锦. 西方科技伦理思想史. 南京：江苏教育出版社，1995：444-445.
② 李醒民. 论科学家的科学良心——爱因斯坦的启示. 科学文化评论，2005，2（2）：92.
③ 戈德史密斯 M，马凯 A L. 科学的科学——技术时代的社会. 赵红州，蒋国华译. 北京：科学出版社，1985：28.
④ 李醒民. 论科学家的科学良心——爱因斯坦的启示. 科学文化评论，2005，2（2）：92.
⑤ 戈德史密斯 M，马凯 A L. 科学的科学——技术时代的社会. 赵红州，蒋国华译. 北京：科学出版社，1985：27.

附录六　重大工程决策的伦理审视[①]

陈万球　刘春晖

一、引言

　　工程活动是人类认识和改造自然的显著标志，是人类能动性的最重要的表现形式之一，承载泱泱文明。重大工程是指投资规模巨大、技术复杂、建设周期长、面临的问题复杂，其决策正确与否将对一个国家或地区的经济社会发展、生态环境甚至政治军事都将产生深远影响的项目，是一个国家为回应重大挑战而行使最高行政权力，动员全社会资源而组织实施的战略性工程[②]。古代文明国家的大型工程，是为了抵御外来侵略、回应社会灾害、加强社会控制等重大挑战而建成，如万里长城、京杭大运河、都江堰工程以及古埃及金字塔等。在当代，美、日、德、法等国都把为实现国家目标而组织实施重大工程计划作为提高国家竞争力的重要措施。第二次世界大战前后，美国成为重大工程的先驱者和集大成者，"曼哈顿计划"开创了举全国之力，开发高、新、尖武器的先河，以此锻造了科技人才，聚集了高新科技优势，成为日后称雄世界的有力后盾。20世纪中叶以来，中国实施了以"两弹一星"、载人航天为代表的重大工程，对提升综合国力起到了至关重要的作用。重大工程按照其目的和解决问题的领域可分为重大民用工程（如三峡工程、京沪高铁工程、港珠澳大桥工程等）、重大军用工程（如欧洲的"伽利略计划"，美国的"曼哈顿计划""星球大战计划"，俄罗斯的"格洛纳斯"全球卫星定位系统，我国的"两弹一星"等）和重大科技攻关工程（如美国的"会聚技术计划"，国际合作的"人类基因组计划"，我国的嫦娥探月工程等）[③]。

[①] 本文原发表于《伦理学研究》2014年第5期。
[②] 高粱，刘杰. 国家重大工程与国家创新能力. 中国软科学，2005，（4）：17.
[③] 卢广彦，付超，季星. 国家重大工程决策机制的构建. 科技进步与对策，2010，27（6）：81.

重大工程关系到一个国家的科技和国防战略发展,关系到国计民生,在一个国家或地区的长期发展中具有举足轻重的作用。因而正确的决策会推动国家和经济社会巨大发展;一旦决策失误,将会造成极大的负面影响。"两弹一星"赶超战略的成功实施为中国赢得了大国地位,而1985年大型飞机研制成功后项目的意外中止,则使中国失去了大飞机设计制造平台,以至于该项目从设计到实施倒退多年;1992年美国推行"信息高速公路计划",促进军事技术向民用技术扩散,为美国经济带来持续繁荣,也带动全世界进入信息化时代,而美国大科学项目超级超导对撞机的终止,使得世界高能物理研究中心由美国转移到了欧洲。如何避免重大工程决策失误,并引导其健康发展?学者们从多角度进行了反思,取得了相当的研究成果。本文尝试从伦理学视角考量:重大工程决策本质上是技术问题还是价值问题?拉开"无知之幕",重大工程决策主体究竟是谁?重大工程决策中核心的伦理问题是什么?

二、实然与应然

在西方伦理思想史上,休谟关于实然与应然的二分理论构筑了科学和价值两个领域的理论壁垒。决策就其本性来说,是科学要素、价值要素以及政治、经济要素的集合。在这里可以把科学要素理解为"实然",把价值要素理解为"应然"。

工程决策不仅是一种科学技术系统集成,而且是社会因素的系统集成。工程决策尤其是重大工程决策既是一种技术活动,更是一种社会价值选择活动。在此种意义上,工程决策不仅仅是技术问题,更为重要的是一个价值问题。也就是说,工程决策不仅仅是实然问题,更重要表现为应然问题。陆佑楣说:"工程决策的核心不是技术问题而是价值问题。"[1] 拉尔夫·L.基尼指出:"任何决策情况中,价值都是极为重要的……在明确价值和制定选择方案之间应当常常有一种翻来复(覆)去的过程,但原则却是'价值第一'。"[2] "对于一个决策问题来说,价值观念比起选择方案来说更

---

[1] 安维复. 工程决策:一个值得关注的哲学问题. 自然辩证法研究, 2007, 23(8):51.
[2] 拉尔夫·L.基尼. 创新性思维——实现核心价值的决策模式. 叶胜年,叶隽译. 北京:新华出版社, 2003:2(序言).

为基本……决策中的基本观念应当是价值。"①美国国家工程院奥古斯丁曾经提出过"工程社会学"的概念，他认为工程决策模型局限于"科学的数学模型"当中是极其危险的，只有基于政治、经济、环境的系统决策模型（并且这一模型还要被人们所接受），才是有价值的决策。著名运筹学家艾柯夫深有同感，他批判那些忽略决策的价值判断，而完全埋没于烦琐数学模型的错误做法，他认为这样将把管理科学带入死胡同。

重大工程决策主要是一个应然问题，究其原因在于：第一，重大工程决策是技术因素、社会因素、环境因素之间的非逻辑整合。一般说来，决策问题必须要有逻辑和有理性。但是，一个真正的工程决策，其逻辑性既不严格也不绝对。在社会系统的大背景下，工程决策在整体上往往表现出不严格的逻辑性，常常是几种决策要素间的非逻辑整合，或是超逻辑协调。第二，重大工程决策是非线性的社会系统决策②。社会系统具有非线性特征，是多维度和多变的，而大型工程项目必须在社会系统中展开和进行。因此重大工程决策考量的因素必然是多维度的，制定和选择方案是多样的，涉及的问题是全方位的，是一种非线性的社会系统决策。第三，重大工程决策是一种社会决策。巨大工程的立项实施将改变工程区域的重大经济结构（如就业结构、产业结构），带来社会主体利益的分化和重组，改变区域社会的流动和社会分层。因此，重大工程决策更多体现为社会决策。社会决策主体立足和考量的更多的是社会价值变量因素，工程技术变量只是被作为工程决策的一个要素，把其放在社会大背景下考虑其与社会整体的关系。此时，决定性要素不是工程所涉及的技术要素，决策者考量的更多的是工程立项的必要性、工程项目与区域经济发展的相互关系。

自伽利略以来，人类向自然开战，人类理性取得一个又一个胜利，可上九天揽月，可下五洋捉鳖，人类逐渐认为科学可以战胜一切。科学主义也渗透到决策中，往往把重大工程决策看成是一个技术可行性问题。然而，人类能做的事就是应做的事吗？"能做"是对价值主体能力的探求，而"应做"是反思工具理性的能力，使工具理性能力成为人的自由意志的合理行为，实现人类两种理性的统一。德国古典哲学家康德认为，人类实践理性的任务之一就是探究是否能做的就是应做的。"能做"只是表明人类有能

---

① 拉尔夫·L. 基尼. 创新性思维——实现核心价值的决策模式. 叶胜年, 叶隽译. 北京: 新华出版社, 2003: 3（序言）.
② 杨建科, 王洪波, 屈昊. 从工程社会学的视角看工程决策的双重逻辑. 自然辩证法研究, 2009, 25（1）: 77.

力去认知与从事某一特定行为；而"应做"所关注的是行动本身的合理性。人应做的事必定是能做的，但能做的未必都是应做的，关键就在于"能"必须成为现实合理性行为。

因此，重大工程决策必须避免把工程决策看成是纯粹的技术行为，而应当视为在技术可行性基础上的"合规律性与合目的性"的价值选择行为。重大工程决策涉及诸多价值选择和价值判断问题，而权利与责任、效率与公平两个问题在当代尤其凸显。

三、权利与责任

德汶在研究决策伦理时指出：在决策中，有两个极为重要的问题：谁在决策桌旁和什么放在决策桌上？前者涉及决策主体权利及其责任，后者涉及决策内容。那么，重大工程的决策主体是谁？其责任是什么？

（一）政治家

从古今中外决策实践看出，专制时代的重大工程决策往往由帝王决定。帝王"口含天宪，言出法随"，具有至高无上的权力。中国的万里长城、京杭大运河，埃及的金字塔，古罗马的广场就是帝王做出重大工程决策的杰作。在民主时代虽然强调民主化和制度化，决策往往由一国之最具权威的政治家来决定。

重大科技项目本身极其复杂而艰巨，在实施中面临着诸多的不确定性。从某种程度而言，此类决策是对政治家能力的一个巨大考验。由于科学家和工程师基于专业和现实的差异，经常导致在重大工程决策上意见存在分歧，造成久拖不决。事实证明，机遇稍纵即逝。因此，政治家必须勇于承担责任，善于从众多不同的意见中博采众长，趋利避害，果断决策。只有这样，才能把握机遇，赢得先机和主动。

（二）科学家

决策离不开专家，重大工程决策尤其如此。第二次世界大战中，以物理学家为主的自然科学家（奥本海默、爱因斯坦等）对"曼哈顿计划"的决策和实施起了推动作用。1957年苏联卫星上天给美国朝野带来巨大震撼，艾森豪威尔总统下令由 20 余名科学家组建总统科学顾问委员会

(President's Science Advisory Committee，PSAC），帮助总统协调统筹联邦科技政策和公共政策的科学建议。PSAC 的成立标志着科学家成为美国重大公共决策的参与者。中华人民共和国成立后，科学家在重大工程决策中发挥了重要的参与作用。从"两弹一星"到"863 计划"，从三峡工程到嫦娥登月计划，每一个环节都有科学家和工程师参与，专家的意见成为重大工程决策与管理的重要组成部分。

（三）利益相关者

在决策民主化思潮影响下，一种新的决策伦理提出：工程决策不应该是在"无知之幕"后面进行的事情，在决策中应该拉开"无知之幕"，让利益相关者出场[①]。利益相关者不但带来不同的利益要求，而且能够明显地帮助决策工作达到更高的伦理水准。德汶认为："把不同的利益相关者包括到决策中来会有利于扩大决策的知识基础，因为代表不同的利益相关者的人能带来影响设计过程的种种根本不同的观点和新的信息。""最后作出的决策选择也可能并不是最好的伦理选择，但扩大选择范围则很可能会提供一个在技术上、经济上和伦理上都更好的方案。"[②]

但是，重大工程决策中起决定作用的不是科学家，也不是利益相关者，而是政治家。这是因为重大工程决策不是一般的工程决策，而是一种重大的政治决策。如果说，基础研究与前沿技术探索性研究必须遵循科技活动自身的客观规律，充分发挥科学家在决策中的作用，同时拉开"无知之幕"，让利益相关者出场，以便发挥他们的独特作用；那么，对于重大工程，要在充分尊重科学之基础上，发挥政治家在决策中的决定性作用。因此，重大工程该不该干，不是科学家的责任。科学家的责任应该是如实反映客观情况，最终在科学和民主的前提下决策是政治家的事情。专家智囊加上政治家拍板模式，应当成为重大工程决策的最重要方式。既然重大工程决策是政治家的权力，那么，政治家应当在决策中如何承担责任呢？

20 世纪西方伦理学研究的重大成果之一是责任伦理的提出。责任伦理学认为，行为者履行责任的行为在时间上是一个过程，要求行为人事前能够预见到行为的结果并克服负面的影响。质言之，它要求行为者不仅具有

---

① 李伯聪. 工程伦理学的若干理论问题. 哲学研究，2006，（4）：98.

② Devon R. Towards a social ethics of technology: a research prospect. Techniques, 2004, 8(1): 99-115.

事后的"追究性"的责任意识，而且更应当具有事前的"前瞻性的""预防性的"责任意识。责任伦理学对传统责任意识的拓展为工程伦理学的构建提供了一个新的视野：所谓责任不仅包括事后责任和追究性责任，还包括事前责任和决策责任。"如果离开决策谈责任，那就难免要把责任封闭在事后责任和追究性责任藩篱之内。"

1. 责任人的缺场

重大工程在建设过程中存在严格的责任终身追究制度："谁勘察，谁负责""谁设计，谁负责""谁建造，谁负责"。勘察设计者、建造者的质量终身责任制成为追究性责任的制度保障。以此类推，按照"谁决策，谁负责"原则，理论上应该有人为重大工程决策失误"买单"。但是实践中重大工程决策者往往不是个人而是集体，不是某个政治家，而是政治家集团。政治家集体负责制客观上形成决策过程中责任人"虚位"，即理论上存在责任人而实际上却是"责任人缺场"的怪相。这种怪相具体说来就是责任的分化与消解。

2. 责任的分化与消解

重大工程决策是一个极其复杂的过程，是多元化思维向度的集成，牵涉众多政治、经济、文化、生态多方位考量，因此政治家决策中往往会划分为若干小组对某个具体工作负责。这样，一个大型项目决策责任系统就被分为若干责任子系统，子系统再进行多次分解，这个过程就叫"分级负责制"。责任的分级似乎谁都有责任，实际上责任最终将被消解于无形。因为"集体负责制"的名义下无具体的第一责任人，"分级负责制"导致决策责任大而化小，小化于无形。因此，"集体负责制"与"分级负责制"结合消解了决策责任。

3. 责任制建立的关键

一种有效的重大工程决策责任制的建立必须考虑两个问题：决策者"前瞻性的"责任意识建立与既有责任制的完善。重大工程决策存在风险，若决策失误会造成重大的经济和政治损失，影响国家的战略意图的实现，因此政治家要有"预防性的"责任意识，要敢于担当。同时，完善集体负责制和分级负责制，建立决策终身责任制，这种终身责任制意味着时间维度上的终身，对决策造成的重大失误，一追到底；空间维度上的塔顶，对决策第一责任人的重大失误,重点追责。

四、公平与效率

公平与效率是人类永恒的理念。重大工程的决策是一个多学科知识交互、多部门利益冲突、多价值判断与协调的动态演化过程。任何重大工程决策都是在效益与公平的张力中进行的。

重大工程决策的公平与效率问题,是社会公平与效率的重要组成部分,一切重大工程决策无不与公平和效率有关。例如,效率往往是决策者优先考量的因素,尤其是在发展中国家,往往面临发展经济、改善民众生活的巨大压力,决策者希望通过重大工程的实施来摆脱经济贫困,发展生产,实行产业的升级换代,实现经济和社会效益。但不可避免地征用大量农田,拆迁大量民用和工业用房,受影响的人群失去赖以生存的生产生活资料。一些重大水利工程实施后,大量的廉价清洁能源送到了经济发达地区,而资源所在地居民没有得到资源开发的好处,这是极大的分配不公问题。从投入和产出的关系看,中西部地区投入和产出比为 1∶0.02,两者相差数十倍,从效益角度看应当向东部投资,从公平角度看应当向西部倾斜,如何抉择?上述重大工程决策中的诸多不同层面的热点问题都与工程公平和工程效益存在或隐或现的关系,都需要做出选择。正确的选择,有利于重大工程可持续地、健康地发展,反之则可能导致资源浪费、效率下降、公平失衡,甚至影响社会秩序的稳定。

公平与效率的关系是一对矛盾的统一体。在国家现有资源有限的条件下,是先发展科技重大工程还是先发展民用重大工程,抑或军用重大工程?或者二者齐头并进?同样,在国家有限资源的条件下,是先在东部地区进行重大工程的投资,然后凭借东部力量再发展西部,还是把资源在东西部平均分配,或者重视薄弱地区的重大工程投资,缩小地区差异?可见,在资源有限的条件下效率与公平的矛盾是现实存在的。应当更加重视其统一的一面,力求缓和其矛盾,加强统一。例如南水北调工程,一方面有利于实现水资源的最大化利用,缓解北方"水荒",提高水资源的利用效率;另一方面会改变原来流域的可用水量和水资源的分配方式,使一部分人从中受益,另一部分人受损,出现不合理、不公平的现象。于是采取移民补偿、土地补偿等措施来纠正这种不公平现象。可见,工程决策中效率和公平这一对矛盾协调得当，相得益彰，可以双赢；处理失当，矛盾激化，可能两败。协调两者的关系就是要求决策者找到两者的平衡"，找出公平与效益的最佳区域，也就是适度。

一般说来，当效率与公平发生矛盾时，决策中可能存在两种博弈：为实现公平而置效率于不顾，抑或为追求效率而置公平于不顾，皆不足取。面临一时无法协调化解的两难问题，决策者只能选择效率优先兼顾公平，或公平优先兼顾效率的做法。这种选择要根据实际情况权衡利弊定夺，有所为，有所不为。在中华人民共和国成立之初，社会主义中国面临国际上资本主义的围堵，第一代领导集体做出优先发展"两弹一星"重大军事工程，以便在科技和军事上迎头赶上发达国家就是非常明智的决策选择。在我国成为世界第二大经济体之后，国家财力相对雄厚，嫦娥探月工程、西气东输工程、南水北调工程、大型飞机计划、京沪高铁工程、港珠澳大桥等重大军事、科技以及民用工程纷纷上马。当然"优先"也应"适度"：效率优先要兼顾公平而不是制造不公平，从人类社会发展的终极目标来说，公平的价值高于效率的价值。

后 记

NBIC 会聚技术是主导 21 世纪技术革命的新兴技术群，将在世界范围内掀起一场波澜壮阔的技术革命，产生比以往任何一次技术革命都更为广泛深远的影响，由此必将引发极其严峻的社会道德难题，我们不能无视，必须主动应对。

欧美国家对 NBIC 会聚技术的伦理问题给予了广泛关注，并进行了比较深入的研究，也提出了应对之策，尤其是技术进步主义与技术保守主义之争鞭辟入里。国内学者邱仁宗、曹南燕、焦洪涛、赵克、王国豫等的研究结论做了很好的铺垫。综观国内外的研究不足在于：尚未分析 NBIC 会聚技术的基本特征，对 NBIC 会聚技术引发的伦理问题、法律问题、认识论问题、主体性问题等缺乏系统深入的梳理，应对之策尤其薄弱，缺乏从伦理、法律、监督结合角度的研究分析。

从卢梭到后现代主义者，人们反思和批判的科学技术主要是传统的科学技术（以机械和电气为代表），而关于 NBIC 会聚技术与伦理道德关系的研讨才刚刚开始。NBIC 会聚技术对人性、道德和价值的冲击会比以往技术对人的影响更内在、更深刻，一些更复杂、更艰巨的问题等待人们去研究。对此，人们从既有的伦理资源中似乎无法寻找到现成的答案。可见，NBIC 会聚技术伦理问题是一个既有学术内涵又有现实意义的问题。这是挑战，更是从理论上发展与丰富人类伦理价值体系的契机，亦是时代赋予吾侪之责。

本书是作者主持完成国家社会科学基金一般项目"NBIC 会聚技术引发的道德难题及其对策研究"（11BZX070）的研究成果。研究内容涉及 NBIC 会聚技术的伦理问题、法律问题、社会问题等诸多方面。从国内研究看，目前学术界以"NBIC 会聚技术的伦理问题"为题出版的专著并不多见，可以说，本书的出版是一种初步的尝试，衷心期望学界有更多的成果面世。

衷心感谢科学出版社编辑的大力支持和无私奉献，他们对工作一丝不苟的精神令人感动！感谢长沙理工大学马克思主义学院学科办公室主任文贵全博士对本书出版所做的贡献。

本书得到长沙理工大学"双一流"学科建设和长沙理工大学马克思主义学院学科建设基金资助。

感谢夫人施君女士对本书出版的大力支持！

作　者
2020年3月
于长沙湘银嘉园